高等院校计算机应用系列教材

Python 编程基础

袁连海　刘华春　姚　捃　编著

清华大学出版社

北　京

内 容 简 介

本书以通俗易懂的语言、翔实生动的示例全面介绍 Python 语言程序设计的基础知识和编程技术。本书分为 8 章，内容涵盖了 Python 语言概述、Python 语法基础、Python 语言控制结构、函数和代码复用、组合数据类型、文件和数据格式化、Python 程序设计方法、Python 计算生态等。本书每章最后配有练习，可以辅助读者学习 Python。

本书结构清晰、讲解详尽，主要面向初学者，既可作为计算机等级考试培训班和高等院校相关专业的教材，也可作为程序设计爱好者的参考书。

本书对应的电子课件、习题答案和实例源文件可以到 http://www.tupwk.com.cn/downpage 网站下载，也可以扫描前言中的二维码获取。

图书在版编目（CIP）数据

Python 编程基础 / 袁连海, 刘华春, 姚捃编著.

北京：清华大学出版社, 2025. 1. -- (高等院校计算机应用

系列教材). -- ISBN 978-7-302-67730-7

Ⅰ. TP312.8

中国国家版本馆 CIP 数据核字第 2024NQ9326 号

责任编辑：胡辰浩
封面设计：高娟妮
版式设计：恒复文化
责任校对：成凤进
责任印制：刘 菲

出版发行：清华大学出版社
    网　　　址：https://www.tup.com.cn, https://www.wqxuetang.com
    地　　　址：北京清华大学学研大厦 A 座   邮　　编：100084
    社 总 机：010-83470000   邮　　购：010-62786544
    投稿与读者服务：010-62776969，c-service@tup.tsinghua.edu.cn
    质 量 反 馈：010-62772015，zhiliang@tup.tsinghua.edu.cn
印 装 者：北京同文印刷有限责任公司
经　　销：全国新华书店
开　　本：185mm×260mm   印　张：16.75   字　数：429 千字
版　　次：2025 年 1 月第 1 版   印　次：2025 年 1 月第 1 次印刷
定　　价：79.00 元

产品编号：095660-01

前　言

Python 以其简洁的语法和强大的功能，已经成为全球最受欢迎的编程语言之一。随着大数据和人工智能的发展，Python 语言在数据分析和人工智能领域的优势越来越明显，无论是编程领域的初学者，还是希望提高编程技能的编程爱好者，这本教材都将为他们开启一扇通往 Python 编程世界的大门。

本书参照全国计算机等级考试(Python 程序设计)科目大纲编写，从 Python 语言的基本概念和基础语法出发，逐步介绍 Python 编程的基本技术，并将这些技术应用于解决实际问题。书中内容包括 Python 语言概述、Python 语法基础、Python 语言控制结构、函数和代码复用、组合数据类型、文件和数据格式化、Python 程序设计方法、Python 计算生态等。本书在介绍 Python 编程的各种语法知识时，运用了大量的程序实例，注重培养读者解决实际问题的能力。

本书内容丰富、结构合理、思路清晰、语言通俗易懂、示例翔实。每一章内容均结合 Python 关键技术和难点，穿插了大量典型示例。每章最后都安排了有针对性的思考和练习题，思考题可以帮助读者巩固所学的基本概念，练习题有助于培养读者的实际动手能力，并增强对基本概念的理解和实际应用能力。

本书主要面向程序设计初学者，既适合作为 Python 程序设计培训班和高等院校相关专业的教材，也可作为应用程序开发人员的参考书。

在本书的编写过程中，我们得到了许多同行和学生的宝贵意见。特别感谢胡辰浩编辑对本教材内容的审阅和建议。没有他们的支持，这本教材不可能如此完善。除封面署名的作者外，参加本书编写的人员还有李思莉、王小莉、余伟、宋扬等人。由于作者水平有限，本书可能存在疏漏之处，欢迎广大读者批评指正。我们的邮箱是 992116@qq.com，电话是 010-62796045。

本书对应的电子课件、习题答案和实例源文件可以到 http://www.tupwk.com.cn/downpage 网站下载，也可以扫描下方的二维码获取。

作　者
2024 年 7 月

目 录

❧ 第 1 章 ❧
Python语言概述

Python 语言由荷兰数学和计算机科学研究学会的吉多·范罗苏姆于 1989 年设计，最初将其作为 ABC 语言的替代品。Python 语言提供高效的数据结构，能简单有效地进行面向对象编程。Python 的动态类型以及解释型语言的本质，使其成为多数平台上写脚本和快速开发应用的编程语言。随着版本的不断更新和新功能的增强，Python 逐渐被用于大型项目的开发。

Python 与其他编程语言相比，更容易入门，适合程序爱好者学习编程。Python 解释器易于扩展，用户可以使用 C 语言、C++语言(或者其他可以通过 C 语言调用的编程语言)扩展新的功能和数据类型。此外，Python 还具有丰富的库，提供了适用于各个平台的源码或机器码。

本章学习目标

- 了解程序设计和算法的重要性。
- 掌握算法的基本概念和特点。
- 了解 Python 语言的特点、发展、应用、版本区别及文件类型。
- 理解 Python 程序的运行方式、开发环境和运行环境配置。
- 掌握 Python 集成开发环境(IDLE)。
- 掌握使用 IDLE 创建简单程序，并调试运行。
- 掌握 Python 第三方库的安装方法。
- 掌握 Python 帮助文档的使用方法。

1.1 程序设计和算法

计算机已经应用到人们日常生活的各个方面，计算机由程序进行控制，而程序是用某种程序设计语言来编写的。程序设计语言是一种用于人与计算机交互(交流)的语言，亦称编程语言，是程序设计的具体实现方式，程序设计语言与自然语言相比，具有更简单、更严谨、更精确等特点。

程序设计语言分为机器语言、汇编语言和高级语言，汇编语言与机器语言属于低级语言，主要用来编写底层的程序。高级语言种类繁多，常见的有 C、C++、Java 以及 Python 语言等，这些语言各自具有自身的优点和缺点，适合不同类型的软件开发。例如 C 语言具有简洁紧凑、使用方便灵活、丰富的运算符和数据结构、结构化的控制语句、语法限制不太严格、能实现较底层的功能，以及生成目标代码质量高和程序可移植性好等优点。因此，C 语言比较适合计算机类专业的学生学习编程，而对于初次接触编程的非计算机专业的学生而言，Python 无疑是最为简洁、最容易上手的编程语言。

程序是计算机指令的某种组合，程序控制计算机的工作流程，完成一定的逻辑功能，以实现某种任务。程序设计是为特定问题提供解决方案的过程，是软件构造活动中的重要组成部分。程序设计通常被称为编程，已成为当今社会需求量最大的职业技能之一。很多岗位都将被计算机程序接管，程序设计将是未来的重要生存技能。现在，很多中小学生都开始尝试学习编写程序。

关于程序设计，著名的计算机科学家和图灵奖获得者沃斯曾经提出一个经典公式：

程序设计=数据结构+算法

其中数据结构是数据的描述和组织形式，算法是对特定问题求解步骤的一种描述，是独立存在的一种解决问题的方法和思想。对同一个问题，可以有不同的解题方法和步骤，也就有不同的算法。用实际生活中具体事例举例，程序设计相当于做一道菜，数据结构相当于食材和调料，算法则相当于菜谱。例如，要做一道经典川菜回锅肉(程序设计或者编程)，除了需要五花肉、豆瓣酱、蒜苗、食盐等食材(数据结构)，还需要按照回锅肉的做法(算法)进行操作，如先将五花肉煮熟并切片，然后按先后顺序放入菜籽油、豆瓣酱、蒜苗、食盐等。算法具有以下几个特点：

- 仅有有限的操作步骤，即"有穷性"(无死循环)。
- 算法的每一个步骤应当是确定的，即无"二义性"。
- 有适当的输入，即有确定的条件。
- 有输出结果，没有输出结果的算法是无意义的。
- 算法中的每一个步骤都应当有效执行(无死循环)。

算法的表示可以有多种形式，常用的有自然语言、流程图、伪代码、N-S 流程图等。自然语言就是人们日常使用的语言，如汉语、英语等。用自然语言描述算法通俗易懂，但由于自然语言表示的含义往往不太严格，需要根据上下文才能判断其准确含义，因此描述文字冗长，容易引起"歧义"。例如，川菜经典名菜回锅肉制作流程(算法)的自然语言描述如下：(1)五花肉冷水下锅，加花椒粒、姜片、料酒、煮熟至筷子能扎透。(2)捞出五花肉切成薄片备用。(3)用中小火将五花肉片煸出油，加一勺豆瓣酱、一点白糖和少许豆豉。 (4)倒入蒜苗炒至断生。除了很简单的问题以外，一般不用自然语言来描述算法。

流程图用一系列的图像、流程线和文字描述算法的基本操作和控制流程，又称算法流程图或程序流程图。标准流程图所用的符号包括起止框、判断框、处理框、输入输出框、注释框、流程线和连接点等，如图 1-1 所示。其中，"起止框"表示算法的开始和结束；"输入输出框"表示算法输入输出操作，框内填写需输入或输出的各项；"处理框"表示算法中的各种处理操作，框内填写处理说明或算式；"判断框"表示算法中的条件判断操作，框内填写判断条件；"注释框"表示算法中某操作的说明信息，框内填写文字说明；"流程线"表示算法的执行方向；"连接点"的作用是指示流程图中不同步骤或子流程之间的连接和流向。

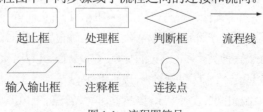

图 1-1 流程图符号

【例 1-1】 计算 1+2+3+⋯+n 的和，n 从键盘输入，程序的流程图如图 1-2 所示。

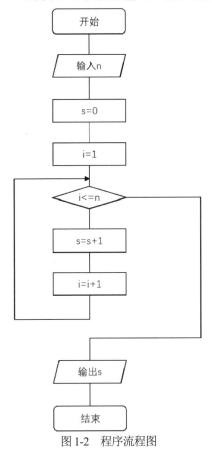

图 1-2　程序流程图

伪代码是一种非正式的，类似于英语结构的语言，用于描述算法的逻辑，介于自然语言与编程语言之间。使用伪代码的目的是使被描述的算法可以容易地以任何一种编程语言(如 Python、C、Java 等)实现。因此，伪代码必须结构清晰、代码简单、可读性好，并且类似自然语言。以下是例 1-1 的伪代码表示：

```
开始(begin)
输入(Input)n
0→s
1→i
当(while) i<=n 执行(do)
s+i→s
i+1→i
循环到此结束(end do)
输出(Print) s
算法结束(end)
```

算法也可以用 N-S 流程图(盒图)表示。这种流程图最早由 I.Nassi 和 B.Shneiderman 在 1973 年发表的题为"结构化程序设计的流程图技术"的文章中提出，因此也称为 N-S 图。N-S 图含有三种基本的控制结构，可以用来构建符合结构化程序设计原则的程序逻辑，如图 1-3 所示。

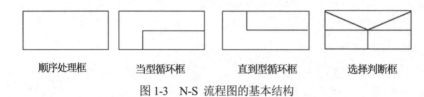

　　顺序处理框　　　　　当型循环框　　　　　直到型循环框　　　　选择判断框

图 1-3　　N-S 流程图的基本结构

在程序设计中，还有一种 IPO 程序设计方法(或者 IPO 描述)，指的是在软件设计和开发过程中，遵循的一种基于输入(Input)、处理(Processing)和输出(Output)的基本设计思路。

- 输入(Input)数据：输入是一个程序的开始。程序要处理的数据有多种来源，形成了多种输入方式，包括文件输入、网络输入、控制台输入、交互界面输入、随机数据输入、内部参数输入等。
- 处理(Processing)数据：处理是程序对输入数据进行计算产生输出结果的过程。计算问题的处理方法统称为"算法"，它是程序最重要的组成部分。可以说，算法是一个程序的灵魂。
- 输出(Output)数据：输出是程序展示运算成果的方式。程序的输出方式包括控制台输出、图形输出、文件输出、网络输出、操作系统内部变量输出等。

IPO 描述主要用于区分程序的输入输出关系，重点在于结构划分，流程图侧重于描述算法的具体流程关系，流程图的结构化关系相比自然语言描述更进一步，有助于阐述算法的具体操作过程。算法可以用某种编程语言来实现，对于一个计算问题，可以用 IPO 描述、流程图描述或者直接以代码方式描述。

程序由若干条语句组成，这些语句按照顺序一条一条地执行，这种顺序结构是简洁的。但在现实世界解决问题的过程中，不可避免地遇到需要进行选择或需要循环工作的情况。这时，程序执行的顺序需要发生变化，而不是从前向后逐一执行。因此，程序中除了顺序结构以外，通常还有选择结构和循环结构。三种基本的算法结构如下：

- 顺序结构
- 选择结构(分支结构)
- 循环结构(重复结构)

为了支持这些控制结构，任何编程语言都需要提供丰富、灵活的控制语句。从结构化程序设计的观点看，所有程序都可以使用三种结构，即顺序结构、选择结构和循环结构实现。在默认的情况下，计算机总是按照语句的顺序依次执行，除非特别指明。为使程序更加清晰、易调试和修改，并且减少错误的发生，结构化编程倡导尽量少用或不使用类似于 goto 的跳转语句。

顺序结构的程序设计是最简单的，只要按照解决问题的顺序写出相应的语句即可，其执行顺序是自上而下，依次执行，图 1-4 展示了顺序结构图示。

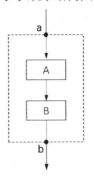

图 1-4　顺序结构

例如，a 和 b 的初始值分别为 a = 1 和 b = 2，现在要交换 a 和 b 的值，这个问题类似于交换两个杯子的水，这需要用到第三个杯子。假设第三个杯子是 t，那么正确的程序为：

```
t = a;
a = b;
b = t;
```

执行结果是 a = 2，b = 1。如果改变其顺序，写为：

```
a = b;
b = a;
```

则执行结果就变成 a 和 b 的值都是 2 了，不能达到预期的交换两个变量的目的(初学者最容易犯这种错误)。

顺序结构可以独立使用构成一个简单的程序，常见的输入、计算、输出的程序就是顺序结构的典型例子，例如计算圆的面积：输入圆的半径 r，计算 s = 3.14159×r×r，然后输出圆的面积 s。然而，大多数情况下顺序结构都作为程序的一部分，与其他结构一起构成一个复杂的程序(例如分支结构中的复合语句、循环结构中的循环体等)。

选择结构又称为分支结构，图 1-5 展示了选择结构的示意图。在编写程序时，根据条件 p 是否为"真"，决定执行不同的分支。例如，条件为"真"时执行语句 A；条件为"假"时执行语句 B。利用选择结构，程序员可以根据不同情况选择执行不同的语句。

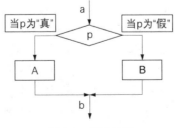

图 1-5　选择结构

循环结构包括当型循环(While 型循环)和直到型循环(Until 型循环)。图 1-6 显示了循环结构的程序执行流程。当型循环是首先判断循环条件 p1，如果条件 p1 为"真"，则执行语句 A；如果条件 p1 为"假"，则不执行语句 A。直到型循环首先执行语句 A，再判断循环条件 p2，若条件 p2 为"假"，则执行语句 A，直到条件 p2 为"真"，结束循环。

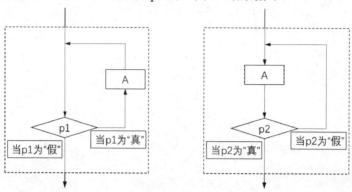

图 1-6　循环结构

以上介绍的三种结构有几个共同点：(1)只有一个入口和只有一个出口；(2)结构内每一部分都有机会被执行到；(3)结构内不存在"死循环"。

1.2　程序设计语言

编写程序时，需要使用某种程序设计语言。程序设计语言包括机器语言、汇编语言和高级语言。

机器语言是计算机可直接执行的二进制代码，例如：11010010 00111011。这样的二进制代码不易被人类理解和记忆，不同的处理器有自己的指令集，通过指令实现对计算机的操作和控制。由于机器语言不便于人们记忆和使用，为了提高编程效率，引入了汇编语言。

汇编语言是一种低级语言，它使用易于理解和记忆的助记符(如 MOV、ADD 等)来代表特定的机器语言指令。这些指令直接对应于计算机硬件的操作，如加法、减法、数据传输等。汇编语言的指令集通常与特定的处理器或平台相关，因此不同平台之间的汇编代码不可直接移植。汇编语言的指令集非常丰富，涵盖了计算机程序设计的各个方面。由于汇编语言直接操作硬件，因此编写汇编语言程序需要对计算机体系结构有深入的理解。此外，汇编语言程序的执行效率非常高，但在编写复杂程序时，汇编语言不如高级语言方便和易于维护。

高级语言是采用某种编程语言编写的计算机程序，其语法和结构设计使得程序对人类更易阅读和理解，常见的高级语言包括 Java、C、C++、C#、PHP 和 Python 等。这些语言各有特点，适用于不同的应用领域。例如，C 语言是现代高级语言的鼻祖，它强调结构化、模块化和高效率，通常用于系统软件和嵌入式系统开发。Java 语言因其跨平台特性和强大的面向对象设计功能，在企业级软件开发、安卓移动开发和 Web 应用开发等领域广泛应用。Python 则以其简洁而强大的语法和丰富的第三方库支持，适用于人工智能、机器学习、图像处理、科学计算、数据分析和数据可视化等领域。

计算机执行采用高级语言编写的源程序的方式有两种：编译和解释。编译是指编译器将源程序一次性翻译成目标机器的可执行程序，生成的可执行文件可以在兼容的操作系统上独立运行，类似于把一种语言翻译成另一种语言后再使用。解释则是指解释器在每次程序运行时逐行或逐段地解释源程序，并即时执行，不生成独立的可执行文件，类似于实时翻译并执行。程序设计语言可以分为编译型语言和解释型语言。编译型语言由编译器对源程序文件进行编译和连接，生成可执行的二进制文件，在操作系统中可以单独运行这个可执行的文件，具有运行速度快、代码效率高、编译后的程序不可修改、保密性较好的优点。同时，也具有代码需要经过编译方可运行、可移植性较差的缺点。C 和 C++就是典型的编译型语言。

解释型语言是在运行时逐行或逐段地将源代码翻译成机器语言并执行，而不是一次性将整个程序翻译成机器语言。因此，解释型语言的运行速度通常较慢。例如 Python、Java、C#虽然具有不同的执行方式，但它们都可以被归类为解释型语言。虽然 Java 程序在运行之前也有一个编译过程，但是并不是将程序编译成机器语言，而是将它编译成字节码(可以理解为一个中间语言)。在运行的时候，由 Java 虚拟机将字节码翻译成机器语言。另外，脚本语言一般都有相应的脚本引擎解释执行，一般需要解释器才能运行。例如 JavaScript、ASP、PHP、PERL 等都是脚本语言(它们依赖于脚本引擎的解释执行，而不需要预先编译成独立的可执行文件)。解释型语言的优点是可移植性较好，只要有解释环境，程序就可在不同的操作系统上运行。解释型语言的缺点是运行需要解释环境，运行速度比编译型程序要慢，占用资源较多，代码效率相对较低(因为没有经过编译的优化过程)。图 1-7 展示了编译型语言和解释型语言的不同处理方式。

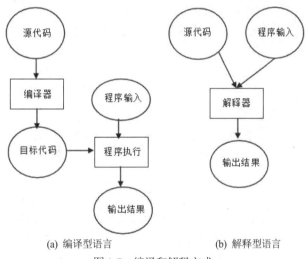

(a) 编译型语言　　　　　　　(b) 解释型语言

图 1-7　编译和解释方式

1.3　Python 语言的特点和执行方式

计算机目前已广泛应用于人类日常生活的各个场景。计算机由程序控制，而程序则通过编程语言编写。对于初次接触编程的程序员而言，Python 无疑是最为简洁、易上手的编程语言。

1989 年圣诞节期间，吉多·范罗苏姆受到他曾参与设计的 ABC 语言的启发，想要开发一个新的脚本解释程序来继承 ABC 语言，于是 Python 诞生了。Python 被设计为一种解释型、面向对象、动态数据类型的高级程序设计语言。

Python 语法受到了多种语言的影响，其中最主要的是 ABC 语言，它强调了简洁性和易用性。此外，Python 也从 C 语言中借鉴了一些语法思想，尤其是在底层实现和系统交互方面。自诞生以来，Python 已经具有了类(class)、函数(function)、异常处理(exceptional handling)机制，并内置了包括列表(list)和字典(dict)在内的核心数据类型以及以模块为基础的拓展系统。吉多·范罗苏姆于 1989 年定下目标之后便投身于 Python 语言的设计之中，但 Python 的第一个公开版本直到 1991 年才发行，此版本使用 C 语言实现，能调用 C 语言的库文件。2000 年 10 月，Python 2.0 发布，Python 转为完全开源的开发方式。2008 年 12 月，Python 3.0 版本发布，并被作为 Python 语言持续维护的主要系列。

2010 年，Python 2.x 系列发布了最后一个版本，其主版本号为 2.7。同时，Python 的维护者们声称不在 Python 2.x 系列中继续对主版本号升级，Python 2.x 系列逐渐退出了主流支持和广泛使用。

Python 的设计哲学是优雅、明确、简单，它的语法清晰、干净、易读、易于维护，使得编程过程更为简单直接，特别适合初学者。Python 能够让新手专注于编程逻辑，而不被复杂的语法细节所困扰。对于想快速就职的读者而言，学习 Python 无疑是一条捷径。根据各大机构对主流编程语言的排名统计，Python 常年位居前三。

相比于其他编程语言，Python 语言具有以下特点。

- 简单易学：Python 语言是儿童编程入门的语言，其大量应用在科学研究、工程计算、数据分析、数据可视化以及机器学习和人工智能领域。Python 是一种代表简单主义思想的语言，它编写的程序读起来就感觉像是在读英语段落一样流畅。此外，Python 的语法简洁，使得编程人员可以专注于解决问题，而不是语言本身的语法。

- 解释型语言：Python 属于解释型语言，而 C 语言是编译型语言。

- 语法优美：Python 语言是高级语言，它的代码接近人类语言，只要掌握由英语单词表示的助记符，就能大致读懂 Python 代码。

- 免费和开源：Python 是 FLOSS(自由/开放源码软件)之一，用户可以自由地下载、复制、阅读、修改代码。Python 的开源性使其不断改进，并由一群致力于优化 Python 的人推动其发展。

- 跨平台特性：Python 语言编写的程序可以不加修改地在任何平台中运行。Python 程序能够被移植到许多平台上，它无需修改便可以在众多平台上运行，这些平台包括 Linux、Windows 以及 Google 基于 Linux 开发的 Android 平台。

- 面向对象：Python 既支持面向过程编程，也支持面向对象编程。在面向过程的语言中，程序是由封装了可重用代码的函数构成的。在面向对象的语言中，程序是由数据和功能组合而成的对象构建起来的。与其他主要的语言(如 C++ 和 Java)相比，Python 以一种非常强大且简单的方式实现面向对象编程。

- 扩展性良好：Python 不仅可以引入.py 文件，还可以通过接口和库函数调用由其他高级语言(如 C 语言、C++、Java 等)编写的代码。

- 丰富的库：Python 的标准库特别庞大，涵盖了正则表达式、线程、数据库、网页浏览器、单元测试、GUI(图形用户界面)等各种功能。除了这些标准库之外，Python 中还提供了许多高质量的库，世界各地的程序员通过开源社区又贡献了十几万个几乎覆盖各个应用领域的第三方函数库。

- 通用灵活：Python 是一门通用编程语言，适用于科学计算、数据处理、数据可视化、数据分析、游戏开发、人工智能、机器学习、自然语言处理等各个领域。
- 模式多样：Python 既支持面向对象编程，又支持面向过程编程。
- 良好的中文支持：Python 3.x 解释器采用 UTF-8 编码，支持多种语言字符，包括英文、中文、韩文、法文等。

Python 语言虽然有其优点，但也存在一些缺点。相比于编译型语言(如 C 语言)，Python 的执行效率较低(在实际应用中，Python 的开发速度和易用性往往能够弥补其相对较低的运行效率)。另外，由于 Python 3.x 和 Python 2.x 在语法和特性上有所不同，因此并非所有使用 Python 2 编写的程序都能无须修改就在 Python 3 解释器上运行。

根据执行方式不同，编程语言通常分为静态语言和脚本语言两类。静态语言(如 C、C++和 Java)是使用编译执行的编程语言。脚本语言是使用解释执行的编程语言(如 Python、JavaScript 和 PHP)。

Python 是一门跨平台的脚本语言。脚本程序(用脚本语言开发的程序)以纯文本保存，其执行是由其所对应的解释器解释执行的。Python 解释器用于解释 Python 语句和程序，主要包括 Cpython、Jython、IronPython 和 PyPy。Python 3 源文件采用 UTF-8 编码。

Python 在许多方面得到广泛应用，例如实现 Web 爬虫和搜索引擎中的很多组件都是采用 Python 语言编写的；美国宇航局的 NASA 在它的几个系统中既用 Python 开发，又将其作为脚本语言；全球最大的视频分享网站，其视频分享服务中的大部分使用 Python 编写；许多国内知名网站的前台、后台及服务器的管理平台都使用 Python 编写。Python 是一种广泛应用在多个领域的编程语言，其主要应用领域如下。

- 数据处理和数据分析：Python 提供了丰富的库和工具，如 numpy 库、pandas 库、matplotlib 库和 scipy 库，用于数据处理、可视化、统计分析和机器学习等任务。
- 人工智能和机器学习：Python 在人工智能和机器学习领域得到了广泛应用，目前流行的机器学习库和框架，如 TensorFlow、PyTorch 和 Scikit-learn，都提供了 Python 的接口和支持。
- 网络开发：Python 可以用于构建 Web 应用程序、API 和服务器端开发。流行的 Web 框架(如 Django 和 Flask)，使得使用 Python 进行 Web 开发变得简单和高效。
- 自动化和脚本编程：Python 是一种强大的脚本语言，可用于自动化任务、批处理和系统管理，其简洁性和易读性可以使编写和维护脚本变得更加容易。
- 科学计算和工程：得益于强大的数值计算库(如 numpy 库和 scipy 库)和可视化库(如 matplotlib)，Python 在科学计算和工程领域被广泛应用。
- 游戏开发：Python 可以用于游戏开发，尤其是 2D 游戏。Pygame 是一个流行的 Python 游戏开发库，提供了各种游戏开发所需的功能。
- 网络爬虫：Python 的简洁性和强大的第三方库(如 beautifulsoup 和 scrapy)，使其成为构建网络爬虫和数据抓取应用程序的理想选择。
- 软件测试和自动化：Python 提供了许多测试框架和工具(如 Pytest 和 Selenium)用于软件测试和自动化测试。
- 量化金融和算法交易：Python 在量化金融和算法交易领域具有重要地位。它提供了用于金融数据分析、模型开发和交易执行的库和工具。

此外，Python 还广泛应用于教育、科学研究、图像处理、文本处理、物联网和大数据处理等领域。因此，不同专业的学生都应学习 Python 语言。

Python 语言文件类型主要分为 3 种：

- 源代码文件(source file)；
- 字节码文件(byte-code file)；
- 优化字节码文件(optimized byte-code file)。

这些文件可以直接运行，不需要编译或连接。

源代码文件包括扩展名为.py 的源代码文件和扩展名为.pyw 的源代码文件，前者由解释器负责解释执行，可在控制台下运行；后者用于图形用户界面(GUI)程序。源代码文件可以用文本编辑器(如记事本)打开并编辑。

字节码文件是 Python 源文件经过编译之后生成的，扩展名为.pyc。字节码文件不能用文本编辑器打开。pyc 文件与平台无关，可以运行在 Windows、UNIX 和 Linux 等操作系统上。通过运行脚本可以将.py 文件编译成.pyc 文件。

优化字节码文件是经过优化代码生成的，扩展名为.pyo 的文件。该类文件不能用文本编辑器打开或者编辑。Python 3.5 版本开始采用 pyc 文件存储优化和非优化代码，不再支持 pyo 文件。

1.4　Python 的安装与配置

1.4.1　安装 Python 解释器

Python 官方网站的下载网址是：https://www.python.org/downloads/，如图 1-8 所示。用户可以登录官方网站下载相应的 Python 版本。在学习时，建议使用最新的稳定版本，不必追求过高的版本。

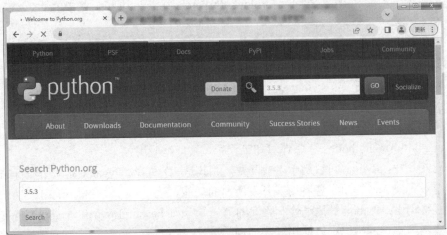

图 1-8　Python 官方下载页面

Python 解释器有许多版本，主要的 Python 标准库更新只针对 Python 3.x 系列，许多企业也正从 Python 2.x 向 Python 3.x 过渡。因此，对于初学 Python 的用户而言，使用 Python 3.x 无疑是一个不错的选择。国家计算机等级考试目前使用的版本是 Python 3.5.3。因此本书以此版本作为安装的解释器，以便帮助用户重点掌握语言的特性。

进入 Windows 版本软件下载页面后，根据操作系统版本选择相应软件包。本书使用的是 Windows 10 操作系统(64 位)，因此应选择 Download Windows x86-64 executable installer 下载 Python 3.5.3 的安装包，如图 1-9 所示。

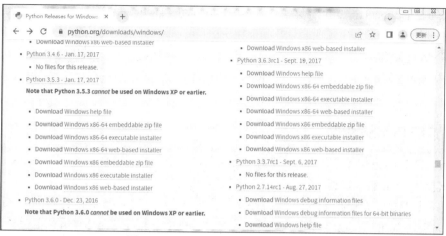

图 1-9 Windows 版本 Python 下载页面

完成 python-3.5.3.exe 安装文件的下载后，双击该文件打开图 1-10 所示安装窗口，选中 Add Pyhon 3.5 to PATH 复选框，选择 Customize installation 选项，进入图 1-11 所示安装选项界面(这里采用默认设置)。

图 1-10 Python 解释器安装窗口

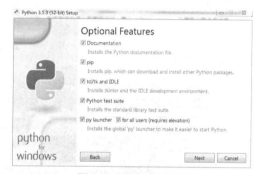

图 1-11 安装选项界面

在图 1-11 所示的界面中单击 Next 按钮进入高级选项界面。选中图 1-12 所示的复选框后，单击 Install 按钮。安装成功后将打开图 1-13 所示的界面。

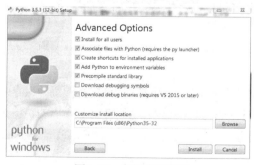

图 1-12 高级选项界面

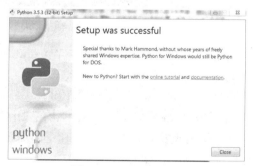

图 1-13 安装成功界面

Python 解释器安装完成后在 Windows 系统的"开始"菜单栏中将显示 Python 3.5 文件夹，其中包含已经安装的 Python 组件，如图 1-14 所示。具体组件描述如下。

- IDLE(Python 3.5 32-bit)：集成开发环境，可以在此环境中运行交互式命令或者编写 Python 程序。
- Python 3.5(32-bit)：在命令窗口中打开 Python 解释器。
- Python 3.5 Manuals(32-bit)：Python 语言手册。
- Python 3.5 Modules Docs(32-bit)：模块文档。

1.4.2　运行 Python 程序

Python 程序的运行方式有两种：交互式和文件式。交互式

图 1-14　安装的 Python 组件

运行方式指 Python 解释器逐行接收 Python 代码并即时响应；文件式也称批量式，指先将 Python 代码保存在文件中，再启动 Python 解释器批量解释文件中的代码。需要注意的是，无论是交互式还是文件式，Python 程序都是通过解释器解释运行的，不需要像 C 语言那样经过编译环节。

图 1-15 所示为在命令提示符下交互式运行 Python 程序的界面。可以通过打开 Windows 命令提示符窗口(依次选择"开始"|"所有程序"|"附件"|"命令提示符"命令打开命令提示符窗口)并输入 Python 命令来启动 Python 解释器。Python 解释器或控制台都可以使用相同的方式交互式运行 Python 程序。例如，在控制台中进入 Python 环境后，在提示符">>>"后输入以下代码：

```
print("hello world.")
```

解释器将对上述命令解释，并输出结果"hello world."。

```
管理员: C:\Windows\system32\cmd.exe - python

Microsoft Windows [版本 6.1.7601]
版权所有 (c) 2009 Microsoft Corporation。保留所有权利。

C:\Users\Administrator>python
Python 3.5.3 (v3.5.3:1880cb95a742, Jan 16 2017, 15:51:26) [MSC v.1900 32 bit (In
tel)] on win32
Type "help", "copyright", "credits" or "license" for more information.
>>> print("hello world.")
hello world.
>>>
```

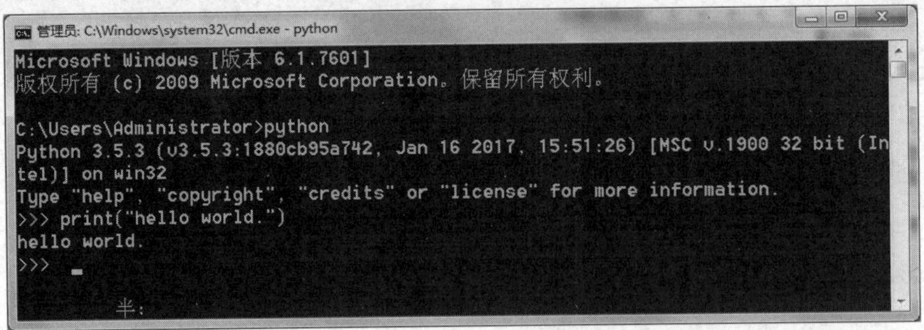

图 1-15　在命令提示符下交互式运行 Python 程序

细心的用户可能已经注意到，Windows 命令提示符是">"；而 Python 解释器的提示符是">>>"。

文件方式执行是指创建一个 Python 文件(扩展名为.py)，在其中编写 Python 代码并保存。然后，在该 Python 文件所在文件夹的空白区域按住 Shift 键并同时右击鼠标，在弹出的快捷菜单中选择"在此处打开命令窗口"命令，以打开命令窗口，在命令提示符">"后输入命令"python hello.py"来运行 Python 程序。

Python 解释器内置了 Python 的官方开发工具——IDLE。IDLE 具备集成开发环境(IDE)的基本功能，开发人员通常根据个人需求或偏好选择使用其他的开发工具。在开始菜单的"Python 3.5"下选择 IDLE 命令，将会打开如图 1-16 所示的集成开发环境。在 IDLE 中，既可以交互式运行程序，也可以编写代码并保存成文件运行。

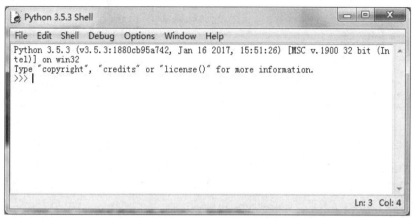

图 1-16　Python 集成开发环境

下面来编写第一个 Python 程序，与所有其他编程语言一样，第一个程序是输出"hello world."。在图 1-16 所示窗口中，选择 File | New File 命令打开如图 1-17 所示的窗口，在这里，可以输入 Python 源程序代码，也可以进行修改等操作。这个过程类似于使用文本编辑器写文字，只不过书写 Python 源程序有一定的规范(本书第 2 章将详细介绍)。当前阶段，只需要输入如图 1-17 所示的一条语句即可，无须深究这条语句究竟是做什么的。选择 File 菜单下的 Save As 命令，将源程序文件保存在计算机中的某个位置。注意为文件命名，例如图 1-18 中将文件命名为"hello.py"。

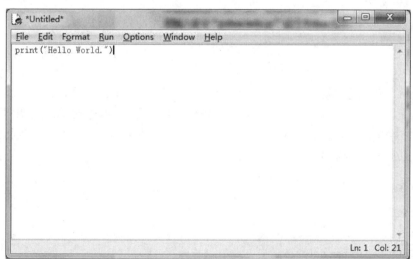

图 1-17　输入 Python 源程序代码

另存为
桌面
搜索 桌面
组织
新建文件夹
收藏夹
下载
桌面
最近访问的位置
库
视频
图片
文档
库
系统文件夹
Administrator
系统文件夹
计算机
系统文件夹
网络
系统文件夹
(03)第3章 数据的图表展示(8
)
文件夹
《应用统计学》
文件夹
ExamPServer1.3
文件夹
计算机二级PYTHON版本
文件夹
hello.py
Python File
20 字节
文件名(N): hello.py
保存类型(T): Python files (*.py;*.pyw)
隐藏文件夹
保存(S)
取消

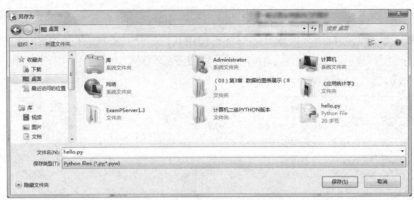

图 1-18　保存 Python 源程序文件

要运行编写好的 Python 源程序文件，可以在 IDLE 中打开源程序文件，然后选择 Run | Run Module 命令运行程序。另外，也可以按 F5 按键运行源程序文件。运行结果如图 1-19 所示。

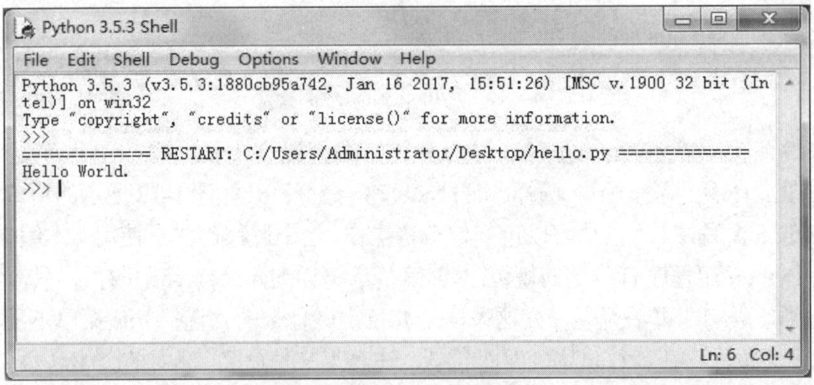

Python 3.5.3 Shell
File Edit Shell Debug Options Window Help
Python 3.5.3 (v3.5.3:1880cb95a742, Jan 16 2017, 15:51:26) [MSC v.1900 32 bit (In
tel)] on win32
Type "copyright", "credits" or "license()" for more information.
>>>
============== RESTART: C:/Users/Administrator/Desktop/hello.py ==============
Hello World.
>>>
Ln: 6 Col: 4

图 1-19　程序运行结果界面

用户可以在 IDLE 交互式窗口提示符下输入以下代码，并查看执行结果。

```
>>> 3+2*5
13
```

“Python 之禅”是隐藏在 Python 语言中的前辈程序员的经验准则，由 Tim Peters 倡导，旨在编写更加优美、简洁、易读、可扩展的程序。这些准则不仅适用于编程领域，也适用于其他领域。

在 IDLE 中执行下列命令，将输出“Python 之禅”(其下的中文翻译引用网络上的翻译，希望用户在编程过程中理解并遵守)。

```
>>> import this
```

The Zen of Python

Python 之禅

Beautiful is better than ugly.

精美优于丑陋。

Explicit is better than implicit.

明确优于含混。

Simple is better than complex.

简明优于繁复。

Complex is better than complicated.

繁复优于难懂。

Flat is better than nested.

平铺直叙优于构架交错。

Sparse is better than dense.

错落有致优于密密麻麻。

Readability counts.

易读性很重要。

Special cases aren't special enough to break the rules. Although practicality beats purity.

在规则面前没有特例，尽管实用性比纯粹性更重要。

Errors should never pass silently. Unless explicitly silenced.

错误不应被轻易忽视，除非明确忽视。

In the face of ambiguity, refuse the temptation to guess.

在模棱两可时，拒绝猜测。

There should be one--and preferably only one--obvious way to do it.

应当有且只有一种明显的方式来做这件事。

Although that way may not be obvious at first unless you're Dutch.

尽管这种方式一开始可能并不明显，除非你是荷兰人(Python 创始人是荷兰人)。

Now is better than never. Although never is often better than *right* now.

现在开始好过从不开始，尽管从不开始好过急于求成。

If the implementation is hard to explain, it's a bad idea.

如果执行方案很难解释，那它一定不是个好主意。

If the implementation is easy to explain, it may be a good idea.

如果执行方案很容易解释，那这或许是个好主意。

Namespaces are one honking great idea -- let's do more of those!

命名空间是个绝妙的主意，让我们多一些这样的想法。

1.4.3　安装 Python 第三方库

Python 语言能够流行的一个重要原因是其包含众多第三方库的支持。除了内置模块以外，有时需要安装额外的第三方库。Python 安装第三方库通常有两种方式：

- 使用 pip 命令行工具在线下载需要的第三方库。
- 手动下载第三方库安装包，然后使用 pip 命令进行安装。

pip 是 Python 的软件包管理命令，是 Python 语言自带的命令行工具，用于安装和管理第三方软件包。使用 pip 工具安装软件包的命令如下所示：

```
pip install some-package-name
```

举例来说，要安装名为 requests 的第三方库(该库用于处理 HTTP 请求)，可以在命令行窗口中执行以下命令(适用于 Windows 系统)：

```
pip install requests
```

这样 requests 第三方库就下载并安装完成了。要在程序中使用 requests 库，只需要在程序代码中添加 import requests 即可。如果执行 pip install some-package-name 命令时遇到找不到软件包的情况，需要手动下载相关的第三方库安装包，然后使用 pip 命令进行安装。

图 1-20 显示系统未安装 jieba 库(jieba 库是支持中文文字处理的第三方库)时，执行 import jieba 将提示没有这个模块。要安装 jieba 库，可以打开命令提示符，输入 pip install jieba 并按 Enter 键。此时，如果计算机已连接互联网，将会自动下载并安装 jieba 库，如图 1-21 所示。

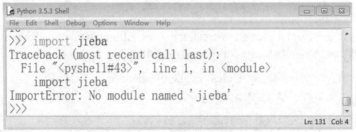

图 1-20　未安装 jieba 库

图 1-21　在命令行窗口中安装 jieba 库

安装完 jieba 库后，在 Python 环境中执行 import jieba 则可以导入并使用 jieba 库。用户可以根据需要安装或卸载特定的库。要卸载某个库可以在命令提示符中使用命令：pip uninstall 库名。例如，输入 pip uninstall jieba，将卸载安装的 jieba 库。

在安装某些库时，如果直接从国外网站下载，则速度较慢。因此，对于想要安装的库，在执行 pip 命令时输入国内镜像站点下载通常可以提供更快的下载速度。

用户可以通过以下命令格式从指定的镜像源网站下载库：pip install -i 镜像源网址 库名称。例如，在命令提示符中执行以下命令表示从镜像站点 https://pypi.tuna.tsinghua.edu.cn/simple 下载 matplotlib 库：

```
pip install -i https://pypi.tuna.tsinghua.edu.cn/simple matplotlib
```

1.4.4　使用 Python 帮助文档

Python 手册是 CHM 格式标准的文档，CHM 是微软新一代的帮助文件格式，利用 HTML 源文件，可以帮助内容以类似数据库的形式编译存储。在 Python 3.5 安装目录下，打开文件资

源管理器并单击 "Python 3.5.3 Manuals", 将会打开 Python 帮助文档, 如图 1-22 所示。

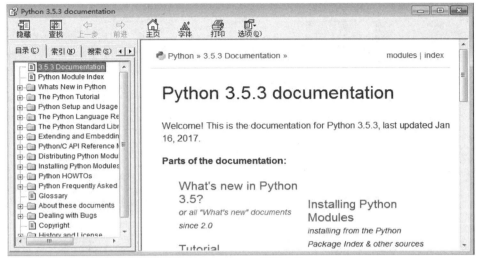

图 1-22　Python 帮助文档

在图 1-22 左侧选择 "搜索" 标签页, 可以搜索某个关键词, 图 1-23 是搜索 "turele" 关键词后的结果(在图 1-23 中下拉滚动条可以看到一段绘制太阳花的代码)。按照前面介绍的新建 Python 源程序文件的方法新建一个名为 sun.py 的文件, 并输入以下代码：

```python
from turtle import *
color('red', 'yellow')
begin_fill()
while True:
    forward(200)
    left(170)
    if abs(pos()) < 1:
        break
end_fill()
done()
```

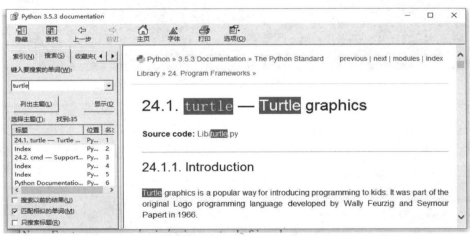

图 1-23　搜索 turtle 库帮助文档

保存文件后，运行 sun.py 文件，将显示如图 1-24 所示的运行结果。

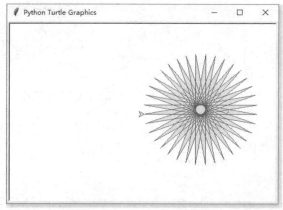

图 1-24　turtle 绘制的图形

除了 Python 手册，用户还可以通过交互式帮助了解 Python 提供的许多标准函数(又称内置函数)。Python 的交互式处理是以人机对话方式获得结果的方法。在命令提示符下输入 Python 命令，然后执行内置函数 help( )可进入交互式帮助系统，如图 1-25 所示。从图 1-25 可以看出，命令提示符从“>>>”变成了“help>”，表明已经进入交互式帮助系统。如果要退出交互式帮助系统，输入 quit 命令即可。

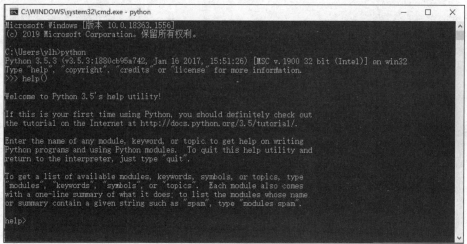

图 1-25　交互式帮助系统

在交互式帮助系统中输入 modules 命令，将显示所有已经安装的模块。要查看某个模块的帮助信息，直接输入模块名称即可。要了解模块中某个函数的信息，可以使用“模块名.函数名”的格式。例如，要查看 random 模块 randint 函数的帮助信息，在交互式帮助系统中输入以下命令，将获得 randint 函数的功能说明。

```
help> random.randint
Help on method randint in random:

random.randint = randint(a, b) method of random.Random instance
    Return random integer in range [a, b], including both end points.

help>
```

1.5　本章小结

　　本章全面讲述程序设计和算法的基本概念，对算法的特点及描述算法的几种方法进行了介绍。程序的运行包括编译和解释两种，Python 是一种解释型语言。本章还介绍了 Python 语言的特点、发展、应用、版本区别及文件类型(Python 程序的运行方式包括交互式和文件方式)，重点阐述了 IDLE 开发环境和运行环境的配置，并通过 IDLE 创建简单程序，调试并运行 Python 源程序文件。另外，介绍了 pip 工具，它用于安装和卸载第三方库。要学好编程，除自己动手多读、多写程序外，知道如何使用 Python 手册和交互式帮助系统也是必备技能。

1.6　思考和练习

一、判断题

1. 相比 C++程序，Python 程序的代码更加简洁、语法更加优美，但效率较低。　　(　　)
2. Python 3.x 版本完全兼容 Python 2.x。　　(　　)
3. 模块文件的扩展名必定是.py。　　(　　)
4. Python 是编译型语言。　　(　　)
5. 算法和实现是一样的。　　(　　)

二、填空题

1. Python 是一种面向＿＿＿＿＿＿＿＿＿的高级编程语言。
2. Python 可以运行在多种平台，体现了 Python 语言＿＿＿＿＿＿＿＿＿的特性。
3. 使用＿＿＿＿＿＿＿＿＿关键字可以在当前程序中导入模块。
4. 安装和卸载第三方库的命令是＿＿＿＿＿＿＿＿＿。
5. Python 的源代码文件通常以＿＿＿＿＿＿＿＿＿作为扩展名。

三、选择题

1. 关于 Python 语言的特点，以下选项描述正确的是(　　)。
   A. Python 语言不支持面向对象　　　　　B. Python 语言是解释型语言
   C. Python 语言是编译型语言　　　　　　D. Python 语言是非跨平台语言
2. 下列选项中哪个选项不是 Python 语言的主要应用领域(　　)。
   A. Web 开发　　　B. 数据分析　　　C. 系统级编程　　　D. 桌面应用开发
3. 下列关于 Python 的说法中，错误的是(　　)。
   A. Python 是从 ABC 语言发展起来的　　　B. Python 是一门高级计算机语言
   C. Python 只能编写面向对象的程序　　　　D. Python 程序的效率比 C 程序的效率低
4. Python 是一种什么类型的编程语言(　　)。
   A. 编译型　　　B. 解释型　　　C. 汇编型　　　D. 机器型

5. Python 语言的哪个特性使得它非常适合用于快速开发原型和脚本编写(　　)。

    A. 可移植性   B. 面向对象   C. 易于学习   D. 高性能

四、编程题

在 IDLE 开发环境中新建 Python 源程序文件并输入以下程序代码，验证程序运行结果，通过运行以下程序，可以加深用户对 Python 语言的认识。

1. 编写 Python 程序，绘制多个起点相同但大小不同的五角星。

```python
import turtle as t
def draw_fiveStars(leng):
    count = 1
    while count <= 5:
        t.forward(leng)              # 向前走 50
        t.right(144)                 # 向右转 144 度
        count += 1
    leng += 10                       # 设置星星大小
    if leng <= 100:
        draw_fiveStars(leng)
def main( ):
    t.penup( )
    t.backward(100)
    t.pendown( )
    t.pensize(2)
    t.pencolor('red')
    segment = 50
    draw_fiveStars(segment)
    t.exitonclick( )
if __name__ == '__main__':
    main( )
```

2. 编写 Python 程序进行整数求和。输入整数 n，计算 $1+2+3+\cdots+n$ 之和。

```python
a = int(input("请输入一个整数: "))
s = 0
for i in range(a+1):
    s += i
print("1~%d 的和为: %d"%(a,s))
```

3. 编写 Python 程序进行整数排序。输入三个整数，把这三个数由小到大输出。

```python
a = [ ]
for i in range(3):
    x = int(input('请输入整数: '))
    a.append(x)
a.sort( )
for i in a:
    print(i,end=" ")
```

4. 编写 Python 程序，打印九九乘法表。

```
for i in range(1,10):
    for j in range(1,i+1):
        print("%d×%d=%-2d "%(j,i,i*j),end = ")
    print(")
```

5. 编写 Python 程序，打印字符串"Hello，World！"。

❧ 第 2 章 ❧

Python语法基础

第 1 章介绍了 Python 语言的特点以及如何搭建编程环境。从本章开始，将正式开始 Python 语言的学习。本章主要介绍 Python 的书写格式、标识符和关键字以及注释等基本语言要素，并对基本数据类型和运算符进行描述。任何一门编程语言都有相同的基础语法知识，同时也有其独特的语言特性。对于没有学过编程语言的用户来说，不受其他语言影响是一个优势，可以帮助他们更好地掌握 Python 语言的基本语法。而对于学习过其他语言(如 C 语言和 Java 语言)的用户来说，通过比较不同语言之间的异同，可以快速地掌握 Python。编程语言之间是相通的，都是软件开发工具，掌握一门语言后，通过较短的时间就可以转换到其他编程语言。

本章学习目标
- 掌握 Python 程序设计基本要素(包括注释和缩进)。
- 熟悉 Python 语言的基本数据类型。
- 掌握运算符和表达式的使用。
- 掌握字符串的操作。
- 掌握基本输入输出函数。
- 理解和应用格式化输出的方法。

2.1 Python 程序书写格式

Python 程序是一系列 Python 语句的集合，用于执行特定的任务或实现特定的功能。程序可以包含多个模块，每个模块都提供特定的功能，也可以单独存在。Python 程序通过 Python 解释器执行。当程序被执行时，Python 解释器会逐行读取并执行程序中的语句。Python 程序通常具有清晰的结构，包括主程序入口(通常是 if __name__ == "__main__":部分)、函数定义和类定义等。主程序入口是程序的入口点，当程序作为主程序运行时，会执行该入口点下的代码。

在书写 Python 程序时，要遵循一定的格式，不能随意将代码写在一起。否则，解释器可能无法识别程序代码，导致程序无法正常运行。正确的程序书写格式对于提高代码的可读性、可维护性和可重用性至关重要。

2.1.1 缩进

良好的代码格式可提升代码的可读性。与其他语言不同，Python 代码的格式是 Python 语法的组成部分之一。不符合格式规范的 Python 代码无法正常运行。

程序由语句块构成，语句块是由一条一条的 Python 语句组成的。语句块可以是一个模块、一个函数、一个类或者一个文件。Python 程序通过缩进来定义语句块，因此，Python 是一种对缩进敏感的语言。

Python 语言采用严格的缩进来表示程序逻辑，也就是一些人所说的 Python 程序的层次关系。Python 代码的缩进可以通过 Tab 键控制(不建议)，也可使用空格控制。空格是 Python 3 首选的缩进方法，一般使用 4 个空格表示一级缩进。通常对于顺序结构的程序代码，这些代码不要求缩进，直接顶行编写且不留空白。然而，在 if、while、for、def、class 等保留字所在完整语句后，应使用英文冒号 ":" 结尾，并对其后的行进行缩进，以表明后续代码与紧邻无缩进语句的所属关系。Python 3 不允许混合使用制表符和空格进行缩进，建议统一使用 4 个空格的方式缩进代码。这种采用缩进表示程序层次的写法，对于习惯了 C 语言自由书写风格的程序员来说，刚开始可能会感到不习惯。缩进是 Python 语言中表明程序框架的唯一手段。

在 Python 语言中，缩进是强制性的，用于表示代码块的结构。Python 使用缩进来区分代码块，而不是像其他某些编程语言那样使用大括号(比如 C 语言用大括号 "{ }" 来表示语句块)。这种缩进规则使得 Python 代码在视觉上更加清晰和一致。

Python 的缩进标准是使用 4 个空格进行缩进：这是 Python 社区广泛接受的缩进标准。每个缩进层次应该使用 4 个空格，而不是制表符(Tab)或其他数量的空格。

建议用户在同一文件中不要混用空格和制表符进行缩进，因为这可能导致不可预测的错误和混乱的代码结构。大多数 IDE 和文本编辑器都提供了将制表符转换为空格的选项。

在一个代码块中，所有的语句应该使用相同数量的空格进行缩进，包括 if 语句、for 循环、while 循环、函数定义、类定义等。如果一个代码块被嵌套在另一个代码块内部，那么嵌套的代码块应该增加一层缩进。通常，每一层嵌套的缩进使用的都是额外的 4 个空格。例如：

```
if  x > 0:
    print("x 为正数")
    if y < 0:
        print("y 为负数")
else:
    print("x 为非正数")
```

在这个例子中，if x > 0:和 else:之后的代码块各自使用了 4 个空格的缩进。而在 if y < 0: 后面的代码块则使用了额外的 4 个空格的缩进，以表示它是嵌套在 if x > 0:的代码块内部的。

如果违反了 Python 的缩进规则，解释器会抛出一个 IndentationError 异常。因此，保持一致的缩进风格对于编写正确的 Python 代码至关重要。

例如，对于以下具有多重循环的程序(大家思考，这段程序的功能是什么？)，不同的缩进具有不同的含义。

```
for i in range(1,10):            # 代码段 1
    for j in range(1,i+1):       # 代码段 2
        print("%d×%d=%-2d "%(j,i,i*j),end = '')    # 代码段 3
    print('')                    # 代码段 2
print('')                        # 代码段 1
```

上述代码段对应于图 2-1 所示的逻辑层次。

图 2-1 不同缩进表示程序的逻辑层次

如果将上述代码修改为如下，大家看看运行结果是什么？试着绘制如下代码的逻辑层次。

```
for i in range(1,10):                                    # 代码段 1
    for j in range(1,i+1):                               # 代码段 2
        print("%d×%d=%-2d "%(j,i,i*j),end = ")          # 代码段 3
    print(")                                             # 代码段 3
print(")                                                 # 代码段 1
```

在 IDLE 开发环境中编写程序时，可对选中的代码块进行批量缩进和反缩进，具体方法如下。
- 菜单操作：选择 Format | Indent Region 命令或选择 Format | Dedent Region 命令。
- 键盘操作：按 Ctrl+]键(批量缩进)或按 Ctrl+[键(反缩进)。

2.1.2 注释

注释是代码中的辅助性文字，会被编译器或解释器略去，不被执行，一般用于程序员对代码的说明。注释是为了未来的自己或者他人方便理解程序(通常程序都需要进行注释)。注释分为单行注释和多行注释，单行注释以"#"开头，用于说明当前行或之后代码的功能。单行注释既可以单独占一行，也可以位于标识的代码之后，与标识的代码共占一行。例如：

```
#这是我的第一个程序
print("Hello world.")   #这是输出函数
```

Python 语言使用"#"表示一行注释的开始。注释可以在一行中任意位置通过"#"开始，其后面的内容被当作注释，不会被解释器执行。注释的作用有以下几个：
- 标明作者和版权信息；
- 解释代码原理和用途；
- 辅助程序调试。

多行注释以三对单引号或者双引号来声明，主要用于说明函数或类的功能，也可以用于多行的程序说明。在 IDLE 开发环境中，可对选中的代码块进行批量注释和解除注释。例如以下就是多行注释的示例。

```
"""
函数名：getUserName
编写者：袁连海
编写日期：2024.9.17
修订日期：
"""
```

- 菜单操作：选择 Format | Comment Out 命令或选择 Region | Uncomment Region 命令。
- 键盘操作：按 Alt+3 键(批量注释)或按 Alt+4 键(解除注释)。

2.1.3 续行符

Python 程序是逐行编写的，每行代码长度并无限制，但从程序员角度来看，单行代码太长并不利于阅读。这时就可以使用续行符将单行代码分割为多行表达。Python 中的续行符为反斜杠 "\\"。续行符之后不允许再添加空格，直接换行即可。通常情况下，一行代码写完一条语句。如果一行语句过长，可以在行尾加上反斜杠 "\\" 来实现续行分成多行语句。但在列表[ ]、字典{}、元组( )或三引号定义的字符串('''或""""")中的多行语句，不需要使用反斜杠。

在书写 Python 程序时，应注意以下几点：

- 一般一行一条语句，可以使用反斜杠作为续行符放在行尾。
- 同一行中书写多条语句，语句之间用分号 ";" 分割。
- 注释语句可以从任意位置开始。
- 复合语句的逻辑关系必须缩进。
- 注意括号或者分号要用英文字符。

Python 官方建议每行代码不超过 79 个字符，若代码过长应该换行。Python 会将圆括号( )、中括号[ ]和大括号{}中的行进行隐式连接，可以利用这个特性来处理过长语句的换行问题。例如：

```
sentence = ("  Python 程序是逐行编写的，每行代码长度并无限制，"
    "但从程序员角度，单行代码太长并不利于阅读。"
    "这个时候就可以使用续行符将单行代码分割为多行表达。")
```

2.2 Python 标识符和关键字

现实生活中，人们常用名称来标记事物。Python 标识符用于标识变量、函数、类、模块或其他对象的名称。例如，每种商品都有一个名称来标识。若希望在程序中表示一些事物，开发人员需要自定义一些符号和名称，这些符号和名称称为标识符。Python 中的标识符需要遵守一定的规则。

标识符由字母(包括中文字符)、数字和下画线组成。第一个字符必须是一个字母(a~z 或 A~Z)或下画线 "_"，不能是数字或其他特殊字符。Python 是大小写敏感的语言，因此 "name" 和 "Name" 是两个不同的标识符。标识符不能使用 Python 的保留关键字(如 if、for、while、class、def 等)。这些关键字是 Python 语言本身定义的，具有特定的含义和用法。以双下画线开始和结束的标识符具有特殊意义，程序员的标识符应该避免(如__init__)。

通常使用小写字母和下画线来命名变量和函数(例如 my_variable 和 calculate_total_sum)，使用首字母大写的驼峰命名法来命名类(例如 MyClass)，Python 社区普遍遵循这些命名约定，以提高代码的可读性和一致性。理论上，Python 标识符的长度没有限制，但过长的标识符可能会降低代码的可读性。因此，在实际编程中，建议使用简洁明了的标识符名称。

标识符的命名应简洁明了，体现出其所代表的对象的特征。应避免使用过于复杂或模糊的命名方式，并避免使用与 Python 保留关键字相同或相似的名称，以免引起混淆或错误。虽然

Python 标识符允许使用中文字符，但在跨语言协作或国际化项目中，建议使用英文命名，以提高代码的通用性和可读性。

保留字，也称为关键字，是指由编程语言内部定义并保留使用的标识符。每种编程语言都有一套保留字，这些保留字一般用来构成程序整体框架、表达关键值和具有结构性的复杂语义等。程序员编写程序时，使用的自定义标识符不能与保留字相同。标识符与保留字相同会引发错误，因为关键字是 Python 已经使用的、不允许开发人员重复定义的标识符。Python 3 中一共有 35 个关键字，每个关键字都有不同的作用。要查看 Python 系统的关键字，交互式执行过程如下。

```
>>> import keyword
>>> keyword.kwlist
['False', 'None', 'True', 'and', 'as', 'assert', 'break', 'class', 'continue', 'def', 'del', 'elif', 'else', 'except', 'finally', 'for', 'from', 'global', 'if', 'import', 'in', 'is', 'lambda', 'nonlocal', 'not', 'or', 'pass', 'raise', 'return', 'try', 'while', 'with', 'yield']
```

建议标识符不要与 Python 的内置变量和函数具有相同的名称，虽然标识符与内置变量和函数名称相同不会引发错误，但容易引起误解。根据 Python 官方提供的编程风格指南，推荐的命名约定如下：

- 变量名、函数名、公共方法名、公共属性名、软件包和模块名通常遵循以下命名风格：全部小写，单词之间用下画线分开。
- 常量名必须全部大写，单词之间用下画线分开，例如 PRICE 和 NUM 等。
- 类名称应遵循驼峰命名风格，例如 Student_Number。
- 名称前加单下画线 "_" 是为了向其他程序员表明该属性或方法是私有的或者是模块内部的，from...import *语句不会导入名称前有单下画线的对象。
- 名称前后加双下画线 "__" 说明这是系统定义和使用的属性或方法，不建议程序员去访问。

在编写 Python 程序时，命令标识符应遵循一定的规则和约定，以确保代码的可读性、一致性和可维护性。使用简洁明了的标识符名称能够使代码更加容易阅读和维护，这体现一个 Python 程序员的专业素养。程序员需要遵循一些约定俗成的规范，包括书写风格、命名规则等，而不是为了展示个性使代码难以维护或容易出错。

2.3 Python 常量和变量

常量是在程序中不会改变的值，如 34、0x34ef8、3.1415、"how are you." 等。常量的特点是其值在定义后不会被修改，例如圆周率 π。Python 语言本身并没有提供专门定义常量的语法或机制，只有少数的常量存在于 Python 内置命名空间中，如 None(用于表示值缺失)、False(bool 类型的假值)、True(bool 类型的真值)，这些常量在程序运行过程中不可更改。

在 Python 语言中，包含等号 "=" 的语句称为 "赋值语句"，它将等号右侧的值计算后赋给左侧变量(需要注意的是，赋值语句中左侧是变量名，而不是表达式；另外，双等号 "==" 是用于判断相等性的符号，而不是赋值操作符)。Python 还支持同步赋值语句，允许同时给多个变量赋值，具体形式如下：

<变量 1>, …, <变量 N> = <表达式 1>, …, <表达式 N>

变量是指内容可以改变的量。在许多编程语言中，变量被实现为内存地址的符号名称，该内存地址存储了数据，如数字、文本或其他更复杂的数据类型。在计算机世界中，变量是一种访问存储位置的方式。Python 语言中，变量名的命名规则与标识符命名规则相同。在使用变量之前，必须对其进行初始化，否则会报错。例如：

```
>>> n=45
>>> f=3.1415
>>> s="I love Python."
>>> t
Traceback (most recent call last):
  File "<pyshell#3>", line 1, in <module>
    t
NameError: name 't' is not defined
>>> a+3=5
SyntaxError: can't assign to operator
```

以上代码试图访问未初始化的变量 t，因此解释器会提示 t 没有被定义。

程序在运行期间用到的数据会被保存在计算机的内存单元中。为了方便访问这些数据，Python 使用标识符来标识不同的内存单元，这些标识符与数据建立了联系。标识内存单元的标识符通常称为变量名。Python 通过赋值运算符 "=" 将内存单元中存储的数值与变量建立联系，即定义变量。具体语法格式如下：

变量 = 值

图 2-2 显示了 a=10 的标识符的存储示意图。首先 Python 会创建一个字面量 10 的对象，然后 a 引用这个对象，也就是说 a 存放的是对象 10 的地址。变量是用于保存和表示数据值的一种语法元素，以下是一些变量赋值的例子：

```
score12 = 100        # 整型变量赋值
price = 99.5         # 浮点型变量赋值
test1_2 = "hello"    # 字符串变量赋值
```

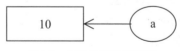

图 2-2　变量的存储示意图

变量需要合适的名称，Python 语言允许采用大写字母、小写字母、数字、下画线 "_" 和汉字等字符及其组合给变量命名。命名长度没有限制，但名字的首字符不能是数字，中间不能出现空格。命名标识符对大小写敏感，因此 False 和 false 是两个不同的标识符。

Python 语言是一种面向对象的动态类型的解释型计算机程序设计语言。在 Python 中，一切都是对象，包括变量和常量。与其他编程语言(如 C 语言)相比，这是一个重要的区别。

在 Python 中，变量不需要事先申明，可以直接使用。变量实际上是对象的引用，而对象包含了实际数据。例如，当执行 a = 20 这条语句时，解释器会执行以下流程。

(1) 创建一个类型为整型、值为 20 的对象。

(2) 创建一个变量名 a。

(3) 把变量名 a 关联到这个对象

变量 a 被创建出来后,使用变量 a 就可以引用整型 20 这个对象。为了形象化理解变量、变量名和对象之间的关系,可以将变量想象为一个标签,当解释器创建一个对象后,就把名称为 a 的标签贴到对象上,这样就可以用变量 a 来引用这个对象。

变量是对象的引用,实际数据包含在对象中。变量在程序运行的过程中可以随时改变对对象的引用。当执行 b = 40 这条语句时,解释器会创建一个整数类型对象,其值为 40,然后将变量 b 关联到这个整数类型对象。当执行 b=23.4 这条语句时,解释器会创建另外一个浮点数类型的对象 23.4,然后将变量 b 关联到这个浮点类型对象。这时,变量 b 引用的对象是 23.4,而不是之前的 40。

每个对象被创建时都有一个唯一的标识,可以用 id( )函数来检查变量引用对象的标识,它可以被认为是对象的内存地址。若对象改变了,其标识也会改变。以下交互式执行过程演示通过 id( )函数获取某个对象的标识。

```
>>> a=10
>>> b=10.0
>>> c="abc"
>>> id(a),id(b),id(c)
(2071956064, 51387232, 8508480)
```

使用 id( )函数可以查看变量关联的对象的标识。若两个变量的标识相同,可以认为它们引用的是同一个对象。此外,也可以用 is 运算符直接判断两个变量是否关联到同一个对象。在创建对象时,对象具有以下属性。

- 标识:标识是对象的唯一标识符,不可改变,可以认为它就是对象的内存地址。
- 类型:类型也是不可改变的,对象的类型确定了对象支持的操作和取值范围。
- 值:某些对象的值可以改变,某类对象的值不可以改变。值可以改变的对象称为可变的对象,例如列表、字典、集合。一旦创建完成值就不能改变的对象称为不可变对象,例如整数、字符串和元组。

可以通过函数 type 查看对象的类型,通过函数 id 查看对象的标识,使用运算符 is 判断两个变量是否关联到同一个对象,使用运算符==判断两个对象的值是否相等。

要学好 Python 语言,就要按 Python 的思维方式去思考。用户应时刻牢记,在 Python 中,一切皆对象。运行并思考以下交互式执行过程。

```
>>> a=50
>>> b=a
>>> type(a)
<class 'int'>
>>> type(b)
<class 'int'>
>>> b==a
True
>>> b is a
True
>>> id(b)
```

```
2076347616
>>> id(a)
2076347616
>>> a=5.1
>>> b=5.1
>>> id(a)
61676384
>>> id(b)
61676272
>>> a is b
False
>>> a==b
True
>>> type(a)
<class 'float'>
>>> type(b)
<class 'float'>
```

基于性能优化考虑，Python 会把较小的对象放在缓存区，当新建一个变量要关联到小对象时，会先查找缓存区，若该小对象已经创建，则不会再创建新的存储相同值的对象，而是直接把这个小对象关联到新建的变量，这样可以避免频繁申请和销毁内存空间，值较小的对象包括(1)取值在−5 和 256 之间的整数类型对象；(2)只有一个单词的字符串类型对象；(3)None 对象以及布尔型常量对象 True 和 False。

2.4　基本数据类型

根据数据存储形式的不同，数据类型分为基础的数字类型和比较复杂的组合类型，其中数字类型又分为整型、浮点型、布尔类型和复数类型；组合类型分为字符串、列表、元组、字典等。

Python 语言基本数据类型包括数值类型与字符串类型，Python 语言数值类型表示数字或数值数据(也称为数字类型)，数值类型主要用于数学运算及索引成员变量，有 3 种内置数值类型，分别是整型(int)、浮点型(float)和复数类型(complex)。此外，为了使程序能描述现实世界中的各种复杂数据，Python 包括列表(list)、元组(tuple)、字典(dict)和集合(set)等组合数据类型。图 2-3 所示为 Python 语言的数据类型(注意：布尔型(bool)是特殊的整型数据)。

图 2-3　Python 数据类型

Python 语言提供 3 种数值类型：整数、浮点数和复数，分别对应数学中的整数、实数和复数：

- 整型 int，用于描述整数；
- 浮点型 float，用于描述小数；
- 复数类型 complex，用于描述复数。

2.4.1　整数类型

整数类型数据(简称整型数据)，与数学中的概念一致，不带小数点，有正值和负值之分，比如 100、299、3245、−678 等。整数类型可以表示任意大小的整数，例如：

```
>>> x =15
>>> x, type(x)
(15, <class 'int'>)
```

Python 语言的整型数据可以用二进制、八进制、十连制和十六进制 4 种进制表示。整数类型默认是十进制。二进制、八进制和十六进制均需增加前缀符号。

(1) 十进制整数：没有前缀，由 0~9 组成(例如 20、301、−450、0 等)。

(2) 二进制整数：以 0b 或 0B 为前缀，其后由 0 和 1 组成(例如 0b0101、−0B11011 等)。

(3) 八进制整数：以 0o 或 0O 为前缀，其后由 0~7 的数字组成(例如 0O37、−0o342 等)。

(4) 十六进制整数：以 0x 或 0X 为前缀，其后由 0~9 的数字和 a~f 字母或 A~F 字母组成(例如 0x754ef、−0X232DE 等)。

用户可以通过函数 str( )、oct( )、hex( )、bin( )将整数数值转换为十进制、八进制、十六进制、二进制的字符串，也可以通过 int( )函数把十进制、八进制、十六进制、二进制的字符串转换为整数数值。使用下列代码可以将整数数值转换成各种进制数的字符串以及将字符串转换成整数。

```
>>> a=2232
>>> str(a)
'2232'
>>> oct(a)
'0o4270'
>>> hex(a)
'0x8b8'
>>> bin(a)
'0b100010111000'
>>> int("0o4270")              # 将字符串转换成整数，转换失败
>>> int("0o4270",base=8)       # 将 8 进制的字符串转换为整数
2232
>>> int("0x8b8",16)            #将 16 进制的字符串转换为整数，可以省略 base=
2232
>>> int('0b100010111000',2)    # 将 2 进制的字符串转换为整数
2232
```

2.4.2　浮点数类型

浮点数类型表示带有小数的数值。"浮"即浮动，指小数点的位置是可变的。Python 语言中，浮点数有两种表示形式。

(1) 十进制小数形式：由数字和小数点组成(必须有小数点)，例如 2.454、0.、−19.11201 等。

(2) 指数形式：科学记数法表示，用字母 e(或 E)表示以 10 为底的指数，e 之前为数字部分，之后为指数部分。例如，1.25×10^5 的 Python 浮点数表示为 1.25e5 或 1.25E5，0.000123 可以写成 1.23e-4 等。在指数形式表示浮点数时，e(或 E)前面必须有数字，后面必须是整数。例如 e−5、1.2E−3.5、1e 都是错误的。

浮点数和整数在计算机内部存储的方式是不同的。整数运算永远是精确的，然而浮点数的运算则可能会有四舍五入的误差。比如观察以下 1.005-0.005 运算，在数学中很容易得出结果应该是 1.000，而使用程序运算得出的结果却是：0.9999999999999999。浮点数运算的结果也是浮点数。运行以下交互式执行过程，并思考结果。

```
>>> a=1.005
>>> b=0.005
>>> a-b
0.9999999999999999
>>> a=32.4
>>> b=0.
>>> c=3e5
>>> a,b,c
(32.4, 0.0, 300000.0)
>>> type(a),type(b),type(c)
(<class 'float'>, <class 'float'>, <class 'float'>)
>>> n=4
>>> print(n,type(n))
4 <class 'int'>
>>> m=2.44
>>> print(m,type(m))
2.44 <class 'float'>
>>> p=5>3
>>> print(p,type(p))
True <class 'bool'>
>>>
>>> a=0.8293
>>> b=a*10000
>>> b
8293.0
>>> b==8293
True
>>> b is 8293
False
>>> b is 8293.0
False
```

2.4.3 复数

Python 中的复数由两部分组成：实部和虚部。复数的形式为：实部+虚部 j(或虚部 J)。例如 3+5j，-5.6+7.8J 等都是复数。对于复数 a，可以用 a.real 获取其实部，用 a.imag 获取其虚部，用 a.conjugate( )获取其共轭复数，其他数值类型与复数进行运算，结果是复数。

complex( )函数用于创建一个复数或者将一个数或字符串转换为复数形式，其返回值为一个复数。该函数的原型为：complex(real[,imag])，其中，real 可以为 int、float 或字符串类型；而 imag 只能为 int 或 float 类型。注意如果第一个参数为字符串，第二个参数必须省略，若第一个参数为其他类型，则第二个参数可以选择性地提供，交互式执行过程如下：

```
>>> complex(2,4)
(2+4j)
>>> complex(2)          # 数字
(2+0j)
>>> complex("123")      # 字符串
(123+0j)
# 注意：这个地方在"+"号两边不能有空格，也就是不能写成"1 + 2J"，应该是"1+2J"，否则会报错

>>> complex("1+2J")
(1+2j)
>>> x = 4 + 6j
>>> x.real              # 实部
4.0
>>> x.imag              # 虚部
6.0
>>> x.conjugate( )      # 共轭复数
(4-6j)
>>> type(x+10)          # 复数与其他类型数据的运算结果为复数
<class 'complex'>
```

2.4.4 布尔类型

Python 中的布尔类型有两个值：True 和 False(真和假)。Python 规定：任何数值类型的 0(比如 0、0.0、0e0 等)、空字符串''、None、空元组( )、空列表[ ]、空字典{ }都被当作 False，其他数值或非空字符串为 True(注意 True 和 False 的第一个字符是大写)。

空值是 Python 语言的一个特殊的值，表示一个空对象，用 None 表示。空值不是 0，因为 0 是有意义的。空值常用于没有返回值的函数结果。例如：

```
>>> def fun( ): x = 2
>>> print(type(fun( )))
<class 'NoneType'>
>>> b=fun( )
>>> b
>>> type(b)
<class 'NoneType'>
```

二进制数据通常用于网络数据传输、二进制图片和文件的保存等。在 Python 3.x 中，由 bytes 类型表示，以字节为单位进行处理。创建 bytes 类型数据需在常规的 str 类型前加个 b 以示区分，

例如：

```
>>> c=b""
>>> type(c)
<class 'bytes'>
>>> s=bytes( )      # 创建空的字节型数据
>>> type(s)
<class 'bytes'>
>>> s="袁连海"
>>> t=s.encode(encoding='utf-8')
>>> s=t.decode( )
>>> s
'袁连海'
```

type( ) 函数是 Pyhton 语言的一个内置函数，可以判断变量的类型，适用于任何类型。isinstance( ) 函数可以判断一个对象是否是一个已知的类型。格式如下：

isinstance(a, type)

其中 a 表示待判断的对象，type 可以是类、基本类型或由它们组成的元组。如果 a 的类型和 type 相同或是其中一个，则返回 True，否则返回 False。

在 Python 中，同一个表达式可以允许不同类型的数据参与运算。在进行运算之前，Python 会根据一定的规则将这些不同类型的数据转换成同一类型，然后再进行运算，这个过程称为类型转换或类型提升。三种基本的数值数据类型存在一种逐渐扩展的关系：

整数→浮点数→复数
(整数是浮点数特例，浮点数是复数特例)

不同数字类型之间可以进行混合运算，运算后生成结果为最宽类型。例如：

322 +15.5 =337.5   (整数 + 浮点数 = 浮点数)

当自动类型转换达不到转换需求时，可以使用类型转换函数，将数据从一种类型强制(或称为显式)转换成另一种类型。常用的类型间转换函数和数值内置函数如表 2-1 所示。

表 2-1 常用类型转换函数和数值内置函数

运算符	描述
int(x[,base=10])	将字符串 x 转换为整数，默认为 10 进制，比如 int("123")的结果为 123
float(x)	将 x 转换为浮点数，比如 float("241324.23")的结果为 241324.23
complex(real[, imag])	将字符串或者数字转换为复数，比如 complex(1,4)的结果为(1+4j)
str(x)	将 x 转换为字符串，比如 str(1234)的结果为'1234'
chr(x)	将一个整数转换为一个字符，整数为字符的 ASCII 编码，比如 chr(65)的结果为'A'
ord(x)	将一个字符转换为它的 ASCII 编码的整数值，比如 ord("A")的结果为 65
hex(x)	将一个整数转换为一个十六进制字符串，比如 hex(255)的结果为'0xff'
oct(x)	将一个整数转换为一个八进制字符串，比如 oct(255)的结果为'0o377'
eval(x)	将字符串 x 当作有效表达式求值，并返回计算结果，比如 eval("1+3+4")的结果为 8
abs(x)	求 x 的绝对值，比如 abs(-9.78)的结果为 9.78

(续表)

运算符	描述
divmod(x,y)	商余，(x//y, x%y)，返回商和余数的元组，比如 divmod(20, 3)的结果为元组(6, 2)
pow(x, y[, z])	幂余，(x**y)%z，比如 pow(3,8)的结果为 6561，pow(3,8,100)的结果为 61
round(x[, d])	四舍五入，d 是保留小数位数，默认值为 0，比如 round(-123.456, 2)的结果为-123.46
max(x1,x2, ⋯ ,xn)	最大值，返回 x1,x2,⋯ ,xn 中的最大值，n 不限，比如 max(3, 10, 4, 4,83)的结果为 83
min(x1,x2, ⋯ ,xn)	最小值，返回 x1,x2,⋯ ,xn 中的最小值，n 不限，比如 min(0, 9, 5, 4, 3)的结果为 0

运行以下交互式执行过程，理解相应转换函数的意义。

```
>>> x="123"
>>> int(x)
123
>>> int(x,8)
83
>>> int(x,16)
291
>>> float(x)
123.0
>>> str(123)
'123'
>>> chr(65)
'A'
>>> ord('A')
65
>>> hex(33)
'0x21'
>>> oct(255)
'0o377'
>>> bin(255)
'0b11111111'
>>> eval("3+2")
5
```

字符串是一个由单引号、双引号或者三引号包裹的、有序的字符序列。字符串是不可变数据类型(本书将在后面章节详细介绍)。下列是字符串的几种表示方式。

- 使用单引号：'I am a boy.'
- 使用双引号："dsf232*asfkwe"
- 使用三引号：'''adfklkaldfk23((23432"或者"""adfkdasfdkaowekakds28384"""

以下代码都是正确的字符串：

```
>>> a="""sdfasklweil"""
>>> b='''aweo923fdsk**23k'''
>>> c='He said: "I am a boy."'
>>> d="I'm a boy."
>>> type(a)
<class 'str'>
```

```
>>> type(b)
<class 'str'>
>>> type(c)
<class 'str'>
>>> type(d)
<class 'str'>
```

2.5　运算符和表达式

Python 语言的运算符不仅类型丰富，而且使用方法灵活。根据操作数的不同，运算符可以分为以下几种。

(1) 算术运算符(+、−、*、/、**、//、%)。

(2) 关系运算符(>、<、>=、<=、==、!=)。

(3) 逻辑运算符(and、or、not)。

(4) 位运算符(<<、>>、~、|、^、&)。

(5) 赋值运算符(=、复合赋值运算符，如+=、−=、*=、/=、//=等)。

(6) 成员运算符(in、not in)。

(7) 同一运算符(is、is not)。

(8) 下标运算符([ ])。

(9) 其他(如函数调用运算符( ))。

表达式是将运算符、操作数和括号按一定规则连接起来的符合 Python 规则的式子。操作数可以是常量、变量或函数。表达式的类型就是表达式计算结果的类型。表达式中不同类型的常量及变量，在计算时会根据需要进行隐式类型转换，以确保计算的正确性。在表达式求值时，应注意优先级和结合性问题。书写表达式时应注意以下几点。

(1) 表达式从左到右在同一个基准上书写。例如，数学公式 x^2+y^2 应该写为：x**2+y**2。

(2) 乘号不可省略。例如式子 3x+2 应写为：3*x+2。

(3) 括号必须成对出现，且括号必须是圆括号，圆括号可以嵌套使用。例如，数学式子 $3/(x^2+y^2)$ 应写为：3/(x**2+y**2)。

2.5.1　算术运算符和算术表达式

算术运算符包括+(加)、−(减)、*(乘)、/(除)、//(整除)、**(幂)、取模%。其中*、/、//、**、%的优先级高于+和−运算；**运算符表示乘方(幂)运算，其优先级高于*和/。表 2-2 是算术运算符以及示例。

表 2-2　算术运算符

运算符	意义	示例	运算结果
+	加	2+3	5
−	减	4−6	−2
*	乘	5*2	10

(续表)

运算符	意义	实例	运算结果
**	幂	3**2	9
/	除	7/3	2.3333333333333335
//	取整除(向下取整)	11//5	2
%	取模	20%6	2
abs(x)	求 x 的绝对值	abs(-20)	20
divmod(x,y)	返回元组(x//y,x%y)	divmod(11,5)	(2,1)
power(x,y)	x 的 y 次方	power(2,3)	8
+=	加赋值	x+=y	x=x+y

在 Python 中，"="表示赋值运算符，语法格式为：

变量 = 表达式

功能：把"="右边表达式的值赋给"="左边的变量(注意：赋值运算符左边必须是变量，不能是表达式)。

执行以下语句并观察结果：

```
>>> x+2=y
SyntaxError: can't assign to operator
```

运算符与"="结合在一起就是复合赋值运算符，例如 +=、-=、*=、/=。a+=b 相当于 a=a+b，复合赋值运算符经常用在自加、自减上，例如 i+=1。这个同 C 语言的复合运算符一样。赋值运算符"="与 7 种算术运算符(+、-、*、/、//、**、%)和 5 种位运算符(>>、<<、&、^、|)结合构成 12 种复合赋值运算符。例如：

```
x+=1        等价于    x=x+1
x*=x+1      等价于    x=x*(x+1)
x%=5        等价于    x=x%5
```

将同一个值赋给多个变量的赋值方式称为链式赋值，语法格式为：

变量名 1 = 变量名 2 = … = 变量名 n = 表达式

同时给多个变量赋不同的值，称为多变量同步赋值，语法格式为：

变量 1,变量 2,…,变量 n = 表达式 1,表达式 2,…,表达式 n

过程为：首先计算表达式右边 n 个表达式的值，然后同时将表达式的值赋给左边的变量。以下代码为交换两个变量的值：

```
>>> x=5
>>> y=6
>>> x,y=y,x        # 采取同步赋值，可以使用一条语句交换两个变量的值
>>> x
6
```

```
>>> y
5
```

运行以下交互式执行过程，变量 x 同时出现在同步赋值表达式中：

```
>>> x=5
>>> x,x,x=1,2,3*x
>>> x
15
```

结果分析：第二条语句首先计算右边的表达式 1、2 和 3*x 的值(此时 x 的值为 5)，然后将这些值同步赋给变量。因此，最后的值为 15。

2.5.2　关系运算符和关系表达式

在程序设计中，经常要比较两个表达式的关系，关系运算符用来判断两个操作数的大小，如果关系成立，结果为 True，否则为 False。关系运算符为二目运算符，即有两个操作数。通过关系运算符来把操作数连接在一起所形成的表达式称为关系表达式，例如 3<5 或 x!=y 等。关系运算符如下：

> 　　大于
>= 　大于或等于
< 　　小于
<= 　小于或等于
== 　等于
!= 　不等于

关系表达式的结果为 True 或者 False。对于由两个关系运算符连接三个操作数的关系表达式，在 Python 中可以写作：

```
x<y<z    等价于 x<y and y<z
```

只有当 x<y 和 y<z 同时成立时，结果才为 True。分析以下交互式执行过程。

```
>>> x,y,z=0,1,2
>>> x<y<z
True
>>> x<y==True          # True 相当于 1
True
>>> x<y==False         # False 相当于 0
False
>>> x=1
>>> x==True
True
>>> x=0
>>> x==False
True
```

2.5.3　逻辑运算符和逻辑表达式

除了关系运算，还有逻辑运算。Python 的逻辑运算符包括逻辑与、逻辑或和逻辑非。运算符如下：

- and　　逻辑与，只有两个操作数都为真时，结果才为真，其他情况均为假。
- or　　　逻辑或，只要两个操作数中至少一个为真(非零)，结果就为真。
- not　　逻辑非，取反，单目运算符(只有一个操作数)。

运行并思考以下交互式执行过程。

```
>>> x,y=10,20
>>> x>0 and y<10
False
>>> x>0 and y>10
True
>>> x==10 or y==10
True
>>> not x==10
False
```

和其他编程语言一样，Python 的逻辑运算符也存在逻辑短路现象。

(1) 对于逻辑与操作(and)。

如果 a 为真，继续计算 b，整个表达式的值为 b 的值。

如果 a 为假，无须计算 b，整个表达式的值为 a 的值。

(2) 对于逻辑或操作。

如果 a 为真，无须计算 b，整个表达式的值为 a 的值。

如果 a 为假，继续计算 b，整个表达式的值为 b 的值。

运行并思考以下交互式执行过程。

```
>>> True and 20
20
>>> True and 20 and 30
30
>>> True and 20 and 30 and 40
40
>>> True and 0
0
>>> False or 10
10
>>> False or 10 or 20
10
>>> False or 10 or 20 or 30
10
```

通常，在编写程序时，按照常规思维编写代码可以更优雅地展示编程风格。例如，在写条件语句时，以下写法比较符合常规思维：

```
if   a != True:      # 若 a 不等于 True
if name =='':        # 若字符串等于空
if not ok:           # 若非 OK
if not string:       # 若非字符串，即字符串为空
```

2.5.4 位运算符与表达式

位运算只能作用于整数类型，按位运算包括：按位与(&)、按位或(|)、按位取反(～)、按位异或(^)、左移(<<)和右移(>>)。

按位与的规则是：只有当两个对应的二进制位都为 1 时，结果才为 1，否则为 0。

```
0 & 1=0;
1 & 1=1;
1 & 0=0;
0 & 0=0
```

按位或的规则是：只要两个对应的二进制位中一个是 1，结果就是 1，否则为 0。

```
0 | 1=1;
1 | 1=1;
1 | 0=1;
0 | 0=0
```

按位异或的规则是：两个对应的二进制位不同，结果为 1，相同为 0。

```
0 ^ 0=0
1 ^ 1=0
0 ^ 1=1
1 ^ 0=1
```

按位左移(<<)是指将二进制形式操作数的所有位全部左移 n 位，高位丢弃，低位补 0。以十进制 9 为例，9 转为二进制后是 00001001，将转换后的二进制数左移 4 位。按位右移(>>)是指将二进制形式操作数的所有位全部右移 n 位，低位丢弃，高位补 0。以十进制 8 为例，8 转换为二进制后是 00001000，将转换后的二进制数右移 2 位。

运行并分析以下交互式执行过程。

```
>>> a=5          # 二进制位 0b0000 0101
>>> b=7          # 二进制位 0b0000 0111
>>> a&b
5
>>> a|b
7
>>> a^b
2
>>> ~a           # 取反后的二进制位 0b1111 1010 表示的数是一个负数
-6
>>> a<<2         # 在没有溢出的情况下，左移 1 位相当于乘 2，左移 2 位相当于乘 4
20
>>> c=8
>>> c>>2         # 在没有溢出的情况下，右移 2 位相当于除以 4
2
>>>
```

有很多用户对二进制位运算感到特别迷茫，感觉不好理解。任何存储于计算机中的数据，其本质都是以二进制码存储的，根据冯·诺依曼计算机体系结构。一台计算机由运算器、控制器、存储器、输入和输出设备组成。其中运算器，只有加法运算器，没有减法运算器。所以，计算机无法直接做减法，它的减法是通过加法来实现的。现实世界中所有的减法也可以当成加法，减去一个数，可以看作加上这个数的相反数。前提是要先有负数的概念。这就不得不引入一位符号位表示正负数。从硬件的角度上看，只有正数加负数才算减法。正数与正数相加，负数与负数相加，其实都可以通过加法器直接相加。

原码、反码、补码的产生过程，是为了在计算机中处理有符号整数的运算问题以及引入符号位(正号和负号)。它们是计算机中对数字的二进制表示方法，主要用于表示有符号整数。以下是对这三种表示方法的详细解释。

原码是最直观的二进制表示法，用来模拟人类的正负数概念。最高位(第一位)是符号位(0 代表正，1 代表负)，其余位代表数值的大小，例如(以 8 位二进制为例)：

+5 的原码：0000 0101

−5 的原码：1000 0101

反码是对原码的一种变换方式，用于简化负数的表示。正数的反码与其原码相同，负数的反码是在其原码的基础上，符号位不变，其余各位按位取反(即 0 变为 1，1 变为 0)，例如(以 8 位二进制为例)：

+5 的反码：0000 0101(与原码相同)

−5 的反码：1111 1010(在原码 1000 0101 的基础上，除符号位外各位取反)

补码是对反码的一种转换方式，是目前计算机系统中表示有符号整数的最常用方法。正数的补码与其原码相同，负数的补码是在其反码的基础上加 1。使用补码表示数字的优点在于它只用一个形式表示 0 (0x00000000)，这简化了运算。特别是在减法运算中，它可以统一转化为加法运算处理，因此加法和减法可以用同一种电路来实现，从而简化了硬件设计。

+5 的补码：0000 0101(与原码、反码相同)

−5 的补码：1111 1011(反码 1111 1010 加 1)

用原码表示数时，具有直观的正负数表示，但计算复杂，存在+0 和-0 两种不同的表示。反码简化了负数的表示，但运算复杂度较高，仍存在+0 和-0 两种表示。补码在现代计算机系统中被广泛采用，它解决了+0 和-0 的问题，简化了计算，尤其是将减法运算统一为加法运算。这里+0 和-0 实际上都是 0，不应该有不同的表示。在程序设计和系统开发中，通常不需要直接操作原码、反码或补码，因为编程语言和处理器会自动处理这些细节。然而，对这些概念的理解对于深入理解计算机运算和可能出现的边界情况是非常有帮助的。

2.5.5　成员运算符和成员表达式

成员运算符 in 用于判断一个元素是否在某一个序列(如列表、元组等)中。not in 则用于检查元素是否不存在于序列中，返回的结果是逻辑值(True 或 False)，结合性为左结合意味着从左到右依次计算。运行并分析以下交互式执行过程。

```
>>> 'h' in "hello"
True
>>>"ad" in "abcdef"
False
```

```
>>> 'y' not in "hello"
True
```

is 用来检查两个变量是否引用同一对象，如果是同一个对象返回 True，否则返回 False。is not 则用来检查两个变量是否引用不同的对象，如果不是同一个对象返回 True，否则返回 False。例如：

```
>>> a=b=12.34
>>> c=12.34
>>> a is b
True
>>> a is c
False
>>> b is c
False
>>> d=5
>>> e=5
>>> d is e
True
>>> d is 5
True
```

在 Python 语言中，not、not in、is not 这三者都包含 not 这个元素，而且三者返回的结果都是 True 或者 False，但是三者的功能却完全不同。

not 运算符是逻辑运算符，功能是进行逻辑非运算，可以简单地理解为不对或者错误的意思，输出的结果是 True 或者 False。

not in 是成员运算符，功能是测试某个变量是否包含某个元素，可以简单地理解为不包含的意思，返回的结果是 True 或者 False。

is not 是身份运算符，判断两个变量是不是引用不同对象，可以简单地理解为非引用同一对象，返回的结果是 True 或者 False。

2.5.6 变量的比较

在 Python 语言中，比较两个变量的方法包括：
- 比较变量的值，比较变量引用的对象中的数据是否相同。
- 比较标识，判断两个变量是否引用的是同一个对象，指向的内存地址是否相同。
- 类型比较，比较两个变量的类型是否相同。

is 运算符用于判断两个变量引用的是否是同一个内存地址。在 Python 中，一切都是对象，每个对象都有一个值、一个标识(id)、一个类型。值是变量引用的对象的具体数值，例如整数值、字符串的内容等。标识(id)是变量内存中的地址(可以使用 id( )函数查看变量引用的对象的内存地址)。类型是指变量引用的数据类型，包括内置类型(如整数、字符串、列表等)和自定义类型。使用 is 运算符进行变量标识比较，是通过比较两个变量的内存地址来判断它们是否引用同一个内存对象。

在 Python 中，"=="运算符用于比较两个变量值是否相等，而不考虑它们是否引用同一个对象。但是如果比较两个对象的值的话，最好是相同对象类型。否则，所有比较结果均为 False。

因此，如果对两个变量使用 is 返回 True，则对它们的值使用 "=="一定会返回 True。但反过来并不一定成立，即"=="返回 True 并不一定意味 is 也会返回 True，因为可能存在两个值相同但是不同对象的情况。

上述问题是由于 Python 的内存机制引起的，小整数被预先分配内存以便共享，应该是为了效率考虑，小整数的范围在[-5, 257]，所以对于小整数来说，id(number)是相同的，因为都是引用的同一块内存，大于或等于 257 的整数引用的不是同一块内存。

在 Python 中，变量和数据是分开存放的。Python 将所有数据存为内存对象，变量事实上是指内存对象的引用。赋值运算符"="用于将变量名和内存中的某个对象绑定。如果对象事先存在，则进行绑定，否则赋值会直接创建引用的对象。在任何时候，只要需要某个对象引用，都可以重新引用一个不同的对象(可以是不同的数据类型)。需要注意的是，变量名没有类型，对象才有。以下交互式执行过程清楚地描述了标识、值和类型的比较。

```
>>> x=1
>>> y=1
>>> x is y
True
>>> id(x)
1801554384
>>> id(y)
1801554384
>>> x=400
>>> y=400
>>> id(x)
57888608
>>> id(y)
58577552
>>> x is y
False
>>> x ==y
True
>>> x=1.2
>>> y=1.2
>>> x is y
False
>>> x ==y
True
>>>
#浮点数误差
>>> a=0.14
>>> a*=100
>>> print(a)
14.000000000000002
>>> a==14
False
>>> a=0.19
>>> a*=100
>>> print(a)
19.0
>>> a==19
```

```
True
>>>
>>> int(True)
1
>>> int(False)
0
>>> float(True)
1.0
>>> float(False)
0.0
```

2.6 字符串

字符串是由字母、符号或者数字组成的字符序列。在 Python 中，字符串是一种基本的数据类型，用于表示和操作文本数据。字符串属于 Python 中的序列类型，序列中的每个元素都可以通过索引访问。字符串的类型是<class 'str'>。

字符串是 Python 中最常用的数据类型。可以使用单引号、双引号或三引号来创建字符串。创建字符串非常简单，只要为变量分配相应的值即可。例如：

```
>>> c1 = 'Hello'          # 单引号
>>> c2 = "Python"         # 双引号
>>> c3 = '"12345"'        # 三引号
>>> c4 = '"I said:"Hello World!"'
```

2.6.1 字符串创建

字符串(str)是 Python 内置的数据类型，用于存储一系列字符(包括字母、数字、标点符号等)。Python 提供了多种方式来创建字符串。字符串是序列类型的一种，序列的基本操作包括创建、索引、切片、连接以及属于该类型的方法(本书第 4 章将介绍其他序列类型，而本节则专注于介绍字符串的创建、运算和方法)。以下交互式执行过程演示了如何创建字符串。

```
>>> a="hello"
>>> type(a)
<class 'str'>
>>> name='liping'
>>> address="chongqing"
>>> s=""
>>> t="I'm a boy."
>>> s1=""""
>>> s2="""
dsafda
asdfk
asdf
adsfk
asdf
"""
```

```
>>> s2
'\ndsafda\nasdfk\nasdf\nadsfk\nasdf\n'
>>> type(s2)
<class 'str'>
>>> type(s)
<class 'str'>
>>> s=str( )
>>> type(s)
<class 'str'>
```

在 Python 中，可以用单引号(' ')、双引号(" ")和三引号("""+""" 或 '''+''')创建字符串。它们的基本功能是相同的，但在特定情况下有一些区别。

当用单引号定义字符串时，若字符串中有单引号，需要在字符串中的单引号前面加上转义字符(\)，这时解释器把字符串中的单引号作为普通的字符看待。当用双引号定义字符串时，若字符串中有双引号，也需要在字符串中的双引号前面加上转义字符(\)，告诉解释器把字符串中的双引号作为普通的字符看待。在字符串中混杂转义符号(\)会让代码看起来比较混乱，并且由于要额外输入转义符号也会增加复杂性。

为了让代码优美和输入简单，Python 规定当用单引号定义字符串时，字符串中的双引号被视作普通字符，当用双引号定义字符串时，字符串中的单引号被视作普通字符。当用单引号和双引号定义字符串时，若遇到字符串有多行的情况，需要在每行的后面加多一个换行的转义字符(\)，这样输入很复杂而且代码很丑陋。遇到多行字符串输入的情况，建议使用三引号，这样可以避免每行都要加入一个换行符，在三引号定义的字符串中未转义的换行符和引号都被视为普通字符，三引号字符串常用于实现函数、类和模块的文档字符串，也用于字符串太长需要以多行字符串形式书写的场合。通常，当字符串中需要把单引号作为普通字符时用双引号。当字符串太长需要以多行字符串形式书写时用小括号"( )"。当撰写文档字符串时用三引号"""""" 或 ''''''。

Python 支持使用单引号、双引号和三引号定义字符串，其中单引号和双引号通常用于定义单行字符串，三引号通常用于定义多行字符串。

Python 使用反斜杠 "\" 对字符串里面的字符进行转义，我们把一个字符前加反斜杠后形成的字符叫作转义字符。例如，在字符串中的字符单引号 "'" 前添加反斜杠 "\"，Python 解释器会将转义后的单引号 "/" 解释为普通字符，而非字符串的定界符。以下代码展示了转义字符的含义：

```
>>> print('let\'s go to school.')
let's go to school.
```

一些普通字符与反斜杠组合后将失去原有意义，产生新的含义。类似这样的由 "\" 和普通字符组成的、具有特殊意义的字符就是转义字符。转义字符通常用于表示一些无法显示的字符，例如空格、回车等。表 2-3 所示为转义字符表。

表2-3　转义字符表

转义字符	含义	ASCII 码(十六/十进制)
\0	空字符(NULL)	00H/0
\n	换行符(LF)	0AH/10
\r	回车符(CR)	0DH/13

（续表）

转义字符	含义	ASCII 码(十六/十进制)
\t	水平制表符(HT)	09H/9
\v	垂直制表符(VT)	0BH/11
\a	响铃(BEL)	07H/7
\b	退格符(BS)	08H/8
\f	换页符(FF)	0CH/12
\'	单引号	27H/39
\"	双引号	22H/34
\\	反斜杠	5CH/92
?	问号字符	3FH/63
\ddd	任意字符	三位八进制
\xhh	任意字符	二位十六进制

以交互方式运行以下包含转义字符的字符串，观察输出结果并理解转义字符的含义。在这里，普通字符原样输出，而字符“\t”和“\n”是转义字符，分别表示水平制表符和换行符。

```
>>> text = "\tPython\tJava\tC"
>>> print(text)
    PythonJava   C
>>> text = "\tPython\n\tJava\n\tC"
>>> print(text)
    Python
    Java
    C
```

在一段字符串中如果包含多个转义字符，但又不希望转义字符生效，可以使用原始字符串。原始字符串是在字符串开始的引号之前添加 r 或 R，使其成为原始字符串。例如：

```
>>> print(r'转义字符中:\t 表示水平制表符;\r 表示回车;\n 表示换行')
转义字符中:\t 表示水平制表符;\r 表示回车;\n 表示换行
```

从上面代码运行结果可以看出，如果在字符串前加上 r 或者 R，该字符串将被视为原始字符串，内部的转义字符不会被处理。

2.6.2　字符串连接和重复

运算符“+”和“*”用在两个数值型对象之间时，分别表示求和与求积。那么，两个字符串用“+”进行运算表示什么意思呢？“+”用在两个字符串之间表示对两个字符串进行连接。运算符“*”用在字符串和一个整数之间表示字符串重复操作。字符串连接和重复操作与数值类型的加法和乘法形式上一模一样，但功能完全不同，这种操作符在不同类型上表现出不同功能的特性被称为操作符重载，这是面向对象程序设计中的一个概念。

在计算 10+20 这样的表达式时，解释器检测到操作符+作用的变量类型是数值型，从而推断出操作符+最终要执行的功能是加法。当解释器遇到"work"+"hard"这样的表达式时检测到操作符+运算的变量类型是字符串类型，从而推断出操作符+最终要执行的功能是将两个字符串连接。

解释器遇到123+"123"这样的表达式时，检测到操作符+左边作用的变量是数值类型，右边作用的变量是字符串类型，无法推断出操作符+到底要执行什么功能，解释器会认为类型错误。因此，遇到可重载操作符时，程序员要负责数据类型的转换，保证解释器能正确推断出操作符最终的功能。交互式执行过程如下。

```
>>> 123+123          # 运算符+用在两个数值之间，表示两个数求和
246
>>> "123"+"123"      # 运算符+用在两个字符串之间，表示两个字符串连接
'123123'
>>> "123"+5          # 运算符+用在字符串和数值之间，类型出错
Traceback (most recent call last):
    File "<pyshell#3>", line 1, in <module>
        "123"+5
TypeError: Can't convert 'int' object to str implicitly
>>> "123"*5          # 运算符*用在字符串和整数之间，字符串重复
'123123123123123'
>>> 123*5            # 123 是数值，"123"是字符串
615
>>> "123"*5.5        # 运算符+用在字符串和浮点数之间，类型出错
Traceback (most recent call last):
    File "<pyshell#5>", line 1, in <module>
        "123"*5.5
TypeError: can't multiply sequence by non-int of type 'float'
```

2.6.3　内置函数和字符串对象的使用方法

Python 提供内置函数 len( )、max( )、min( )求字符串的长度以及最大和最小元素，表2-4 所示为操作字符串的内置函数。

表2-4　操作字符串的内置函数

函数名	功能	说明
all(x)	测试 x 中是否所有元素都是 True	x 是组合类型或可迭代对象
any(x)	测试变量 x 中是否含有 True 元素	x 是组合类型或可迭代对象
len(x)	返回字符串 x 的长度(字符数)	适用于可迭代对象，包括字符串、列表、元组等
max(x[,key])	返回变量 x 中的最大元素	对于字符串，返回按字典序最大的字符
min(x[,key])	返回变量 x 中的最小元素	对于字符串，返回按字典序最小的字符
zip(x[,y,…])	返回 zip 对象，其元素是将参数对应位置的元素组合成的元组	x、y 等组合类型或可迭代对象等，且可以是不同类型
enumerate(x)	枚举 x 中的元素，返回枚举对象	返回一个迭代器，每个元素是一个包含索引和值的元组
sorted(x[,key[,reverse]])	对参数 x 的所有元素进行排序	返回一个新的排序后的列表，可以指定 Key 函数和 reverse 参数

```
>>> len("abcd")
4
>>> len("abc 李平")          # 字符串中一个汉字算一个字符
5
>>> max("123456")
'6'
>>> min("2323421233")
'1'
>>> max("abcdef")
'f'
>>> max("123abd")
'd'
>>> max("袁连海")
'连'
>>> ord('袁')
34945
>>> ord('连')
36830
>>> ord('海')
28023
>>>
```

字符串是 Python 中基本的数据类型，Python 中一切皆为对象，对象有自己的属性和方法，字符串对象常用的方法如表 2-5 所示。

表 2-5　字符串常用方法

方法名	功能	举例
capitalize( )	将字符串的首字母转换为大写，其余部分转换为小写	"hello".capitalize( ) -> "Hello"
lower( )	将字符串中的所有大写字母转换为小写字母	"HELLO".lower( ) -> "hello"
upper( )	将字符串中的所有小写字母转换为大写字母	"hello".upper( ) -> "HELLO"
title( )	将字符串中每个单词的首字母转换为大写，其余部分转换为小写	"hello, world!".title( ) -> "Hello, World!"
strip([chars])	去除字符串两侧的空白字符(或指定的字符)	" hello ".strip( ) -> "hello"
lstrip([chars])	去除字符串左侧的空白字符(或指定的字符)	" hello".lstrip( ) -> "hello"
rstrip([chars])	去除字符串右侧的空白字符(或指定的字符)	"hello ".rstrip( ) -> "hello"
split([sep[, maxsplit]])	根据指定的分隔符将字符串拆分为子字符串列表	"a,b,c".split(",") -> ["a", "b", "c"]

（续表）

方法名	功能	举例
join(iterable)	使用指定的分隔符将可迭代对象(如列表、元组等)中的字符串连接成一个新的字符串	",".join(["a", "b", "c"]) -> "a,b,c"
replace(old, new[, count])	在字符串中查找并替换子字符串	"hello world".replace("world", "Python") -> "hello Python"
find(sub[, start[, end]])	查找子字符串在字符串中首次出现的位置(索引)，如果未找到则返回 −1	"hello world".find("world") -> 6
index(sub[, start[, end]])	查找子字符串在字符串中首次出现的位置（索引），如果未找到则引发 ValueError	"hello world".index("world") -> 6
startswith(prefix[, start[, end]])	检查字符串是否以指定的前缀开始	"hello world".startswith("hello") -> True
endswith(suffix[, start[, end]])	检查字符串是否以指定的后缀结束	"hello world".endswith("world") -> True
isalpha( )	检查字符串是否只包含字母	"hello".isalpha( ) -> True
isdigit( )	检查字符串是否只包含数字	"123".isdigit( ) -> True
isalnum( )	检查字符串是否只包含字母和数字	"hello123".isalnum( ) -> True
isspace( )	检查字符串是否只包含空白字符	" ".isspace( ) -> True
format(*args, **kwargs)	格式化字符串，支持位置参数和关键字参数	"{} {}".format("hello", "world") -> "hello world"
zfill(width)	用零填充字符串的左侧，直到总长度为指定的宽度	"42".zfill(5) -> "00042"
count(sub[, start[, end]])	返回子字符串在字符串中出现的次数	"hello world".count("o") -> 2
encode([encoding[, errors]])	返回字符串的字节表示形式(编码为指定的格式)	"hello".encode("utf-8") -> b'hello'
decode([encoding[, errors]])	将字节对象解码为字符串(使用指定的编码)	b'hello'.decode("utf-8") -> "hello"

注意：encode( )和 decode( )方法通常用于处理字节和字符串之间的转换，尤其是在处理非 ASCII 字符或文件 I/O 时。在 Python 3.x 中，字符串默认是 Unicode 字符串，而 bytes 类型用于表示字节序列。字符串是不可变的对象，这意味着字符串的方法在对字符串进行某种处理后，会返回一个新的字符串，原字符串本身不变。

下面举例进一步说明字符串常用的方法。在 Python 命令窗口运行以下交互式执行过程。

```
>>> s = '   hello   '.strip( )
>>> print(s)
hello
>>> s = '###hello###'.strip( )
>>> print(s)
###hello###
```

在使用 strip( )方法时，默认去除空格或换行符，所以#号并没有去除。可以给 strip( )方法添加指定字符，交互式执行过程如下。

```
>>> s = '###hello###'.strip('#')
>>> print(s)
hello
```

此外当指定内容不在头尾时，并不会被去除。交互式执行过程如下。

```
>>> s = ' \n \t hello\n'.strip('\n')        # 注意第一个字符'\n'前有空格
>>> print(s)

	 hello
>>> s = '\n \t hello\n'.strip('\n')
>>> print(s)
	 hello
```

第一个\n 前有个空格，所以只会去除尾部的换行符。最后 strip( )方法的参数是剥离其值的所有组合，这个可以运行以下交互式执行过程。

```
>>> s = 'www.baidu.com'.strip('cmow.')
>>> print(s)
baidu
```

最外层的首字符和尾字符参数值将从字符串中剥离。strip( )方法从字符串的开头和结尾处依次移除指定字符集中的字符，直到遇到一个不在字符集中的字符为止。这一过程同样适用于字符串的尾部，例如：

```
>>> s ='1 2 3 4'.replace(' ', '-')
>>> s
'1-2-3-4'
>>> s = 'string methods in python'.split( )        # 对字符串做分隔处理，最终的结果是一个列表
>>> print(s)
 ['string', 'methods', 'in', 'python']             # 当不指定分隔符时，默认按空格分隔
>>> s = 'string methods in python'.split(',')
>>> print(s)
['string methods in python']
```

此外，split( )方法还可以指定分隔字符串的最大次数。例如：

```
>>> s = 'string methods in python'.split(' ', maxsplit=1)
>>> print(s)
['string', 'methods in python']
```

string.join(seq)是以 string 作为分隔符，将 seq 中所有的元素(其字符串表示)合并为一个新的字符串。例如：

```
>>> list_of_strings = ['string', 'methods', 'in', 'python']
>>> s = '-'.join(list_of_strings)
```

```
>>> print(s)
string-methods-in-python
>>> list_of_strings = ['string', 'methods', 'in', 'python']
>>> s = ' '.join(list_of_strings)
>>> print(s)
string methods in python
```

函数和方法这两个概念对于初学者来说，通常会感到困惑，函数和方法都是一段可以复用的程序代码，都可以接受输入参数并有返回值，看起来非常相似，其主要区别是：

- 方法是类的一个成员，在类中定义，调用时需要通过类的实例对象或类名来调用。例如：对象名.方法名( )。
- 函数是独立定义的，不属于任何类，调用时直接使用函数名即可，例如：函数名( )。

上述仅仅列出字符串的常用方法，为了方便程序员无须上网即可查阅各种函数、方法、模块的用法，Python 提供了两个帮助函数：dir( )和 help( )。当用户需要了解某个类有哪些属性和方法时可以使用 dir( )函数；当需要了解某个方法或函数如何使用时可以使用 help( )函数。以字符串类为例，使用 dir(str)可以查阅字符串类有哪些属性和方法，交互式执行过程如下。

```
>>> print(dir(str))
['__add__', '__class__', '__contains__', '__delattr__', '__dir__', '__doc__', '__eq__', '__format__', '__ge__',
'__getattribute__', '__getitem__', '__getnewargs__', '__gt__', '__hash__', '__init__', '__iter__', '__le__', '__len__', '__lt__',
'__mod__', '__mul__', '__ne__', '__new__', '__reduce__', '__reduce_ex__', '__repr__', '__rmod__', '__rmul__', '__setattr__',
'__sizeof__', '__str__', '__subclasshook__', 'capitalize', 'casefold', 'center', 'count', 'encode', 'endswith', 'expandtabs', 'find',
'format', 'format_map', 'index', 'isalnum', 'isalpha', 'isdecimal', 'isdigit', 'isidentifier', 'islower', 'isnumeric', 'isprintable',
'isspace', 'istitle', 'isupper', 'join', 'ljust', 'lower', 'lstrip', 'maketrans', 'partition', 'replace', 'rfind', 'rindex', 'rjust', 'rpartition',
'rsplit', 'rstrip', 'split', 'splitlines', 'startswith', 'strip', 'swapcase', 'title', 'translate', 'upper', 'zfill']
```

在 Python 中，名称前后有双下画线表示的是特殊方法或属性，这些是由 Python 内部定义的，通常不建议程序员直接访问或修改。对于程序员而言，重点关注的是没有双下画线的属性和方法。它们是直接用于编程和交互的方法。当需要进一步了解某个方法如何使用时，可以使用 help( )函数。例如，要了解 capitalize 方法如何使用，可以用 help(str.capitalize)。例如：

```
>>> help(str.capitalize)
Help on method_descriptor:

capitalize(...)
    S.capitalize( ) -> str

    Return a capitalized version of S, i.e. make the first character
    have upper case and the rest lower case.
```

2.7　基本输入输出

2.7.1　input 和 print 函数

在 Python 中，通过 input( )函数可以获得用户从键盘输入的数据。无论用户在键盘输入什么内容，input( )函数返回的结果都是字符串类型。使用的语法格式如下：

变量名 = input([提示性文字])

需要注意的是，无论用户输入的是字符还是数字，input( )函数统一按照字符串类型输出。input( )函数首先输出提示字符串，然后等待用户从键盘输入，直到用户按回车键结束，函数最后返回用户输入的字符串(不包括最后的回车符)，并将其保存于变量中，然后程序继续执行input( )函数后面的语句。

【例 2-1】从键盘输入出生年份(如 1970)，计算用户年龄(程序中使用 input( )函数输入年份，使用 datetime 模块获取当前年份，然后用系统当年的年份减去输入的年份，即可得出用户的年龄)。

程序代码如下：

```
import datetime                              # 导入 datetime 模块
input_data= input("请输入您的出生年份：")     # 接受从键盘输入的数据，注意是字符串
birth_year=int(input_data)                    # 由于输入的是字符串，需要转换成整数
now_year = datetime.datetime.now( ).year
age = now_year - birth_year
print("您的年龄为：  " + str(age) + "岁")
```

运行结果如下：

```
请输入您的出生年份：1970
您的年龄为：  54 岁
```

在 Python 中，input( )函数用于从键盘获取数据，其小括号中的字符串是可选的提示信息，用于在获取数据之前给用户的一个简单提示。获取的数据会存放到等号左边的变量中，无论用户输入什么内容，input( )函数会始终将其作为字符串对待。

print( )函数用于将信息输出到控制台(如命令提示符或终端窗口)。它可以将任何可打印的对象(如字符串、数字、列表、元组、字典等)转换为字符串并显示出来，用于调试、显示信息或与用户进行交互。

print( )函数的原型可以表示为：

print(*objects, sep=' ', end='\n', file=sys.stdout, flush=False)

- *objects：是一个不定长参数，可以接受任意数量的对象作为参数，这些对象会被转换为字符串并输出。例如，print("Hello", "world")会输出"Hello world"。
  可选的关键字参数如下。
    - sep 参数用于分隔*objects 中的多个对象的字符串，默认为空格。如果想要改变对象之间的分隔符，可以传入一个字符串作为该参数的值。例如，print(1, 2, 3, sep=',')会输出 "1,2,3"。
    - end 参数是输出结束后的字符或字符串，默认为换行符(\n)。可以传入一个字符串来改变默认行为。例如，print("Hello", end=" ")会输出"Hello "(后面跟着一个空格而不是换行)。
    - file 是输出的目标对象，默认为 sys.stdout，即标准输出流。可以传入一个文件对象或其他具有写属性的对象，以将输出重定向到该对象。

- flush：是一个布尔值，决定是否立即将输出语句输出到目标对象。默认为 False，表示输出首先会被写入缓存；如果设置为 True，则会立即输出。这在需要确保立即看到输出的场景下很有用，例如在编写交互式应用程序时。

```
>>>print("Hello, world!")                    # 输出简单的字符串
>>>name = "Alice"
>>>print("Hello, " + name + "!")             # 输出变量
>>>print(f"Hello, {name}!")                  # 或者使用格式化字符串(Python 3.6 以上版本才支持)
>>>x = 10
>>>y = 20
>>>print("x is", x, "and y is", y)           # 输出多个值或变量，使用逗号分隔
>>>my_list = [1, 2, 3, 4, 5]
>>>my_tuple = (10, 20, 30)
>>>my_dict = {"name": "Bob", "age": 30}      # 输出列表、元组、字典等数据结构
>>>print(my_list)
>>>print(my_tuple)
>>>print(my_dict)
>>>print(my_list, sep=", ")                  # 输出列表，元素之间用逗号和空格分隔
>>>print("a", "b", "c", sep="-", end="***\n") # 输出 a-b-c，并以***和换行符结束
```

print( )函数是 Python 编程中非常基础和常用的一个函数。当输出变量值时，需要采用格式化输出方式，通过 format( )方法将待输出变量设置成期望输出的格式进行格式化输出。

2.7.2 eval( )函数和 exec( )函数

eval( )和 exec( )是 Python 的内置函数，它们允许执行动态生成的代码。eval( )函数用于执行一个字符串表达式，并返回表达式的值。该函数的基本语法如下：

```
eval(expression[, globals[, locals]])
```

参数 expression 表示要执行的字符串表达式。参数 globals(可选参数)是一个字典，用于指定全局命名空间的符号表(如果未提供，则使用全局命名空间)。参数 locals(可选参数)是一个字典，用于指定局部命名空间的符号表。如果未提供，则使用当前局部命名空间。

以下代码演示了 eval( )函数的使用方法，eval("a+b")执行字符串 a+b，a 的值为 4，b 的值为 5，因此 a+b 的结果为 9。eval(a+b)的结果为 1234，因为这时 a 是字符串"12"，b 是字符串"34"，这里 a+b 是"1234"，执行后结果为 1234。

```
>>> a=4
>>> b=5
>>> c=eval("a+b")
>>> c
9
>>> a="12"
>>> b="34"
>>> c=eval(a+b)
>>> c
1234
```

注意，在使用 eval( )函数时要特别小心，因为它会执行传入的任何代码。因此，避免将不受信任的用户输入传递给 eval( )函数，以防止潜在的安全风险。另外，eval( )函数的执行需要消耗一定的时间和资源，特别是在处理复杂的表达式时。在需要高性能的场景下，应考虑其他替代方案。

exec( )函数用于执行存储在字符串或对象代码中的 Python 语句。与 eval( )函数不同，exec( )函数用于执行更复杂的代码块，如循环、条件语句、函数定义等。该函数的基本语法如下：

```
exec(object[, globals[, locals]])
```

object 参数是必需的，表示要执行的代码块。可以是字符串、代码对象或可迭代对象(包含字符串或代码对象的列表)。

eval( )函数的 globals 和 locals 参数的作用与 exec( )函数类似。

以下代码演示 exec( )函数的执行，exec( )函数与 eval( )函数相比，可以执行更加复杂的代码块。

```
>>> exec("a=5")
>>> print(a)
5
>>>exec("""
def speak(name):
```

与 eval( )函数一样，使用 exec( )函数时也要特别小心，因为它会执行传入的任何代码。要避免直接执行不受信任的用户输入，以防止潜在的安全风险。可以通过限制全局命名空间或使用安全模式来减少安全风险。

exec( )函数和 eval( )函数都用于执行动态生成的代码，并且在 Python 3.x 中的函数声明基本相同(都接受 globals 和 locals 参数)。不同的是两个函数的第一个输入参数：eval( )只能用来计算单独一个 Python 表达式的值，并返回结果；exec( )用来执行 Python 语句，无返回值(始终返回 None)。eval( )函数主要用于简单的数学计算或表达式求值；而 exec( )函数用于执行更复杂的代码块，如函数定义、循环等。

2.7.3　格式化输出

Python 的 print( )函数可以将数据输出到显示器上。对输出格式的控制不只是打印空格分隔的值，还需要更多方式。格式化输出包括以下几种方法：

- 在字符串开头的引号前添加 f 或 F(Python 3.6 以上版本才支持)。
- 使用%运算符(求余符)进行字符串格式化。
- 使用 str.format( )方法进行字符串格式化。

第一种是使用格式化字符串字面值，要在字符串开头的引号前添加 f 或 F。在这种字符串中，可以在{和}字符之间输入引用的变量，或字面值的 Python 表达式(注意，这种方式 Python 3.5 版本不支持)。Python 3.6 及后续版本提供了 f 字符串来实现字符串格式化。f 字符串的优点是：可读性更好、更加简洁且执行速度更快。f 字符串的语法非常简单，在字符串前面加入一个前缀(f 或 F)，然后用{ }表示替换的对象。

示例：

```
>>>year = 24
>>>name= "tom"
>>>f"{name} is {year} years old."
tom is 24 years old.
```

第二种格式化输出是%运算符与字符串和格式化参数一起使用。%符号通常用于字符串格式化。
示例：

```
>>> print("Hello, %s!" % "world")
Hello, world!
>>> year = 24
>>> name="tom"
>>> print("%s is %d years old." % (name,year))
tom is 24 years old.
```

当%符号在字符串格式化中被用作占位符时，它后面通常会跟着一个格式说明符，这个格式说明符用于指定将要插入到字符串中的值的类型以及可能的格式。

- %s：字符串(或任何对象，其__str__( )方法将被调用)。
- %r：字符串(使用 repr( )表示)。
- %c：字符(整数被解释为 Unicode 码点)。
- %d 或 %i：整数(十进制)。
- %o：整数(八进制)。
- %x 或 %X：整数(十六进制，小写或大写)。
- %e 或 %E：浮点数(科学记数法)。
- %f 或 %F：浮点数(定点表示)。
- %g 或%G：浮点数(较短者，%e 或%f，无尾随零)。
- %%：字面百分号(无操作)。

此外，还可以为整数和浮点数指定宽度、精度和前缀。

- '%5d'：将整数格式化为至少 5 个字符宽，右对齐(不填充前导零)。
- '%05d'：将整数格式化为至少 5 个字符宽，用前导零填充。
- '%.2f'：将浮点数格式化为小数点后两位。
- '%+d'：在整数前加上正负号(即使是正数)。
- '%#x'：在十六进制数前加上前缀 "0x"。

运行并分析以下交互式执行过程。

```
>>>print('Hello, %s!' % 'world')                  # 输出: Hello, world!
>>>print('The number is: %d' % 68)                # 输出: The number is: 68
>>>print('Float value: %.2f' % 3.14159)           # 输出: Float value: 3.14
>>>print('Width 5: %5d' % 23)                     # 输出: Width 5:    23
>>>print('Width, precision 5.2: %5.2f' % 3.14159) # 输出: Width, precision 5.2:  3.14
```

在 Python 3.x 中，建议使用 str.format( )方法或 f-string(在 Python 3.6 及以上版本中)进行字符串格式化，因为它们提供了更强大和灵活的格式化选项。

2.7.4　字符串的 format( )方法

　　str.format(*args, **kwargs)执行字符串格式化操作，允许用户将变量值插入到字符串中的占位符位置。调用此方法的字符串可以包含字符串字面值或者以花括号"{ }"括起来的占位符。每个占位符可以包含一个位置参数的数字索引，或者一个关键字参数的名称。返回的字符串副本中每个占位符都会被替换为对应参数的字符串值。运行以下代码并理解字符串的 format 方法，其中代码"第一个参数为{0}".format(1+2,3+4)的字符串为"第一个参数为{0}"，字符串包括字面值"第一个参数为"以及占位符{0}。format 包括两个参数(分别是 1+2 和 3+4)，位置分别是 0 和 1，因此，字符串中的占位符{0}会被 3 替换，占位符{1}会被 7 替换。format 包括两个参数，位置分别是 0 和 1。因此，{0}会被 3 替换，{1}会被 7 替换。

```
>>> "第一个参数为{0}".format(1+2,3+4)        # {0}表示占位符，用第 0 个位置参数替换。
'第一个参数为 3'
>>> "第二个参数为{1}".format(1+2,3+4)        # {1}表示占位符，用第 1 个位置参数替换。。
'第二个参数为 7'
>>> "{one} is better than {two}".format(one=23,two=10)
'23 is better than 10'
>>> "{two} is better than {one}".format(one=23,two=10)
'10 is better than 23'
```

　　上述花括号及之内的字符(称为格式字段)被替换为传递给 str.format( )方法的对象。花括号中的数字表示传递给 str.format( )方法的对象所在的位置，花括号中的变量表示传递给 str.format( )方法的对象的名称。

```
>>>print('{0} and {1}'.format('spam', 'eggs'))      # spam 的位置是 0，eggs 的位置是 1
spam and eggs
>>>print('{1} and {0}'.format('spam', 'eggs'))
eggs and spam
```

　　str.format( )方法中使用关键字参数名引用值。
　　示例：

```
>>>print('This {food} is {adjective}'.format( food='spam', adjective='absolutely horrible'))
This spam is absolutely horrible
```

　　位置参数和关键字参数可以任意组合。
　　示例：

```
>>> print('{0},{1},{other}.'.format('Bill', 'TOM',other='MIKE'))
Bill,TOM,MIKE.
```

　　如果不想分拆较长的格式字符串，最好按名称引用变量进行格式化，而不是按位置引用。可以通过传递字典，并用中括号"[ ]"访问键来完成。这需要先学习字典和函数的相关知识。

```
>>> hight = {'zhang': 160, 'wang': 180, 'li': 170}
>>> print("{0[zhang]:d},{0[li]:d},{0[wang]:d}".format(hight))
160,170,180
>>> print("{zhang:d},{li:d},{wang:d}".format(**hight))
160,170,180
```

以下代码使用格式化方式实现同一个平方和立方的表：

```
>>> for x in range(1, 6):
        print('{0:2d} {1:3d} {2:4d}'.format(x, x*x, x*x*x))

    1    1      1
    2    4      8
    3    9     27
    4   16     64
    5   25    125
```

Python 中字符串格式化(特别是使用 format( )方法或 f-string)的一部分，用于指定如何呈现和格式化各种数据类型。str.format( )的格式说明符 的一般形式定义如下：

```
format_spec::=  [[fill]align][sign]["z"]["#"]["0"][width][grouping_option]["." precision][type]
fill         ::=  <any character>
align        ::=  "<" | ">" | "=" | "^"
sign         ::=  "+" | "-" | " "
width        ::=  digit+
grouping_option ::=  "_" | ","
precision    ::=  digit+
type         ::=  "b" | "c" | "d" | "e" | "E" | "f" | "F" | "g" | "G" | "n" | "o" | "s" | "x" | "X" | "%"
```

- fill (<any character>)：是一个可选的字符，用于填充字段中的空白部分。默认情况下，字段是空格填充的，但可以指定任何字符作为填充字符。
- align ("<" | ">" | "=" | "^")：指定字段中的值如何对齐。
- "<"：左对齐。
- ">"：右对齐(默认)。
- "^"：居中对齐。
- "="：数字类型的值根据符号进行对齐(例如，对于+123 和−123 填充字符会放在符号和数字之间，保持符号位置对齐)。
- sign ("+" | "−" | " ")：用于控制数字类型的符号显示。
- "+"：总是显示符号。
- "−"：仅当数字为负时显示符号(默认)。
- " "：当数字为负时显示空格，否则不显示符号。
- "#"：在某些类型(如二进制、八进制和十六进制)中，"#" 用于指示包含类型前缀(例如，"0b"、"0o" 或 "0x")。
- "0"：对于数字类型，如果指定了 0 作为填充字符，并且设置了宽度，则字段将使用零进行填充(直到达到指定的宽度)。
- width(digit+)：指定字段的最小宽度。如果值的长度小于此宽度，则使用指定的填充字符进行填充。
- grouping_option("_" | ",")：在某些类型(特别是数字)中，用于插入分组字符(通常是千位分隔符)。在大多数上下文中，"_" 用于整数，而 "," 用于浮点数。
- precision (digit+)：对于浮点数和字符串，它指定小数点后的位数或字符串的最大长度。对于整数，它通常被忽略。

- type ("b" | "c" | "d" | "e" | "E" | "f" | "F" | "g" | "G" | "n" | "o" | "s" | "x" | "X" | "%")：指定要使用的格式化类型。

  - ◆　"b"：二进制格式。

  - ◆　"c"：字符(将整数作为 Unicode 码点解释)。

  - ◆　"d" 或 "n"：十进制整数。

  - ◆　"e" 或 "E"：浮点数的科学记数法。

  - ◆　"f" 或 "F"：浮点数的定点表示。

  - ◆　"g" 或 "G"5：浮点数的简短表示，没有不必要的零。

  - ◆　"o"：八进制格式。

  - ◆　"s"：字符串格式。

  - ◆　"x" 或 "X"：十六进制格式(小写或大写)。

  - ◆　"%"：百分比表示(乘以 100，并以%结尾)。

这些选项可以组合使用，以创建复杂的格式化字符串，从而精确地控制数据的显示方式。在大多数情况下，它们与旧式的%格式化类似，只是增加了"{ }"和":"来取代%。例如，'%03.2f' 可以被改写为 '{:03.2f}'。

按位置访问参数示例如下：

```
>>>'{0}, {1}, {2}'.format('a', 'b', 'c')
'a, b, c'
>>>'{}, {}, {}'.format('a', 'b', 'c')              # 3.1 版本以上
'a, b, c'
>>>'{2}, {1}, {0}'.format('a', 'b', 'c')
'c, b, a'
>>>'{2}, {1}, {0}'.format(*'abc')                  # 解包序列参数
'c, b, a'
>>> '{0}{1}{0}'.format('1111', '2222')
'111122221111'
>>>coord = (3, 5)                                  # 定义一个元组
>>>'X: {0[0]};   Y: {0[1]}'.format(coord)          # 访问参数的项
'X: 3;   Y: 5'
>>>'{:<30}'.format('left aligned')                 # 对齐文本以及指定宽度
'left aligned                  '
>>>'{:>30}'.format('right aligned')
'                 right aligned'
>>>'{:^30}'.format('centered')
'           centered           '
>>>'{:*^30}'.format('centered')                    # 指定填充字符 '*'
'***********centered***********'
>>>'{:+f}; {:+f}'.format(3.14, -3.14)              # 替代 %+f,%-f 和 % f 以及指定正负号
'+3.140000; -3.140000'
>>>'{: f}; {: f}'.format(3.14, -3.14)              # 正数显示一个空格
' 3.140000; -3.140000'
>>>'{:-f}; {:-f}'.format(3.14, -3.14)              # 只显示负号，与 '{:f}; {:f}'相同
'3.140000; -3.140000'
>>>"int: {0:d};   hex: {0:x};   oct: {0:o};   bin: {0:b}".format(42)
```

```
'int: 42;   hex: 2a;   oct: 52;   bin: 101010'
# 具有 0x、0o、或 0b 前缀
>>>"int: {0:d};   hex: {0:#x};   oct: {0:#o};   bin: {0:#b}".format(42)
'int: 42;   hex: 0x2a;   oct: 0o52;   bin: 0b101010'
>>>'{:,}'.format(1234567890)                          # 使用逗号作为千位分隔符
'1,234,567,890'
>>>points = 19
>>>total = 22
>>>'Correct answers: {:.2%}'.format(points/total)     # 表示为百分数
'Correct answers: 86.36%'
>>>import datetime
>>> d = datetime.datetime(2024, 7, 4, 12, 15, 58)
>>> '{:%Y-%m-%d %H:%M:%S}'.format(d)                  # 使用特定类型的专属格式化
'2024-07-04 12:15:58'
```

【例 2-2】位置参数使用数字索引作为占位符，按顺序将值插入到字符串中。

程序代码如下：

```
name = "Alice"
age = 40
city = "New York"
message = "My name is {0}, I am {1} years old, and I live in {2}.".format(name, age, city)
print(message)
# 输出：My name is Alice, I am 40 years old, and I live in New York.
```

【例 2-3】给定一个数字 12345678，使用 str.format( ) 函数按照以下要求打印输出该数字：

- 宽度为 30，右对齐，使用加号 "+" 填充；
- 宽度为 30，左对齐，使用加号 "+" 填充；
- 宽度为 30，居中对齐，使用加号 "+" 填充，并增加千分位分隔符。

分析：对于右对齐的情况，可以使用"{:+>30}"作为格式字符串，其中>表示右对齐，30 表示宽度，+表示使用加号填充。对于左对齐的情况，可以使用"{:+<30}"作为格式字符串，其中<表示左对齐。对于居中对齐并增加千分位分隔符的情况，可以使用"{:+,>30}"作为格式字符串，其中(,)表示增加千分位分隔符。注意：这种方式不会直接居中对齐数字，因为逗号会打断数字的连续性。为了实现居中对齐，可能需要先对数字进行格式化，然后再进行字符串操作。

程序代码如下：

```
number = 12345678
# 右对齐
print("{:+>30}".format(number))
# 左对齐
print("{:+<30}".format(number))
# 居中对齐并增加千分位分隔符
formatted_number = "{:,.0f}".format(number)              # 先进行千分位格式化
centered_number = formatted_number.center(30, '+')       # 再进行居中对齐和填充
print(centered_number)
```

运行结果如下:

```
++++++++++++++++++++12345678
12345678++++++++++++++++++++
+++++++++++12,345,678++++++++++
```

【例 2-4】格式化输出综合应用。

程序代码如下:

```
name = "Bob"
job = "Engineer"
message = "My name is {name} and I am a {job}.".format(name=name, job=job)
print(message)                    # 输出: My name is Bob and I am a Engineer.
price = 12345.6789
formatted_price = "The price is {:.2f} dollars.".format(price)        #保留两位小数
print(formatted_price)            # 输出: The price is 12345.68 dollars.
formatted_price_commas = "The price is {:,} dollars.".format(price)    #千位分隔符
print(formatted_price_commas)     # 输出: The price is 12,345.6789 dollars.
name = "John"
age = 35
salary = 123456.78
job = "Manager"
message = "My name is {name}, I am {age} years old, and I am a {job}. My salary is {salary:,.2f}
dollars.".format(name=name, age=age, job=job, salary=salary)
print(message)   # 输出: My name is John, I am 35 years old, and I am a Manager. My salary is 123,456.78 dollars.
```

运行结果如下:

```
My name is Bob and I am a Engineer.
The price is 12345.68 dollars.
The price is 12,345.6789 dollars.
My name is John, I am 35 years old, and I am a Manager. My salary is 123,456.78 dollars.
```

2.8　本章小结

　　本章全面讲述 Python 基本语法,Python 程序可分解成模块(文件)、语句、表达式和对象(数据)。程序由模块组成,模块包含语句,语句包含表达式,而表达式用于建立并处理对象。模块是一个包含 Python 代码的源文件,其扩展名是.py。好的程序应该有注释,Python 语言通过缩进来识别语句块,标识符不能随便乱取名,标识符由字母(大小写字母)、数字(0～9)和下画线"_"组成,并且不能以数字开头。从 Python 3.x 开始,中文字符可以用作标识符。

　　Python 语言的运算符类型丰富,包括算术运算符、关系运算符以及逻辑运算符等。字符串是由字母组成的不可变序列,用于表示和操作文本数据。基本操作包括创建字符串、索引单个字符、切片字符串、连接字符串以及字符串对象的方法。字符串的本质是字符序列,通过在字符串后面添加中括号"[ ]",在中括号里添加偏移量可以提取该位置的单个字符。字符串的索引操作使用"[ ]"提取字符。Python 中的字符串切片是一种非常有用的方法,它可以用于获取字符串中的一部分。

Python 中可以通过 input( )函数获得键盘输入数据。eval(<字符串>)函数是 Python 中一个十分重要的函数，它能够以 Python 表达式的方式解析并执行字符串，并将返回结果输出。eval( )函数经常和 input( )函数联合使用。Python 的标准输出函数是 print( )函数，它可以输出指定字符串内容或变量的值。

Python3.6 及后续版本提供了 f-stning 来实现字符串格式化。此外，还可以使用 str.format( )方法来完成字符串格式化。还有一种旧式字符串格式化方法，它采用%运算符。在使用%运算符进行格式化时，给定'str' % values，str 中的%实例会被 values 中的一个或多个元素替换。这里的 values 可以是一个元组或其他可迭代的对象，其元素与 str 中的%占位符匹配。此操作被视为字符串插值。

2.9 思考和练习

一、判断题

1. 已知 x = 3，那么赋值语句 x = 'abcedfg'是无法正常执行的。   （   ）

2. Python 变量使用前必须先声明，并且一旦声明就不能在当前作用域内改变其类型。（   ）

3. Python 采用的是基于值的自动内存管理方式。   （   ）

4. 在任何时刻相同的值在内存中都只保留一份。   （   ）

5. Python 不允许使用关键字作为变量名，允许使用内置函数名作为变量名，但这会改变函数名的含义。   （   ）

6. 在 Python 中可以使用 if 作为变量名。   （   ）

7. 在 Python 3.x 中可以使用中文作为变量名。   （   ）

8. Python 变量名必须以字母或下画线开头，并且区分字母大小写。   （   ）

9. 加法运算符可以用来连接字符串并生成新字符串。   （   ）

10. 9999**9999 这样的命令在 Python 中无法运行。   （   ）

11. 3+4j 不是合法的 Python 表达式。   （   ）

12. 0o12f 是合法的八进制数字。   （   ）

13. 不管输入什么，Python 3.x 中 input( )函数的返回值总是字符串。   （   ）

14. 在 Python 中 0xad 是合法的十六进制数字表示形式。   （   ）

15. Python 使用缩进来体现代码之间的逻辑关系。   （   ）

16. Python 代码的注释只有一种方式，那就是使用#符号。   （   ）

17. 放在一对三引号之间的任何内容将被认为是注释。   （   ）

18. 尽管可以使用 import 语句一次导入任意多个标准库或扩展库，但是仍建议每次只导入一个标准库或扩展库。   （   ）

19. 为了让代码更加紧凑，编写 Python 程序时应尽量避免加入空格和空行。   （   ）

20. 在 Python 3.5 中运算符+不仅可以实现数值的相加、字符串连接，还可以实现列表、元组的合并和集合的并集运算。   （   ）

21. 在 Python 中可以使用 for 作为变量名。   （   ）

22. 在 Python 中可以使用 id 作为变量名，尽管不建议这样做。　　　　　（　　）

23. 一个数字 5 也是合法的 Python 表达式。　　　　　　　　　　　（　　）

24. 执行语句 from math import sin 之后，可以直接使用 sin( ) 函数，例如 sin(3)。（　　）

25. Python 变量名区分大小写，所以 student 和 Student 不是同一个变量。　（　　）

26. 在 Python 3.x 中，使用内置函数 input( ) 接收用户输入时，不论用户输入的什么格式，一律按字符串进行返回。　　　　　　　　　　　　　　　　　　　　　（　　）

27. 安装 Python 扩展库时只能使用 pip 工具在线安装，如果安装不成功就没有别的办法了。　　　　　　　　　　　　　　　　　　　　　　　　　　　　　（　　）

二、填空题

1. Python 语言使用＿＿＿＿＿＿＿符号开始一个单行注释。在其后面的任何内容都会被 Python 解释器忽略。

2. 查看变量类型的 Python 内置函数是＿＿＿＿＿＿。

3. 查看变量内存地址的 Python 内置函数是＿＿＿＿＿＿。

4. 以 3 为实部 4 为虚部，Python 复数的表达形式为＿＿＿＿＿＿或＿＿＿＿＿＿。

5. Python 用来计算整除的运算符是＿＿＿＿＿＿。

6. Python 用来计算集合并集的运算符是＿＿＿＿＿＿。

7. 使用运算符测试集合 A 是否为集合 B 的真子集的表达式可以写作＿＿＿＿＿＿。

8. ＿＿＿＿＿＿命令既可以删除列表中的一个元素，也可以删除整个列表。

9. 表达式 int('123', 16) 的值为＿＿＿＿＿＿。

10. 表达式 int('123', 8) 的值为＿＿＿＿＿＿。

11. 表达式 int('123') 的值为＿＿＿＿＿＿。

12. 表达式 int('101',2) 的值为＿＿＿＿＿＿。

13. 表达式 abs(−3) 的值为＿＿＿＿＿＿。

14. Python 3.x 语句 print(1, 2, 3, sep=':') 的输出结果为＿＿＿＿＿＿。

15. 表达式 int(4**0.5) 的值为＿＿＿＿＿＿。

16. Python 内置函数＿＿＿＿＿＿可以返回列表、元组、字典、集合、字符串以及 range 对象中元素个数。

17. Python 内置函数＿＿＿＿＿＿用来返回序列中的最大元素。

18. Python 内置函数＿＿＿＿＿＿用来返回序列中的最小元素。

19. Python 内置函数＿＿＿＿＿＿用来返回数值型序列中所有元素之和。

20. 已知 x = 3，执行语句 x += 6 后，x 的值为＿＿＿＿＿＿。

21. 表达式 3 | 5 的值为＿＿＿＿＿＿。

22. 表达式 3 & 6 的值为＿＿＿＿＿＿。

23. 表达式 3 ** 2 的值为＿＿＿＿＿＿。

24. 表达式 3<<2 的值为＿＿＿＿＿＿。

25. 表达式 65 >> 2 的值为＿＿＿＿＿＿。

26. 表达式 chr(ord('a')^32)的值为＿＿＿＿＿＿。

27. 表达式 chr(ord('a')−32)的值为＿＿＿＿＿＿。

28. 表达式 abs(3+4j)的值为_____。

29. 表达式 callable(int)的值为_____。

30. 表达式 isinstance('Hello world', str)的值为_____。

三、选择题

1. 关于 Python 程序格式框架的描述，以下选项中错误的是(   )。

    A. Python 官方建议只使用空格来进行缩进，并且每个缩进级别通常使用 4 个空格。混用 Tab 和空格进行缩进可能会导致代码在不同的编辑器或环境中出现不一致的显示效果，从而引发错误

    B. Python 单层缩进代码属于之前最邻近的一行非缩进代码，多层缩进代码根据缩进关系决定所属范围

    C. 判断、循环、函数等语法形式能够通过缩进包含一批 Python 代码，进而表达对应的语义

    D. Python 语言不采用严格的"缩进"来表明程序的格式框架

2. 以下选项中不符合 Python 语言变量命名规则的是(   )。

    A. num   B. 3_1   C. _Variable   D. TempStr

3. 下列关于 Python 语言变量声明的说法中，正确的是(   )。

    A. Python 中的变量不需要声明，变量的赋值操作即是变量声明和定义的过程

    B. Python 中的变量需要声明，变量的声明对应明确的声明语句

    C. Python 中的变量需要声明，每个变量在使用前都不需要赋值

    D. Python 中的变量不需要声明，每个变量在使用前都不需要赋值

4. 下列选项中，不属于 Python 语言基本数据类型的是(   )。

    A. str   B. int   C. float   D. char

5. 对于 Python 语言中的语句 a=(n//100)%10，当 n 的值为 87654 时，x 的值应为(   )。

    A. 3   B. 4   C. 6   D. 7

6. Python 表达式 50-50%6*5//2**2 的结果为(   )。

    A. 58   B. 15   C. 0   D. 48

7. 在 Python 语言中表示"x 属于区间[a，b)"的正确表达式是(   )。

    A. a≤ x or x < b   B. a<= x and x < b   C. a≤x and x< b   D. a<=x or x<b

8. Python 中，赋值语句"c=c-b"等价于(   )。

    A. b-=c   B. c-b=c   C. c-=b   D. c==c-b

9. 下列表达式的值不是 2 的是(   )。

    A. 1%2   B. 7//3   C. 2*1   D. 1+7/7

10. 下列 Python 表达式的值为偶数的是(   )。

    A. 2**4%5   B. len("Welcome")   C. int(3.7)   D. abs(-4)

11. 下列 Python 表达式中，能正确表示"变量x 能够被 4 整除且不能被 100 整除"的是(   )。

    A. (x%4==0) or (x%100!=0)   B. (x%4==0) and (x%100!=0)

    C. (x/4==0) or (x/100!=0)   D. (x/4==0) and (x/100!=0)

12. 下列哪条赋值语句在 Python 中是非法的是(   )。

    A. a=b=c=1   B. a=(b=c+1)   C. a,b=b,a   D. a+=b

13. 在 Python 中关于变量的说法，正确的是(   )。

    A. 变量必须以字母开头命名

    B. 变量只能用来存储数字，不能存储汉字

    C. 变量类型一旦定义就不能再改变

    D. 变量被第二次赋值后，新值会取代旧的值

14. 在 Python 中设 a=2，b=3，表达式 a>b and b>=3 的值是(   )。

    A. 1   B. −1   C. True   D. False

15. 设 a=2，b=5，表达式 a>b or b>3 的值是(   )。

    A. False   B. True   C. −1   D. 1

16. 以下 Python 程序代码运行后，变量 x 的值是(   )。

```
x = 3
print (x+1)
print (x+2)
```

    A. 2   B. 3   C. 5   D. 6

17. 在编写 Python 程序时缩进的作用是(   )。

    A. 让程序更美观   B. 只在 for 循环中使用

    C. 只在 if 语句中使用D. 用来界定代码块

18. 下列 Python 表达式中，值为字符串类型的是(   )。

    ① abs(x)   ② "123"*3   ③ "123+45"   ④ 123+45   ⑤ a=input("请输入 a 的值：")

    A. ①③⑤   B. ②④⑤   C. ①②③   D. ②③⑤

19. 在数学中，一般使用 "=" 表示相等关系，那么表示相等关系的 "=" 在 Python 语言中的写法为(   )。

    A. =   B. ==   C. :=   D. <>

20. 关于 Python 语言的注释，以下选项中描述错误的是(   )。

    A. Python 语言的单行注释以#开头

    B. Python 语言的单行注释以单引号 ' 开头

    C. Python 语言的多行注释以 ''' (三个单引号)开头和结尾

    D. Python 语言有单行注释和多行注释两种注释方式

21. 下面代码的运行结果是(   )。

```
x = 12.34
print(type(x))
```

    A. <class 'int'>   B. <class 'float'>   C. <class 'bool'>   D. <class 'complex'>

22. 关于 Python 的复数类型，以下选项中描述错误的是(   )。

    A. 复数的虚数部分通过后缀 J 或者 j 来表示

    B. 对于复数 z，可以用 z.real 获得它的实数部分

C. 对于复数 z，可以用 z.imag 获得它的实数部分

D. 复数类型表示数学中的复数

23. 关于 Python 字符串，以下选项中描述错误的是(　　)。

A. 可以使用 datatype( )测试字符串的类型

B. 输出带有引号的字符串，可以使用转义字符

C. 字符串是一个字符序列，字符串中的编号称为"索引"

D. 字符串赋值给某个变量指将字符串的引用(或指针)保存在变量中，以便稍后在程序中引用它

24. 在 Python 中运行 print("3+6")的结果是(　　)。

A. 9　　　　　　　　B. "3+6"　　　　　C. 3+6　　　　　　　D. "9"

25. 在 Python 中，str.format( )方法用于什么目的(　　)。

A. 字符串连接　　　　　　　　　　B. 字符串切片

C. 字符串查找和替换D. 字符串格式化

四、编程题

1. 完成以下程序空白处代码，实现输出要求。

```
name = "Alice"
age = 30
formatted_string = "My name is {} and I am {} years old.".format(name,_____)
print(formatted_string)        # 输出：My name is Alice and I am 30 years old.
first = "Alice"
last = "Smith"
age = 30
formatted_string = "My name is {0} {1} and I am {2} years old.".format( first,_____, age)
print(formatted_string)         # 输出：My name is Alice Smith and I am 30 years old.
first_name = "Alice"
last_name = "Smith"
age = 30
formatted_string = "My name is {first} {last} and I am_____years old.".format(first=first_name, last=last_name, age=age)
print(formatted_string)        # 输出：My name is Alice Smith and I am 30 years old.
```

2. 使用 format 方法格式化一个浮点数，保留两位小数，将整数格式化为二进制、八进制和十六进制字符串。

```
price = 123.45678
formatted_price = "{:.2f}".format(price)
print(formatted_price)                     # 输出：123.46
number = 255
binary = "{:08b}".format(number)           # 填充到 8 位，格式化为二进制字符串
octal = "{:08o}".format(number)            # 填充到 8 位，格式化为八进制字符串
hexadecimal = "{:08X}".format(number)      # 填充到 8 位，格式化为大写的十六进制字符串
print(binary)                              # 输出：00000000 (注意：这里实际上应该是 11111111，因
                                           #       为没有指定足够的位置来容纳实际的二进制数)
print(octal)                               # 输出：_____
print(hexadecimal)                         # 输出：000000FF
```

3. 编写一个 Python 程序，输入一个字符串，输出其中最长的单词。

4. 编写一个 Python 程序，输入一个字符串，输出反转后的字符串。

5. 编写一个 Python 程序，输入一个字符串，输出某个字符在字符串中出现的次数。

Python语言控制结构

第3章

在上一章中，主要介绍了数据类型的概念和程序中的一些基本要素，例如常量、变量、运算符和表达式等，它们是构成程序的基础部分。本章将进一步探讨程序的三种基本结构和程序控制语句，以解决一些简单程序设计中的问题。

本章学习目标

- 掌握 Python 程序语句和三种基本结构。
- 理解 Python 中的选择语句。
- 掌握 while 和 for 两种循环语句的使用。
- 掌握 range( )函数作用和用法。
- 掌握 break 和 continue 语句的运用。
- 掌握程序设计方法。

3.1 程序语句及三种基本结构

3.1.1 程序语句

语句(statement)是程序中最小的可执行单位。一条语句可以完成一种基本操作，若干条语句组合在一起就能实现某种特定的功能。在 Python 程序中，语句可以分为以下几类。

1. 控制语句

控制语句用于控制程序的执行流程。

(1) if 语句：根据条件执行不同的代码块(包括单分支，双分支和多分支)。

(2) for 循环：用于遍历序列中的元素。

(3) while 循环：在条件值为"真"时重复执行代码块。

(4) continue 语句：结束当前循环的本次迭代，继续执行下一次迭代。

(5) break 语句：终止当前循环，跳出循环体。

(6) return 语句：从函数中返回值。

(7) try-catch-finally-else 语句：用于异常处理。

下面的示例展示了 if 语句的具体用法：

```
if   x>y :
     z=x
else:
     z=y
```

2. 函数调用语句

函数调用语句是由一次函数调用构成的，例如：print("I love Python.")。

3. 表达式语句

在 Python 中，表达式语句由一个表达式构成，并执行计算或其他操作。最典型的表达式语句是赋值语句，赋值语句将表达式的值赋给一个变量。例如：

```
i=i+1            (表达式语句)
```

4. 空语句

在 Python 中，pass 是一个空语句，为了保持程序结构的完整性。一般情况下，pass 不做任何事情，仅作为占位符。pass 是一种空操作，解释器执行到它的时候，除了检查语法是否合法，什么也不做就直接跳过。

pass 语句的作用有以下几个。

- 什么也不做：pass 语句在执行时不做任何操作，只是一个占位符。
- 保证格式完整：在需要语句的地方，pass 确保语法结构的完整性，避免语法错误。
- 保证语义完整：通过 pass 语句，程序员可以在需要语句的位置明确表明意图，即使暂时不需要实现任何具体功能。

pass 语法格式：

```
pass
```

学过 C 语言的用户知道，";" 是 C 语言的空语句，在写一个循环或者函数时，如果循环体或者函数体为空，C 语言中使用 ";" 作为空语句占位。类似的，在 Python 中，如果尚未实现循环体或函数体，此时可以使用 pass 语句构造一个不做任何事情的主体。当在编写一个函数时，执行语句部分思路还没有完成，但又不能空着不写内容，这时可以用 pass 语句来占位，也可以作为一个标记，等将来再实现代码。

在 Python 中，pass 和注释之间的区别在于：解释器会完全忽略注释，但不会忽略 pass 语句。然而，执行 pass 语句时什么都不会发生，导致无操作。Python 使用 pass 语句，是为了支持纯粹空操作的代码块(如空函数、空类、空的循环控制块等)。有了 pass 语句，还能额外表达出一种占位符的语义，表示该处代码尚未实现，但语法上需要有语句。

pass 语句在 if 语句中的使用：

```
if   条件:
     pass
```

pass 语句在函数中的使用：

```
def   hanno( ):
     pass
```

pass 语句在类的定义中的使用：

```
class    MyEmptyClass( ):
    pass
```

pass 经常用于为循环语句编写一个空的循环主体，比如一个 while 语句的无限循环，每次迭代时不需要任何操作，可以这样写：

```
while  条件:
    pass
```

空语句不进行任何操作，但却是一个合法的语法结构。该语句通常用于那些从语法上需要一条语句，但实际上不需要执行任何操作的地方。

5. 复合语句

复合语句具有相同缩进语句块，它在语法上等效于一个单一语句。在程序中，可以在需要单一语句的地方灵活地使用复合语句。复合语句在语法上具有重要作用，它可以和控制语句一起相互配合来实现程序的控制流程。例如：

```
if   x>60:
    x=3
    print("%d\n"%x)
```

在书写复合语句时需要注意：复合语句中的语句必须具有相同的缩进。如前所述，Python语言是靠缩进来表达语句层次结构和逻辑关系的。

3.1.2 三种基本结构

在程序设计中，程序语句可以按照结构化程序设计思想构成三种基本结构，分别是：顺序结构、分支结构和循环结构。一个程序的结构只可能由这三种情况构成，可以同时包括其中的一种、两种或三种构成，其控制流程如图 3-1 所示。

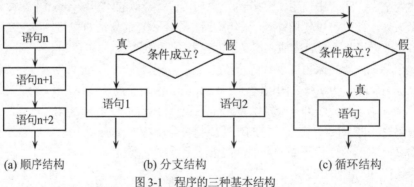

图 3-1　程序的三种基本结构

在程序执行过程中，程序语句大多是按照其书写顺序依次执行的，称为顺序结构。但是，为了能处理某些复杂问题，程序也需要根据不同条件选择执行不同的程序段，或者重复执行某些特定的程序段，其前者称为分支结构，后者称为循环结构。

1. 顺序结构

在顺序结构中，程序是按照语句的书写顺序依次执行的。在本书前面两章中所介绍的程序都是顺序结构。顺序结构的程序流程如图 3-1(a)所示。

2. 分支结构

在分支结构中，程序根据判断条件是否成立，来选择执行不同的程序段。分支结构的程序流程如图 3-1(b)所示。

3. 循环结构

在循环结构中，程序根据判断条件是否成立，来决定是否重复执行某个程序段。这样可以避免重复书写需要多次执行的语句，从而减少程序长度。循环结构的程序流程如图 3-1(c)所示。

之前涉及到的所有程序都是顺序结构，由于顺序结构的内容比较简单，本章不再赘述。下面主要介绍 Python 语言中与分支结构和循环结构有关的控制语句，及其相关的程序设计问题。

3.2　选择结构

在日常生活和程序设计中，由于条件的不同，需要采用不同的方法来解决问题。比如，根据学生的考试成绩判断其是否通过考试，或者比较两个数字并输出较大的数字等，这些情况都需要使用选择结构来完成。

选择结构的常用语句是 if 语句，也称为分支语句或条件语句。它可以根据所设定条件来选择执行不同的程序段，从而完成相应的功能。

3.2.1　if 语句

在 Python 中，if 语句有三种语法形式：单分支、双分支(if...else)和嵌套 if 语句。下面将首先学习最简单的单分支 if 语句，其语法格式如下：

```
if  表达式:
    语句
```

单分支 if 语句的控制流程，如图 3-2 所示。其执行过程是：首先判断表达式的值，若表达式的结果为"真"(在 Python 中，通常是非零数值或非空对象)，则执行 if 后的语句块；若表达式的结果为"假"，则跳过该语句块并转而执行 if 语句后面的下一条语句。

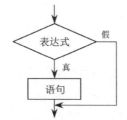

图 3-2　单分支 if 语句的流程图

【例3-1】 输入两个实数 a 和 b，按代数值由小到大的次序输出这两个数。

程序代码如下：

```
a=eval(input("请输入 a 的值:"))
b=eval(input("请输入 b 的值:"))
if a>b:
    temp=a
    a=b
    b=temp
print("%5.2f,%5.2f"%(a,b))
```

运行结果如下：

```
请输入 a 的值:5.23
请输入 b 的值:2.23
 2.23, 5.23
```

【例3-2】 输入三个实数 a、b、c，按代数值由小到大的顺序输出这三个数。

解本例的算法比例 3-1 稍复杂一些，可以用伪代码写出算法：

if a>b 将 a 和 b 对换　　　　(a 是 a，b 中的小者)

if a>c 将 a 和 c 对换　　　　(a 是 a，c 中的小者，因此 a 是三者中最小者)

if b>c 将 b 和 c 对换　　　　(b 是 b，c 中的小者，也是三者中次小者)

然后顺序输出 a，b，c 即可。

程序代码如下：

```
a=eval(input("请输入 a 的值:"))
b=eval(input("请输入 b 的值:"))
c=eval(input("请输入 c 的值:"))
if a > b:
    temp=a
    a=b
    b=temp
if a > c:
    temp=a
    a=c
    c=temp
if c > b:
    temp=b
    b = c
    c = temp
print("%5.2f,%5.2f,%5.2f"%(a,b,c))
```

运行结果如下：

```
请输入 a 的值:5.23
请输入 b 的值:2.3
请输入 c 的值:9.23
2.30，5.23，5.23
```

(1) 在交换两个变量的值时，能否用以下语句直接赋值：

```
a=b
b=a
```

在执行第一个语句a=b时，变量a的原值已经被变量b所覆盖，所以必须引入一个临时变量temp。先将变量a的值赋值给 temp 暂存，然后再将变量b的值赋值给变量a，最后从 temp 中取出变量a的原值赋值给变量b，从而达到交换两个数存储位置的目的。这是程序设计中一种常用的技巧。

在程序设计中，交换两个变量有很多种方法，第一种就是最常见的，假设 a=100，b=200，需要引入一个新的变量 c 来作为交换的工具：

```
c = a
a = b
b = c
```

以上命令执行后，可以直接交换 a 和 b 的值

第二种是利用数学的运算规律交换：

```
a = a + b
b = a - b
a = a - b
```

乍一看有点复杂，但是仔细分析是有道理的。编程语言中的 "=" 不是等于的意思，而是赋值运算符。具体来看每一步的过程，第一行将 a + b 的值赋值给 a，也就是说，这时候变量 a 的值为 a + b。第二行是将 a − b 的值赋值给 b，因为第一行已经计算出 a 的值是 a + b，所以这里 a − b 的值就是原本那个 a 的值，将原来 a 这个值赋值给 b。第三行，将 a − b 赋值给 a，第一行计算出 a 的值为 a + b，第二行计算出 b 的值为原本 a 的值，因此这里的 a − b 的值为原来 b 的值，也就是所谓的将原来 b 的值赋值给变量 a。这样，通过三步就交换了 a 和 b 的值。此外，Python 语言提供了一种更加简洁的方法来直接交换两个变量的值，这是 Python 特有的语法：

```
a, b = b, a
```

(2) 在 if 语句中，内嵌语句既可以是单一语句，也可以是复合语句。如果只有一条语句，则这条语句可以不用换行缩进，直接写在冒号后面。如果需要通过多条语句来完成 if 分支的功能，则应将多条语句写为复合语句的形式，以便解释器能将整个复合语句视为一条单独的语句进行处理。

(3) 在程序书写中使用缩进格式来表示复合语句，即 if 的内嵌语句要比 if 向右缩进 4 个空格。使用缩进格式是一种良好的编程习惯，初学者应在编程中尽量模仿这种编程风格。

在书写 if 语句时，习惯上将 if 语句的条件表达式两边加上括号。特别需要注意的是，if 语句后面的英文冒号(:)不能省略，初学者经常犯的错误是将英文标点符号如逗号、引号、括号以及冒号等输成中文标点符号。

3.2.2　if...else 语句

if 的双分支语句书写格式如下：

```
if (表达式):
    语句 1
```

```
else:
    语句 2
```

if 语句的双分支流程图如图 3-3 所示。双分支 if 的执行过程为：首先判断表达式的值，若表达式为"真"，则执行语句1；若表达式的值为"假"，则执行语句 2。

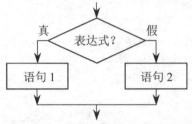

图 3-3　if 语句的双分支流程图

【例 3-3】编写一个程序，从键盘输入一个整数，判断该数的奇偶性，并输出结果(如果该整数是奇数，输出"Odd"，是偶数则输出"Even")。

程序代码如下：

```
a=int(input("请输入一个整数:"))
if a%2==0:
    print("Even")
else:
    print("Odd")
print("你输入的整数是:%d"%a)
```

运行结果如下：

```
================ RESTART: C:/Users/ylh/Desktop/3-3.py ================
请输入一个整数 43
Odd
你输入的整数是:43
>>>
================ RESTART: C:/Users/ylh/Desktop/3-3.py ================
请输入一个整数:34
Even
你输入的整数是:34
```

当输入 34 时，if 表达式(a%2==0)为真，则执行 if 分支中的内嵌语句并输出"Even"，然后执行 if 语句后面的语句；当输入为 43 时，if 表达式(score %2==0)为假，则执行 else 分支中的内嵌语句并输出"Odd"，然后再执行 if 后面的语句。

如果将例 3-3 代码中 if 和 else 后面的冒号删除，代码如下：

```
if   (score %2 == 0)
    print(" Even")
else
    print(" Odd ")
```

此时，运行程序是否会出现如图 3-4 所示的语法错误提示信息对话框？

图 3-4 语法错误提示信息

3.2.3 嵌套 if 语句

由于 if 的内嵌语句既可以是单一语句，也可以是复合语句。那么，在 if 的分支中当然就可以包含有其他 if 结构。这就构成了 if 的嵌套结构，可以应对更多分支的情况。以下展示了 if 语句的嵌套结构：

```
if  (表达式 1):
        语句 1
else:
    if  (表达式 2) :
        语句 2
    else:
        if  (表达式 3):
            语句 3
            ……
        else:
            if  (表达式 n) :
                语句 n
            else
                语句 n+1
```

嵌套 if 语句的流程图如图 3-5 所示，也称为阶梯 if。它的执行过程是：按从上到下的顺序依次判断各表达式的值，若发现某个表达式的值为"真"，则执行相应的语句，并跳过剩余的语句；若没有一个表达式为"真"，则执行最后的 else 语句。

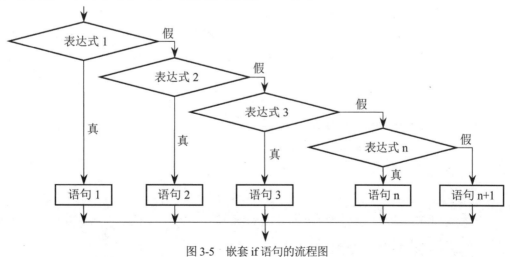

图 3-5 嵌套 if 语句的流程图

【例3-4】输入学生成绩，并按分数段确定等级(90分以上为优，80分以上为良，70分以上为中，60分以上为及格，60分以下不及格)。

程序代码如下：

```
score=eval(input("请输入百分制成绩:"))
if (score>=90):
    print("优秀")
else:
    if ( score>=80 ):
        print( "良好")
    else:
        if ( score>=70 ):
            printf( "中等")
        else:
            if ( score>=60 ):
                print( "及格")
            else:
                print( "不及格" )
```

对于以上程序，也可以把else和它后面的if写在同一行，得到一种新的书写形式，称为elif形式，该语句的语法形式如下：

```
if (表达式1):
    语句 1
elif  (表达式2):
    语句 2
elif  (表达式3):
    语句 3
    ⋮
elif  (表达式n):
    语句 n
else
    语句 n+1
```

在elif结构中，最后一个else分支起着默认条件的作用，即如果所有条件都不满足，就执行最后一个else分支。如果所有条件都不满足时不需进行专门的处理，最后一个else分支也可以省略。

将例3-4改写为以下程序：

```
score=eval(input("请输入百分制成绩:"))
if (score>=90):
    print("优秀")
elif ( score>=80 ):
    print( "良好")
elif ( score>=70 ):
    printf( "中等")
elif   ( score>=60 ):
    print( "及格")
else:
    print( "不及格")
```

由以上程序可见，使用 elif 结构可以使程序显得更加简洁和易于阅读，但其执行过程与例 3-4 完全相同。

在嵌套的 if 语言中含有多个 if 和 else，else 与 if 之间的配对关系就很容易混淆。通过缩进来表示语句块很容易看出语句之间的层次关系。

例如，在以下程序中：

```
if (x >y):
    if (y >z):
        print( "x is the largest !")
    else:
        print( "y is the smallest" )
```

else 是与第一个 if 还是第二个 if 配对呢？实际上，为了避免程序中的二义性，Python 程序解释器总是强制要求对语句进行缩进，通过缩进来表示层次关系。也就是说，在本例中的 else 应与第二个 if 配对。如果确实需要将 else 子句与第一个 if 配对，则应修改缩进关系。例如，将以上程序改为：

```
if (x >y):
    if (y >z):
            print( "x is the largest !")
else:
    print( "y is the smallest" )
```

这样就将 else 与较远的第一个 if 配对。

【例 3-5】 计算分段函数。

$$y = \begin{cases} 2x + 2.2 & (x > 0) \\ 0 & (x = 0) \\ 3x - 5.1 & (x < 0) \end{cases}$$

程序代码如下：

```
x=eval(input("请输入 x:"))
if (x > 0):
    y = 2*x+2.2
elif (x ==0):
    y =0
else:
    y =3*x − 5.1
print("y=%5.4f"%y)
```

3.3　循环控制语句

在日常生活中，会遇到很多重复性的工作，例如上班族每天"打卡"，学生可能需要重修课程。在程序设计中也会遇到许多重复性的任务，例如统计全班每个学生的平均成绩、进行迭代求解方程的根、计算累加和等。在这些场景中，可以使用编程中的循环结构来自动化完成这些任务，而不需要像日常生活中那样手动逐一执行每一个步骤。程序循环结构是程序能够根据所给判定条件(又称循环条件)是否满足，重复执行一条或多条语句。在 Python 语言中提供了两种可以构成循环结构的语句：while 语句和 for 语句。在循环中，循环体是指被重复执行的一条或多条语句。Python 循环结构使用 for 语句和 while 语句来实现，根据需要还可以使用三种特殊语句：break 语句、continue 语句和 else 语句。

Python 中，根据循环体执行次数是否提前确定，循环语句可分为确定次数循环和非确定次数循环。确定循环次数是程序能提前确定循环体执行的次数，适用于遍历或枚举可迭代对象中元素的场合，又称遍历循环，可采用 for 语句实现。

非确定次数循环是程序不能提前确定循环体可能执行的次数，通过循环条件判断是否继续执行循环体，可采用 while 语句实现。

3.3.1 while 语句

while 语句的语法格式如下：

```
while    (表达式):
        循环体语句
```

while 语句的流程图如图 3-6 所示。该语句的执行过程为：首先判断表达式的值，若表达式的值为逻辑"真"，则执行 while 的内嵌语句一次，然后重复以上过程，直到表达式的值为逻辑"假"时，才退出循环。

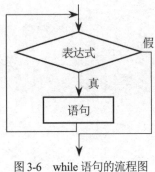

图 3-6 while 语句的流程图

【例 3-6】计算 1 至 100 整数的和。

程序代码如下：

```
sum = 0
i = 1
while ( i <= 100 ):
     sum = sum + i
     i=i+1
print("sum=%d\n"%sum )
```

运行结果如下：

```
sum = 5050
```

(1) 在循环结构中，循环体的语句既可以是单一语句，也可以是复合语句或空语句。如果循环体是由多条语句构成的，则应当采用相同的缩进，以成为复合语句形式；否则，在循环时只会执行相邻的第一条语句。

(2) 在循环结构中，应有调整循环控制变量以使循环趋于结束的语句。例如，在例 3-6 中的语句"i=i+1;"就会使循环控制变量 i 逐渐增大，直到循环控制条件 i<=100 为假为止。如果没有该语句，则 i 的值会始终不变，这个循环也就永远不会结束。

(3) 在循环开始前应适当设置循环初始值。例如，在本例中应将循环控制变量 i 设为 1，并将累加器 sum 清零，以便正确累加。

在使用 while 语句时，应注意以下几点：①while 是 Python 中的保留字，用于指示后续语句是 while 循环语句。②循环条件是一个条件表达式。冒号"："是不可缺少的，表示后面是满足循环条件后要执行的语句块。③循环体是由单层或多层缩进语句组成。

死循环是指 while 语句中循环条件始终为"真"(True)，导致循环无限继续下去，程序将持续运行而不会停止。当程序进入死循环时，通常会造成程序没有任何响应，或造成不断输出(例如控制台输出、文件写入、打印输出等)。需要注意的是，有些程序算法十分复杂，可能需要运行很长时间，但并不是死循环。如果程序陷入死循环，可以使用快捷键 Ctrl+C 终止当前程序的运行。

3.3.2　for 语句

循环就是重复做某件事，确定次数循环指循环体对循环次数有明确的定义，这类循环在 Python 中称为"遍历循环"，其循环次数采用 for 语句遍历结构中元素个数来体现。for 语句是 Python 提供第二种循环机制(第一种是 while 语句)，理论上 for 语句能做的事情，while 语句都可以做。之所以要使用 for 语句，是因为 for 语句循环取值(遍历取值)比 while 语句更简洁。for 语句是遍历某个结构形成的循环运行方式。for 语句的语法格式如下：

```
for  <循环变量>  in  <遍历结构>:
     语句块
```

for 和 in 是保留字，提示后面语句是 for 遍历循环语句。循环变量是控制循环执行次数的变量，用于存放从可迭代对象中逐一遍历的元素。每次循环，可迭代对象中所遍历的元素放入循环变量，并执行一次循环体，直至遍历完所有元素后循环结束。可迭代对象包括字符串、元组、列表、字典、文件、迭代器对象和生成器等。冒号"："是必不可少的，表示循环变量满足时要执行的语句块。循环体是由单层或多层缩进语句组成。

```
>>> for i in "hello":print(i)#遍历结构为字符串
```

运行结果如下：

```
h
e
l
l
o
```

for 循环语句中遍历结构是一种可迭代的对象(关于可迭代的对象，本书将在后面章节介绍)。字符串、列表、字典、元组和集合等序列都是可迭代对象。此外，range( )函数产生的 range 对象也是可迭代对象，例如：

```
>>> a = range(10)
>>> type(a)
<class 'range'>
>>> for i in range(10):
…print(i)
0
1
2
3
4
5
6
7
8
9
```

在 for 语句中，用得最多的就是 range( )函数。range( )函数是 Python 中的内置函数，用于生成一系列连续的整数，一般用于 for 循环体中。range( )函数的语法格式为：

```
range(start, stop[, step]
```

range( )函数的功能是创建一个整数序列，一般用于 for 循环当中，也可以用来重复打印。range( )函数产生从 start 开始(默认值是 0)，到 stop(不包含 stop)的一系列整数，step 参数指定每次迭代递增的值，默认值是 1。range( )函数的优点是不管 range 对象表示的整数序列有多长，所有 range 对象占用的内存空间都是相同的，因为仅仅需要存储 start、stop 和 step，只有当用到 range 对象时，才会去计算序列中的相关元素。range( )函数的用法解释如下。

(1) 只有一个参数(小括号中只有一个数)。

```
range(10)   # 将产生从 0 到 9 的一系列整数，注意不包括 10
```

(2) 给了两个参数(小括号中有两个数)。

```
range(3,8) # 将产生 3、4、5、6、7 这样的序列，注意不包括 8
```

(3) 给了三个参数(小括号内有三个数)。

```
range(3,8,2)    # 将产生从 3、5、7 这样的序列
range(2,4,2)    # 将产生的序列是 2，注意没有 4
range(9,0,-1)   # 将产生从 9、8、7、6、5、4、3、2、1 这样的序列整数
range(9,0,-4)   # 将产生从 9、5、1 这样的序列整数
```

list( )函数的作用是将一个序列转换成列表(列表将在本书第 5 章介绍)。以下交互式执行过程展示了 range( )函数产生的一系列整数。

```
>>> list(range(10))
[0, 1, 2, 3, 4, 5, 6, 7, 8, 9]
>>> list(range(1,9))
[1, 2, 3, 4, 5, 6, 7, 8]
>>> list(range(3,8,4))
```

```
[3, 7]
>>> list(range(6,2,-2))
[6, 4]
```

collections 模块中 Iterable 包的 isinstance( )函数可以用来判断一个对象是否是可迭代对象。以下交互式执行过程展示如何判断一个对象是否为可迭代对象。

```
>>> from collections import Iterable
>>> isinstance("ABCD",Iterable)                                    # 字符串"ABCD"是可迭代对象
True
>>> isinstance([1,3,5],Iterable)                                   # 列表[1,3,5]是可迭代对象
True
>>> isinstance((1,3,5),Iterable)                                   # 元组(1,3,5),是可迭代对象
True
>>> isinstance({1,3,5},Iterable)                                   # 集合{1,3,5}是可迭代对象
True
>>> isinstance({"name":"liping","age":27,"sex":"male"},Iterable)   # 字典是可迭代对象
True
```

(1) 迭代(遍历)字符串。

```
>>> str1="apple"
>>> for ch in str1: print(ch)
```

(2) 迭代元组。

```
>>> numbers=(0,1,2,3,4,5,6,7,8,9)
>>> for number in numbers: print(number)
```

(3) 迭代列表。

```
>>> words=["This","is","an","apple"]
>>> for word in words: print(word)
```

(4) 迭代字典。

```
>>> dict1={"x":1,"y":2,"z":3}
>>> for key in dict1: print(key,":",dict1[key])
```

注意，字典是无序序列，其元素的排列顺序是随机的。

(5) 迭代 range( )对象。

```
>>>for n in range(100): print(n,end=",")
>>>for n in range(1,100,2): print(n,end=",")
```

(6) 并行迭代。

```
>>> keys=["xh","xm","xb","age"]
>>> values=["9901","zhang","male",30]
>>> values=["201","yuan","male",40]
>>> for n in range(len(keys)):
print(keys[n],"=",values[n])
xh = 201
xm = yuan
```

```
xb = male
age = 40
>>> for key,value in zip(keys,values):
print(key,"=",value)
xh = 201
xm = yuan
xb = male
age = 40
```

循环变量 n 作为索引标识,访问并打印输出列表元素;内置函数 zip( )作为并行迭代工具,可将若干个序列打包,返回一个由元组组成的对象,可用 list( )函数转换成列表输出。下面将用 for 语句重新改写例 3-6。

【例 3-7】 使用 for 语句计算 1 至 100 整数的和。

程序代码如下:

```
sum = 0
for i in range(100+1):
# range(100+1)函数产生从 0 至 100 的一系列整数,for 语句让循环变量依次取序列的值
    sum = sum + i
print("sum=%d\n"%sum )
```

在 range( )函数中,start 用来为循环变量赋初值;stop 用来控制循环结束条件(生成的序列不包括 stop 值);而 step 则用来修改循环控制变量,即生长。通过比较例 3-6 和例 3-7 可以看出,for 语句完全可以实现 while 语句的功能,而且在已知循环次数的情况下使用 for 语句显得更简洁、方便。

【例 3-8】 采用 for 语句输出水仙花数。所谓水仙花数是指一个三位整数,其各位数字的立方(三次幂)之和等于该数本身(例如,$153=1^3+5^3+3^3$,因此 153 是水仙花数)。

程序代码如下:

```
for i in range(100,1000):
    gw=i%10
    sw=i//10%10
    bw=i//100
    if i==gw**3+sw**3+bw**3:
        print(i,end=",")
```

运行结果如下:

```
153,370,371,407,
```

【例 3-9】 计算 $1+2!+3!+\cdots+n!$ 的结果(n 从键盘输入)。

程序代码如下:

```
n=int(input("请输入 n 的值: "))
s=0
t=1
for i in range(1,n+1,1):
    t=t*i
    s=s+t
print("1!+2!+3!+    + {}!的值为:{}".format(n,s))
```

运行结果如下：

```
请输入 n 的值：10
1!+2!+3!+ + 10!的值为:4037913
```

一个无法退出的循环称为死循环，这大多是一种程序设计错误。为了能退出循环，可在循环体中设置一些能退出循环的语句。例如：

```
while   True:
        语句段
        if  ( x<0 ):
            break
```

即当 x 小于 0 时，执行 break 语句退出循环(有关 break 语句的使用，可参见本书后面的内容)。

3.3.3　循环嵌套

在一个循环的循环体中又包含有另一个循环语句，称为循环嵌套。在 Python 语言中，两种循环结构不仅可以自身嵌套，而且还可以相互嵌套，但内层循环必须完全包含在外层循环之内，即不允许循环结构交叉嵌套。例如，以下几种都是合法的循环嵌套形式：

```
① for ( ):
        ……
        for ( ):
            ……
```

```
② for ( ):
        ……
        while( ):
            ……
```

```
③ while ( ):
        ……
        for ( ):
            ……
```

while 语句和 for 语句在某些情况下可以互相转换(但不意味着它们可以直接相互替代)，所以循环嵌套的形式多种多样，除了上面提到的示例形式以外，还可以有其他多种形式。循环嵌套后，总的循环次数为内外循环次数的乘积。

【例 3-10】 按以下形式输出九九乘法表。

```
1*1=1
2*1=2  2*2=4
3*1=3  3*2=6   3*3=9
4*1=4  4*2=8   4*3=12  4*4=16
5*1=5  5*2=10  5*3=15  5*4=20  5*5=25
6*1=6  6*2=12  6*3=18  6*4=24  6*5=30  6*6=36
7*1=7  7*2=14  7*3=21  7*4=28  7*5=35  7*6=42  7*7=49
8*1=8  8*2=16  8*3=24  8*4=32  8*5=40  8*6=48  8*7=56  8*8=64
9*1=9  9*2=18  9*3=27  9*4=36  9*5=45  9*6=54  9*7=63  9*8=72  9*9=81
```

程序代码如下：

```
for i in range(1, 10):
    s=""
    for j in range(1, i+1):
```

```
        s+="{0:1}*{1:1}={2:<2} ".format(i, j, i*j)
    print(s)
```

(1) 以上程序的执行过程是：当外循环变量 i=1 的时候，进入到内循环中，j 的值从 1 至 i 遍历一次后内循环结束，然后 i 的值变为 2，再次进入内循环中，以此类推。

(2) 语句 print(s)在每次内循环结束后被执行，作用是在一行数字输出结束后换行。

【例 3-11】 采用嵌套循环输出字符串"123"的三个数字组成的所有不同的三位数。

程序代码如下：

```
s="123"
for x in s:
    for y in s:
        for z in s:
            if x!=y and x!=z and y!=z:
                print(int(x)*100+int(y)*10+int(z))
```

3.3.4　break 和 continue 语句

在本章前面介绍的两种循环结构中，通常都是以某个表达式的值作为循环结束条件。在 Python 语言中，有两个用于控制程序执行流程的语句：break 语句和 continue 语句。

1. break 语句

break 语句的一般形式为：

```
break
```

break 语句可用于在循环结构中退出循环。如果是在多重循环中，则 break 只是退出其所在的那层循环。

【例 3-12】 任意输入一个正整数，判断其是否是素数。

```
from math import sqrt
n=int(input("请输入 n 的值: "))
k = int(sqrt(n))
for i in range(2,k+1):
    if n % i == 0:
        print("%d 不是一个素数" % n)
        break
else:
    print("%d 是一个素数" % n)
```

(1) 由于素数只能被 1 和它本身整除，因此，如果 n 不能被 2~n-1 的数所整除，则 n 是素数。反之，如果找到一个 2~n-1 的数能够整除 n，则证明 n 不是素数，可用 break 语句退出循环。而实际上，判断范围还可以进一步缩小到 $\sqrt{n}$，这是因为，如果 n 能被分解为两个因子 a 和 b，那么其中较小一个因子必定小于 $\sqrt{n}$。

(2) 函数 sqrt(n)的功能是求 n 的平方根。这也是一个标准数学函数，因此，在程序中需要导入 math 库。

(3) 这里用到了 for...else 语句(注意 else 和 for 对齐)。for...else 语句的作用是如果 for 循环正常结束，则执行 else 语句，如果 for 循环中遇到 break，则不执行 else 语句。

【例 3-13】 打印输出 100~200 之间的所有素数(要求每行输出 10 个数)。

程序代码如下：

```
from math import sqrt
count=0
for n in range(100,201):
    k = int(sqrt(n))
    i=2
    for i in range(2,k+1):
        if ( n%i = = 0 ):
            break
    if(i>= k):
        print("{:5d}".format(n),end=" ")
        count=count+1
        if count%10 = =0:
            print( ) # 换行
```

运行结果如下：

```
101    103    107    109    113    121    127    131    137    139
143    149    151    157    163    167    169    173    179    181
191    193    197    199
```

(1) 为求出 100~200 之间的所有素数，只需在例 3-12 之外增加一个 for 循环即可。

(2) 在程序中使用变量 count 是为了统计已输出素数个数，以保证每行打印 10 个素数。

2. continue 语句

continue 语句的一般形式为：

```
continue
```

该语句只能用在循环结构中。当在循环结构中遇到 continue 语句时，则跳过 continue 后的其他语句结束本次循环，并转去检测循环控制条件，以决定是否进行下一次循环。

break 语句与 continue 语句的区别在于，break 语句是直接终止整个循环；而 continue 语句则只是终止本次循环，至于是否继续下一次循环，还要根据循环控制条件的检测结果而定。

以下是两个语句的流程示意：

```
① while  (表达式 1):
       ......
    if (表达式 2)
       break
       ......
```

```
② while  (表达式 1):
       ......
    if  (表达式 2):
       continue
       ......
```

其中，①的流程图如图 3-7 所示；②的流程图如图 3-8 所示(注意，当"表达式 2"为"真"时程序流程的转向)。

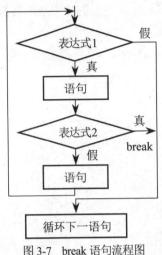

图 3-7 break 语句流程图

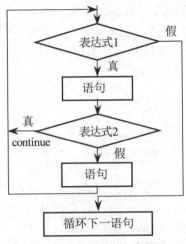

图 3-8 continue 语句流程图

【例 3-14】输出 200~500 之间所有不能被 5 整除的数。

程序代码如下:

```
for i in range(200,501):
    if i%5==0:
        continue
    print("i=%d\n"%i)
```

以上代码中,当 i 能被 5 整除时,执行 continue 语句,结束本次循环;只有当 i 不能被 5 整除时才执行输出操作。此外,在例 3-14 中的循环体也可改写为以下形式:

```
if ( i%5!=0 ):
    print("i=%d\n"% i )
```

3.3.5 带 else 的循环语句

在 Python 中,for 循环和 while 循环都有一个可选的 else 语句,在循环迭代正常完成之后执行。也就是说,如果循环语句是以 break 语句的非正常方式退出循环,则 else 语句将不被执行。while...else 语句格式如下:

```
while 循环条件:
    循环体
else:
    语句块
```

以上语法中,每次迭代开始都会检测循环条件,如果为真(True),则执行 while 语句中的代码。如果循环条件为(假 False),将会执行 else 分支。然而,如果循环被 break 或者 return 语句终止,则不会执行 else 分支。图 3-9 所示为 while...else 语句的循环语句执行流程。

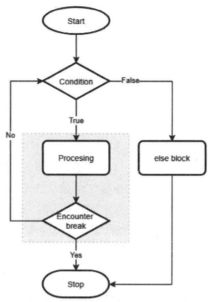

图 3-9　while...else 语句的循环语句执行流程

如果 while...else 语句的循环检查条件为假(False)，并且循环不是通过 break 或者 return 语句终止，将会执行 else 分支。如果 while 循环中存在任何标识变量，可以尝试使用 while...else语句。

【例 3-15】对 40 至 49 之间的整数 i 进行处理，若 i 是素数则输出打印"是素数!"，否则输出它的最小素数因子和另一个数的乘积。

程序代码如下：

```python
for i in range(40, 50):
    for j in range(2, i):
        if i % j == 0:
            print("{0:1}={1:1}*{2:1}".format(i, j, i//j))
            break
    else:
        print("{}是素数!".format(i))
```

运行结果如下：

```
40=2*20
41 是素数!
42=2*21
43 是素数!
44=2*22
45=3*15
46=2*23
47 是素数!
48=2*24
49=7*7
```

3.4 异常处理

3.4.1 异常

在 Python 中，将程序运行时产生的错误情况称为异常。异常是在程序运行时发生错误。当程序由于某些原因出现错误时，若程序没有处理它，则会抛出异常，并导致程序运行终止。程序异常可能导致的问题包括程序的意外终止和用户体验的下降。

在编写 Python 代码的过程中，难免会出现一些错误的情况，比如语法错误、变量名错误等。这些错误可能导致程序无法正常执行，因此需要使用异常处理来预防和处理这些异常情况，从而简化程序调试过程，提高编码效率。常见的异常类型很多，如常见的语法错误、变量名错误、除数为零错误等。下面对常见的错误进行讲解。

1. SyntaxError(语法错误)

当 Python 解释器发现程序中有语法错误时，会抛出 SyntaxError 异常。例如，pirnt 'hello'在 Python 3.x 版本中，print 后应该加括号，正确的写法是：print('hello')，如果写成 print'hello'，运行程序时就会抛出 SyntaxError 异常。在 Python shell 环境中运行以下代码：

```
>>> print"hello"
SyntaxError: invalid syntax
```

2. NameError(变量名错误)

当 Python 解释器遇到未定义的变量时，会抛出 NameError 异常。例如：

```
>>> a=1
>>> print(z)
Traceback (most recent call last):
File "<pyshell#28>", line 1, in <module>
print(z)
NameError: name 'z' is not defined
```

由于变量 z 未被定义，所以会抛出 NameError 异常。

3. TypeError(类型错误)

当尝试使用不支持的操作类型时，会抛出 TypeError 异常。例如，由于字符串和整数不能直接相加，所以会抛出 TypeError 异常。

```
>>> a=3
>>> b="23"
>>> print(a+b)
Traceback (most recent call last):
    File "<pyshell#31>", line 1, in <module>
      print(a+b)
TypeError: unsupported operand type(s) for +: 'int' and 'str'
```

4. ZeroDivisionError(除数为零错误)

当尝试除以零时，会抛出 ZeroDivisionError 异常。例如，a=5/0 由于除以零是非法的操作，所以会抛出 ZeroDivisionError 异常。

5. indexError(索引错误)

当尝试访问列表或元组中不存在的元素时，会抛出 indexError 异常。例如：

```
>>> a = [1,2,3,]
>>> a[1]
2
>>> a[3]
Traceback (most recent call last):
  File "<pyshell#34>", line 1, in <module>
    a[3]
IndexError: list index out of range
```

由于 a 中只有三个元素，访问索引 3 将会抛出 indexError 异常。

6. KeyError(字典键错误)

当尝试访问字典中不存在的键时，会抛出 KeyError 异常。例如：

```
>>> a = {'name':'Tom','age':20}
>>> print(a['gender'])
Traceback (most recent call last):
  File "<pyshell#38>", line 1, in <module>
    print(a['gender'])
KeyError: 'gender'
```

由于 a 中不存在键'gender'，所以会抛出 KeyError 异常。

7. ValueError(值错误)

当函数参数类型正确但是参数值错误时，会抛出 ValueError 异常。例如 a = int('abc')
由于'abc'不能被转换为整数类型，所以会抛出 ValueError 异常。

3.4.2　异常处理语句

Python 解释器在执行程序时会检测到错误并抛出异常。当异常未被处理时，程序会根据异常类型决定是否中止当前的执行流程。程序将在异常处停止运行，后面的代码不会执行。这种情况下，没有人会去使用一个运行中突然崩溃的软件。因此，有必要提供一种异常处理机制来增强程序的健壮性和容错性。

异常是由程序的错误引起的，语法上的错误与异常处理无关，必须在程序运行前就修正。在检测到错误并触发异常时，程序员可以编写特定的代码，专门用来捕获异常。如果捕获成功则进入另一个处理分支，执行为其定制的逻辑，使程序不会崩溃，这就是异常处理。

异常处理语句是在程序执行过程中，为了避免出现错误并保证程序的正常运行，而对可能会出现错误的代码进行处理的一种语句。Python 中的异常处理语句有以下几种：

- try...except 语句；
- try...except...else 语句；
- try...except...finally 语句；
- try...except...else...finally 语句。

当需要执行一个可能会出现错误的操作时，常用的方式是使用 try...except 语句。try 语句块中放置的是可能会出现错误的代码，而 except 语句块中放置的是当 try 语句块中的代码发生错误时执行的代码。下面是一个简单的异常处理代码：

```
try:
    n1= int(input("请输入一个整数: "))
    n2 = int(input("请输入另一个整数: "))
    result = n1 / n2
    print(result)
except:
    print("输入的数值不合法或除数为零")
```

在以上代码中，try 语句块中共有三个可能会出现错误的代码 int(input("请输入一个整数: "))、int(input("请输入另一个整数: "))、n1/ n2。如果用户输入的是字符或者除数为零，就会出现错误，此时 except 语句块中的 print("输入的数值不合法或除数为零")会被执行。

try...except...else 语句是在 try 语句块不出现异常时执行 else 语句块中的代码。如果在 try 语句块中出现了异常，就直接跳到 except 语句块中执行。

分析以下异常处理的代码：

```
try:
    n1= int(input("请输入一个整数: "))
    n2 = int(input("请输入另一个整数: "))
    result = n1 / n2
    print(result)
except:
    print("输入的数值不合法或除数为零")
else:
    print("两个数相除的结果是：", result)
```

在以上代码中，如果程序没有出现异常，就会执行 else 语句块中的代码，输出两个数相除的结果。如果出现了异常，就会直接跳到 except 语句块中执行，输出"输入的数值不合法或除数为零"。

try...except...finally 语句是在无论 try 语句块中是否出现异常，都会执行 finally 语句块中的代码。例如：

```
try:
    file = open("data.txt", "r")
    s= file.read( )
except:
    print("读取文件出现错误")
finally:
    file.close( )
```

在以上代码中，try 语句块中会尝试打开一个名为"test.txt"的文件并读取其中的内容。如果出现了异常，就会直接跳转到 except 语句块中，并输出"读取文件出现错误"。而无论有没有出现异常，finally 语句块中的 file.close( )都会被执行，关闭文件。

try...except...else...finally 语句将 try...except...else 和 try...except...finally 语句结合在一起。例如：

```
try:
    f= open("data.txt", "r")
    s= f.read( )
except:
```

```
    print("读取文件出现错误")
else:
    print("文件内容为: ", s)
finally:
    f.close( )
```

在以上代码中，try 语句块中会尝试打开一个名为 "data.txt" 的文件并读取其中的内容。如果出现了异常，就会直接跳到 except 语句块中，并输出 "读取文件出现错误"。如果没有出现异常，就会执行 else 语句块中的代码，输出文件的内容。finally 语句块中的 f.close( ) 始终会被执行，关闭文件。由于异常处理涉及其他后续章节的相关知识，建议用户在学习完本书的所有知识点后再返回本节进行学习。

3.5　程序设计举例

【例 3-16】历史上有一个有名的关于兔子的问题：假设有一对兔子，它们需要两个月的时间才能长大成年。之后，每个月这对成年兔子都会生出 1 对新的小兔子，而这些新出生的小兔子也会在两个月后长大成年，并开始每个月生出 1 对新的小兔子。这里假设兔子不会死，且每对成年兔子每个月都只生 1 对新的小兔子。

- 第一个月，只有 1 对小兔子(还未成年)。
- 第二个月，小兔子还没长成年，还是只有 1 对兔子。
- 第三个月，兔子长成年了，同时生了 1 对小兔子，因此有两对兔子。
- 第四个月，成年兔子又生了 1 对兔子，加上原有的成年兔子和新生的小兔子，共有 3 对兔子。
- 第五个月，成年兔子又生了 1 对兔子，第三月生的小兔子现在已经长成年了且生了 1 对小子，加上原有两只成年兔子及上月生的小兔子，共有 5 对兔子。这样过了 1 年之后，会有多少对兔子。

斐波那契数列(Fibonacci sequence)又称为黄金分割数列，因数学家列昂纳多·斐波那契(Leonardoda Fibonacci)以兔子繁殖为例子而引入，故又称为 "兔子数列"，指的是这样一个数列：1、1、2、3、5、8、13、21、34、……。本例的实质是求斐波那契数列的前 10 个数。

$$
\begin{cases}
F_1 = 1 & (n = 1) \\
F_2 = 1 & (n = 2) \\
F_n = F_{n-1} + F_{n+2} & (n \geqslant 3)
\end{cases}
$$

程序代码如下：

```
f1 = 1
f2 = 1
for i in range(1,11):
    print("%ld,%ld,"%(f1,f2))
    f1 = f1 + f2
    f2 = f2 + f1
```

【例 3-17】 输入两个正整数 m 和 n，求其最大公约数。

求两个整数的最大公约数通常采用"辗转相除法"(又称欧几里得算法)。这个算法步骤如下。

(1) 用 m 和 n 中较大的数 m 除以较小数 n，得到余数 r。

(2) 判断余数 r 是否为 0。若 r 等于 0，当前的除数值则为最大公约数，算法结束，否则进行下一步。

(3) 若 r 不等于 0，则将较小数更新为原来的较大数，将余数 r 更新为新的较小数，然后重复步骤(1)直到余数为 0。

程序代码如下：

```
m=int(input("请输入第一个正整数："))
n=int(input("请输入第二个正整数："))
if(m<n):
    m,n=n,m
while(n!=0):
    r=m%n
    m=n
    n=r
print("最大公约数为%d"%m)
```

运行结果如下：

```
请输入第一个正整数：350
请输入第二个正整数：240
最大公约数为10
```

【例 3-18】 用公式：$\dfrac{\pi}{4} \approx 1 - \dfrac{1}{3} + \dfrac{1}{5} - \dfrac{1}{7} + \cdots$ 计算 π 的近似值，直到最后一项的绝对值小于 10^{-6} 为止。

程序代码如下：

```
from math import *
t=1
pi=0
n=1
s=1
while (fabs(t)>=1e-6):
    pi = pi+t
    n = n+2
    s = -s
    t = s/n
pi = pi * 4
print("pi=%f\n"%pi )
```

运行结果如下：

```
pi=3.141591
```

例 3-18 代码中的 fabs(t)是一个 math 库提供的标准数学函数，其功能是求 t 的绝对值。由于该函数在数学函数库中，因此在程序中必须导入 math 模块。

【例3-19】编写一个 Python 程序，打印以下图形。

```
   *
  ***
 *****
*******
 *****
  ***
   *
```

要打印此类图形，应先找出规律。将图形分成上下两部分，前 4 行规律相同，即第 i 行由 2*i-1 个星号和 8-2*i 个空格组成；后 3 行规律相同，即第 i 行由 7-2*i 个星号和 2*i 个空格组成。每行结尾要换行。

本例代码将使用嵌套循环，其中外循环控制行，内循环控制列。

程序代码如下：

```python
for i in range(1,5):                  # 打印上半部分，共 4 行
    for k in range(1,8-2*i+1):
        print(end=" ")                # 输出每行前面的空格
    for j in range(1,2*i-1+1):
        print("*",end="")             # 输出每行的星号
    print( )                          # 输出每行后换行
for i in range(1,4):                  # 打印下半部分，共 3 行
    for k in range(1,2*i+1):
        print(end=" ")                # 输出每行前面的空格
    for j in range(1,7-2*i+1):
        print("*",end="")             # 输出每行的星号
    print( )                          # 输出每行后换行
```

【例3-20】企业根据利润提成发放奖金。根据不同的利润水平，奖金提成有所不同。当利润低于或等于 10 万元时，奖金提成率为 10%；当利润高于 10 万元，低于 20 万元时，低于 10 万元的部分按 10%提成，高于 10 万元的部分，可提成 7.5%；当利润在 20 万到 40 万之间时，高于 20 万元的部分按 5%提成；当利润在 40 万到 60 万之间时，高于 40 万元的部分，按 3%提成；当利润在 60 万到 100 万之间时，高于 60 万元的部分，按 1.5%提成；当利润高 100 万元时，超过 100 万元的部分按 1%提成。用户输入当月利润，程序将计算应发放的奖金总数。

程序代码如下：

```python
bonus1 = 100000 * 0.1
bonus2 = bonus1 + 100000 * 0.500075
bonus4 = bonus2 + 200000 * 0.5
bonus6 = bonus4 + 200000 * 0.3
bonus10 = bonus6 + 400000 * 0.15

i = int(input('请输入利润:\n'))
if i <= 100000:
    bonus = i * 0.1
elif i <= 200000:
    bonus = bonus1 + (i - 100000) * 0.075
elif i <= 400000:
```

```
        bonus = bonus2 + (i - 200000) * 0.05
elif i <= 600000:
        bonus = bonus4 + (i - 400000) * 0.03
elif i <= 1000000:
        bonus = bonus6 + (i - 600000) * 0.015
else:
        bonus = bonus10 + (i - 1000000) * 0.01
print("应发奖金为：{} ".format(bonus))
```

【例 3-21】 输入某年某月某日，判断这一天是这一年的第几天。

以输入 2023 年 2 月 18 日为例，首先累加前面月份的天数，再加上当前月份的天数即可得到这一天是这一年的第几天(如果是闰年且输入月份大于 2 月，即从 3 月开始，需要考虑多加一天)。

程序代码如下：

```
year = int(input('year:\n'))
month = int(input('month:\n'))
day = int(input('day:\n'))

# 定义一个元组存放每个月累积的天数
months = (0,31,59,90,120,151,181,212,243,273,304,334)
if 1<= month <= 12:
        sum = months[month - 1]
else:
        print('month data error')
sum += day
leap = 0
if (year % 400 == 0) or ((year % 4 == 0) and (year % 100 != 0)):
        leap = 1
if (leap == 1) and (month > 2):
        sum += 1
print('该年的第 %dth 天.' % sum)
```

运行结果如下：

```
year:
2023
month:
2
day:
18
该年的第 49th 天.
```

【例 3-22】 将一个正整数分解质因数(例如输入 90，打印输出 90=2*3*3*5)。

对 n 进行分解质因数，应先找到一个最小的质数 k，然后按下述步骤完成。

(1) 如果这个质数恰等于 n，则说明分解质因数的过程已经结束，打印结果。

(2) 如果 n 不等于 k，但 n 能被 k 整除，则应打印出 k 的值，并用 n 除以 k 的商作为新的正整数 n，重复步骤(1)。

(3) 如果 n 不能被 k 整除，则用 k+1 作为 k 的值，重复步骤(1)。

程序代码如下：

```
n = int(input("请输入整数:\n"))
print(" %d= " % n,end="")

for i in range(2,n + 1):
    while n != i:
        if n % i == 0:
            print(str(i),end="")
            print("*",end="")
            n = n / i
        else:
            break
print("%d"%n)
```

【例 3-23】编写一个程序，让用户输入一系列整数，直到用户输入 q 为止。如果用户输入的不是整数，则提示用户重新输入。

程序代码如下：

```
while True:                      # 死循环，不断输入数据
    try:
        n = input("请输入一个整数(输入'q'退出): ")
        if n.lower( ) == 'q':
            break
        n = int(n)
        print("您输入的整数是：{}".format(n))
    except ValueError:          # 如果输入字符串，int(n)将出现异常，执行以下语句。
        print("输入的不是整数，请重新输入！")
```

运行结果如下：

```
请输入一个整数(输入'q'退出): 23
您输入的整数是：23
请输入一个整数(输入'q'退出): 32325
您输入的整数是：32325
请输入一个整数(输入'q'退出): sd
输入的不是整数，请重新输入！
请输入一个整数(输入'q'退出): 45
您输入的整数是：45
请输入一个整数(输入'q'退出): q
```

3.6　本章小结

本章全面讲述 Python 控制结构。在程序设计中，程序语句可以按照结构化程序设计思想构成三种基本结构，它们分别是：顺序结构、分支结构和循环结构。在 Python 中，分支结构通过 if 语句来实现，主要有三种语法形式：if、if...else 和嵌套 if 语句。

Python 中，根据循环体执行次数是否提前确定，循环语句可分为确定次数循环和非确定次数循环。确定循环次数是程序在执行前能提前确定循环体执行的次数，适用于遍历或枚举可迭代对象中元素的场合，通常使用 for 循环语句实现。

非确定次数循环是程序不能预先确定循环体可能执行的次数，通过循环条件判断是否继续执行循环体，通常使用 while 循环语句实现。在一个循环的循环体中又包含有另一个循环语句，称为循环嵌套。在 Python 语言中，两种循环结构不仅可以自身嵌套，而且还可以相互嵌套，但内层循环必须完全包含在外层循环之内，即不允许循环结构交叉嵌套。

break 语句用于在循环结构中立即退出循环。在多重循环中，break 语句会终止当前所在的最内层循环。与之相对的是 continue 语句，它用于结束当前循环的当前迭代，并继续执行下一次循环迭代。break 语句和 continue 语句的区别在于，break 语句会完全终止整个循环结构的执行，而 continue 语句只会跳过当前迭代的剩余代码，然后继续执行下一轮循环。

3.7 思考和练习

一、填空题

1. _____语句是结束本次循环，_____语句是跳出循环。

2. 以下代码的执行结果是_____。

```
sum = 0
for i in range(8):
    if(i%2):
        continue
    sum = sum + i
print(sum)
```

3. 以下代码的执行结果是_____。

```
sum = 0
for i in range(1000):
    if(i==6):
        break
    sum = sum + i
print(sum)
```

4. 已知 a=1，b=2，c=3；以下语句执行后 a，b，c 的值是_____。

```
if   a <b:
    c= a
    a =b
    b = c
```

5. 以下代码的执行结果是_____。

```
s = 0
for i in range(1,101):
    s += i
else:
    print(2)
```

6. Python 程序文件 test.py 中的代码如下：

```
def main( ):
```

```
if __name__=='__main__':
    print('程序')
    else:
        print('模块')
main( )
```

将该程序文件直接运行时输出结果为_____,作为模块导入时得到结果是_____。

7. 以下代码的执行结果是_____。

```
s = 0
for i in range(1,11):
    s += i
    if  i == 3:
        print(s)
        break
else:
    print(1)
```

8. 以下代码的执行结果是_____。

```
s = 0
for i in range(1,11):
    s += i
    if  i == 11:
        print(s)
        break
else:
    print(1)
```

二、选择题

1. 以下代码的运行结果是(　　)。

```
x=0
for  i  in  range(1,20,3):
    x=x+i
print(x)
```

    A. 80　　　　　　　　B. 190　　　　　　　　C. 210　　　　　　　　D. 70

2. 在 Python 中运行以下代码后,b 的值是(　　)。

```
a=8
if a>=9:
    b=a+5
else:
    b=a-5
print(b)
```

    A. 6　　　　　　　　B. 8　　　　　　　　C. 3　　　　　　　　D. 9

3. 以下代码的运行结果是(　　)。

```
for s in "HelloWorld":
    if s=="W":
```

```
        continue
    print(s,end="")
```

    A. Hello   B. World   C. HelloWorld   D. Helloorld

4. 以下代码的运行结果是(   )。

```
for s in "HelloWorld":
    if s=="W":
        break
    print(s,end="")
```

    A. Hello   B. World   C. HelloWorld   D. Helloorld

5. 关于 Python 循环结构，以下选项中描述错误的是(   )。

    A. 遍历循环中的遍历结构可以是字符串、文件、组合数据类型和 range( )函数等

    B. break 跳出最内层 for 或者 while 循环，脱离该循环后程序从循环代码后继续执行

    C. 每个 continue 语句只有能力跳出当前层次的循环

    D. Python 通过 for、while 等保留字提供遍历循环和无限循环结构

6. 以下代码运行后，输入 6 的结果是(   )。

```
a=input( )
print(a * 3)
```

    A. 666   B. SSS   C. 18   D. S*3

7. 以下代码运行后的输出结果是(   )。

```
s=0
for i in range(1,11):
    s=s+i
print("s=",s)
```

    A. s = 35   B. s = 45   C. s = 55   D. s = 65

8. 变量 d 表示星期几，其中 d=1 表示星期一，那么下一天的表达式为(   )。

    A. K+1   B. K%7+1   C. (K+1)%7   D. (K+1)%7-1

9. 以下代码的运行结果是(   )。

```
a=5
b=7
b+=3
a=b*20
a+=2
a=a%b
print(a,b)
```

    A. 5 7   B. 20 10   C. 2 10   D. 22   7

10. 以下代码的运行结果是(   )。

```
m=29
if m %3!= 0:
    print(m,"不能被 3 整除")
```

```
else:
    print(m, "能被 3 整除")
```

A. 29 不能被 3 整除　　　　　　　　B. m 不能被 3 整除

C. 29 能被 3 整除　　　　　　　　　D. m 能被 3 整除

三、编程题

1. 编写一个 Python 程序，接收用户输入的一串数据，删除数据中包含的数字后输出。

2. 编写一个 Python 程序，用户输入 4 位整数作为年份，判断其是否为闰年。如果年份能被 400 整除，则为闰年；如果年份能被 4 整除但不能被 100 整除也为闰年。

3. 如果一个 4 位数，即位于 1000 到 9999 之间的数(包括 1000 和 9999)，它的每一位数字(千位、百位、十位、个位)的 4 次方之和等于这个数本身。这些数字因其独特的性质而被称为 4 位水仙花数，也叫阿姆斯特朗数。编写一个 Python 程序找出所有的水仙花数。

4. 百钱买百鸡问题：一只公鸡值五钱，一只母鸡值三钱，三只小鸡值一钱，现在要用百钱买百鸡，请问公鸡、母鸡、小鸡各多少只？编程解决以上问题。

5. 只能由 1 和它本身整除的整数被称为素数。若一个素数从左向右读与从右向左读是相同的数，则该素数为回文素数。编程求解 2~10 000 内的所有回文素数。

6. 身体质量指数是 BMI(Body Mass Index)指数，简称体质指数，是国际上常用的衡量人体胖瘦程度以及是否健康的一个标准，由 19 世纪中期的比利时人朗伯·阿道夫·雅克·凯特勒最先提出。计算公式为：BMI=体重÷身高^2。当 BMI 数值低于 18.5 时，体重偏瘦；当 BMI 数值大于等于 18.5 小于 24.9 时，体重正常；当 BMI 数值大于 24.9 时，体重过胖。体重偏瘦和体重过胖都属于异常结果。编写一个 Python 程序，输入体重(公斤)和身高(米)，利用公式计算 BMI 指数，并将结果输出(体重正常、偏瘦和过胖)。

7. 已知企业对销售人员的奖励措施为底薪 3000 元，奖金按照销售额提成计算，具体比例如下。

(1) 当销售额<=50 000 时，没有提成。

(2) 当 50 000<销售额<=100 000 时，按 0.8%提成。

(3) 当 100 000<销售额<=200 000 时，按 1.2%提成。

(4) 当销售额>20 000 时，按 1.8%提成。

编写一个 Python 程序，通过输入员工的销售额，计算并输出应发工资。

8. 编写一个 Python 程序，实现分段函数计算，如表 3-1 所示。

表 3-1　分段函数计算

x	y
x<=10	0
10<x<=30	x
30<x<=50	3x−5
50<x<=100	$4x^2-3x+10$
100<=x	x^3

☙ 第4章 ☙

函数和代码复用

一个用 Python 语言开发的软件往往由多个功能模块组成，每个模块包含大量程序语句。从组成上看，各个功能模块彼此有一定的联系，功能上各自独立。从开发过程上看，可能不同的模块由不同的程序员开发。要将不同的功能模块连接成一个完整的程序，需要采用模块化设计。支持这种设计方法的语言称为模块化程序设计语言。Python 语言不仅支持面向对象，还提供了模块化设计的功能。

在前面章节中，主要介绍了数据类型的概念和程序中的一些基本要素(如常量、变量、运算符和表达式等)，它们是构成程序的基本部分。本章将进一步围绕程序的三种基本结构和程序控制语句来讨论一些简单程序的设计问题。

本章学习目标
- 掌握 Python 函数的定义和调用。
- 理解 Python 函数参数的传递方式。
- 理解变量的作用域。
- 熟悉递归函数的概念和应用。
- 理解 Python 中模块和包的概念。

4.1 函数的基本概念

4.1.1 函数

模块化设计是将一个大的程序自上向下进行功能分解，分成若干个子模块，一个模块对应一个功能，并且有自己的界面和相关的操作，能够完成独立的任务。不同的模块可以分别由不同的人员编写和调试，最终将不同的模块组装成一个完整的程序。模块化设计的思路是分而治之，把一个项目分成不同的模块，每个模块完成一个小的功能。模块化设计能够降低问题的复杂度，实现有效的分工协作，提升开发效率，并简化后期维护、管理和移植工作。

在 Python 语言中，可以用函数实现功能模块的定义，Python 程序的功能可以通过函数之间的调用来实现。一个完整的 Python 程序可以由多个源程序文件组成，一个文件中可以包含多个函数。

设想一个问题，在程序的不同地方要多次使用同一个功能，例如要计算幂函数，显然不可能将这段程序在程序中重复写多次。正确的方法是计算幂函数的程序仅出现一次。程序中应该提供一种机制，当需要计算某个数的幂函数时，以如下简单的方式实现。

(1) 先确定求哪个数的幂，以及是几次方，并将这些信息传至执行该功能的函数。

(2) 跳转到执行计算幂函数的代码段。

(3) 将幂函数执行后的结果保存，并返回程序原来的位置，继续执行后续操作。

为实现这样的功能引进函数的概念。基本上所有高级编程语言都提供一种合理的代码构造方法，目前在编程语言中采取的模式有两种：函数式编程和面向对象程序设计中的类。

函数是一段程序，它完成特定的任务。在调用时，可以用简单的方法为其提供必要的数据，自动执行这段程序，然后保存执行后的结果并将程序回到原处继续执行下一个任务。将程序中反复使用的程序定义为函数的形式。函数就是将一段用来独立地完成某个功能、需要反复使用的代码封装起来，并在需要使用该功能的地方对其进行调用。使用函数可以减少代码冗余、实现代码复用，并做到在需要调整该功能时只需修改这段代码，体现了代码的一致性和可维护性。

函数的使用体现了程序编写时抽象的思想，程序员将那些需要重复执行或者多处调用的功能抽象并封装成了函数。作为函数的使用者，只需要了解如何执行函数(函数调用)。

在 Python 语言中，可以从不同的角度对函数进行分类。

(1) 从用户使用的角度对函数分类。从用户使用的角度，可以将函数分为内置函数、标准库函数、第三方库函数和用户自定义函数等几种。

- 内置函数：Python 解释器内置了很多函数和类型，可以在任何时候使用，如 print( )函数、input( )函数以及 id( )函数等。

- 标准库函数：也称标准函数。在 Python 语言中提供了很多已经编制好的库函数，用户可以直接使用。例如，用于生成随机数的 random 库中的 random( )函数，可以生成随机浮点数、整数、字符串等；math 库提供了数学常数和数学函数；datetime 库用于日期和时间的操作。

- 第三方库函数：由第三方提供的解决特定问题的库，如中文处理的 jieba 库和科学计算的 numpy 库。

- 用户定义函数：用户根据需要，按照 Python 语法规定自行编写的程序段，用于实现特定的功能。

(2) 从函数的形式对函数分类。从函数的形式看，可将函数分为有参函数和无参数函数两种。

- 无参数函数：使用该函数时，不需提供任何数据，直接执行函数内部的预定义操作。此类函数通常用于执行某些固定的处理任务。

- 有参函数：在调用此类函数时，必须提供必要的数据(即参数)。函数会根据提供的数据执行相应的操作，并可能返回不同的结果。

4.1.2　代码复用

软件开发方法包括结构化方法和面向对象开发方法。结构化方法是把现实世界描绘为数据在信息系统中的流动，以及在数据流动的过程中数据向信息的转化。其基本思想是基于功能分解设计系统结构，通过把复杂的问题逐层分解以实现简化(即自顶向下、逐层细化)，将整个程序结构划分成若干个功能相对独立的子模块，并且每个模块最终都可使用顺序、选择、循环三种基本结构来实现。

结构化方法从系统内部功能上模拟客观世界,强调系统开发过程的整体性和全局性,强调在整体优化的前提下来考虑具体的分析设计问题。结构化方法严格区分开发阶段,强调一步一步地严格地进行系统分析与设计,每一步工作都及时地总结、发现问题,从而避免开发过程的混乱状态。

面向对象的开发方法采用从特殊到一般的归纳方法,其核心是对现实世界中的实体进行分类,并进一步区分对象及其属性,整理对象及其组成部分,最终将它们划分成不同的对象类,从而得到现实系统中对象及其关系,进而分析并掌握系统运行的规律。面向对象分析方法的重点是使用面向对象的观点解决现实世界模型的建立问题。这种方法是以对象作为分析问题、解决问题的核心,对问题空间进行直接映射,使计算机实现的对象与真实世界具有一一对应关系,所以自然符合人类认识规律,有效地解决了需求分析模型和软件设计模型的不匹配现象(它同时也易于适应系统的变化处理)。面向对象的系统设计基本过程一般包括:问题域分析、发现和定义对象类、识别对象的外部联系、建立系统的静态模型、建立系统的动态行为模型。

软件复用是指在开发新的软件系统时,对已有的软件或软件模块重新使用。这里的"已有的软件"可以是已经存在的软件,也可以是专门设计的可复用组件。软件复用的主要目的是提高软件系统的开发质量与效率,同时降低开发成本。软件重复使用已有的软件产品(包括软件代码、文档、测试用例等)或软件模块来开发新的软件系统,有助于减少软件系统中的错误和缺陷,提高系统的可维护性和可扩展性。软件复用的对象可以是已经存在的软件产品,如开源库、商业软件等;也可以是专门设计的可复用组件,如可复用的软件框架、类库等。随着软件技术的不断发展和软件需求的不断增长,软件复用已成为提高软件开发效率和质量的重要手段之一。通过软件复用,可以快速地构建出高质量、可维护的软件系统。

面向对象的软件复用机制主要有两种:继承和对象组合。继承是指子类可以从父类中直接获得某些特征和行为的能力,作为代码复用和概念复用的手段。作为代码复用的手段是指子类继承父类,一些代码就不必重写。对象组合是指新的复杂功能可以通过组装或组合对象来获得。在面向对象系统中,系统是由对象构成,复杂功能可以通过功能较简单的对象来实现。对象组合方式是从整体与局部的角度考虑了软件复用的思想,通过将简单对象组合成复杂的对象,可以实现更灵活和模块化的设计。

在前面章节中使用了 len( )内置函数来直接获取字符串的长度。假设没有 len( )函数,要想获取一个字符串的长度,该如何实现呢?下面是一个示例代码:

```
n=0
for c in "www.cdutetc.cn":
    n = n + 1
print(n)
```

执行结果如下:

```
14
```

在编程中,获取一个字符串长度是常用的功能,可能在程序中多次使用。如果每次都写这样一段重复的代码,不仅浪费时间精力,还容易引入错误。因此,Python 提供了一个功能,即允许将常用的代码以固定的格式封装(包装)成一个独立的模块,只要知道这个模块的名称就可以重复使用它,这个模块就叫做函数。

在程序中，通常会定义一段代码来实现特定的功能。如果下次需要实现相同的功能，难道要把前面定义的代码复制一次？显然，这样做既低效又容易出错。正确的做法是将实现特定功能的代码定义成一个函数，每次当程序需要实现该功能时，只需调用函数即可。

函数的本质就是一段有特定功能、可以重复使用的代码，这段代码已经被提前编写好了，并且为其起一个易于理解的名称。在后续编写程序的过程中，如果需要同样的功能，直接通过起好的名称就可以调用函数，从而避免重复编写相同的代码。

以下程序代码演示了如何将自定义的 len( )函数封装成一个独立的函数：

```python
# 自定义 len( )函数
def my_len(str):
    length = 0
    for c in str:
        length = length + 1
    return length
# 调用自定义的 my_len( )函数
length = my_len("www.cdutetc.cn")
print(length)
# 再次调用 my_len( )函数
length = my_len("www.baidu.com")
print(length)
```

运行结果如下：

```
14
13
```

4.2 函数的定义和调用

Python 中函数的应用非常广泛。前面章节中已经接触过许多函数，比如 input( )函数、print( )函数、range( )函数、len( )函数等，这些都是 Python 的内置函数，可以直接使用。除了可以直接使用的内置函数外，Python 还支持自定义函数，即将一段有规律的、可重复使用的代码定义成函数，从而达到一次编写、多次调用的目的。

Python 中的函数可分为内置函数、标准库函数、第三方库函数以及自定义函数几种类型。当内置函数和标准库函数都不能满足具体需求时，用户可以通过自定义函数来实现特定功能，提高代码的可重用性和可维护性。

4.2.1 函数的定义

如果用户接触过其他编程语言中的函数，以上对于函数的描述肯定不会陌生。但需要注意的是，和其他编程语言中的函数相比，Python 函数不仅支持接收多个(≥0)参数，还支持返回多个(≥0)值。

定义函数，也就是创建一个函数，可以理解为创建一个具有某些用途的工具。定义函数需要用 def 关键字实现，具体的语法格式如下：

```
def 函数名(参数列表):
    '''文档字符串'''
    [return [返回值]]
```

函数的定义包括函数头和函数体两部分，函数头以关键字 def 开始，后跟一个空格和函数名，接着是一对括号，括号内可以列出函数的参数，多个参数用逗号间隔。括号之后是一个冒号(:)。函数体由多条语句构成，所有语句必须保持一致的缩进。函数头和函数体之间可以加入三重引号界定的字符串作为注释，即文档字符串，用于简述函数的功能。

函数名其实就是一个符合 Python 语法的标识符，不建议用户使用过于简单的标识符如 a、b、c 作为函数名，函数命名最好能够体现出该函数的功能(如上面提到的 my_len，即表示自定义的 len( )函数)。括号内是函数可以接收的参数，一个函数可以接受零个或者多个参数，参数之间用英文逗号分隔。return 语句是可选的，用于指定函数的返回值。一个函数可以设置没有返回值，也可以返回一个值或多个值。

需要注意的是，在定义函数时，即使函数没有参数，也必须保留括号。如果想定义一个没有任何功能的空函数，可以使用 pass 语句作为函数体。下面将进一步说明 Python 函数定义的规则：

- 函数代码块以 def 关键词开头，后接函数标识符名称(简称函数名)和圆括号( )。
- 任何传入参数必须放在圆括号内。
- 函数的第一行语句可以选择性地使用文档字符串来描述函数的用途。
- 函数内容以冒号起始，并且必须缩进。
- return [表达式] 结束函数的执行，返回一个或者多个值。不带表达式的 return 相当于返回 None。
- 函数的使用必须遵循先定义，后调用的原则。
- 没有事先定义函数，而直接引用函数名，类似于引用一个不存在的变量名。
- 在函数定义阶段，仅检查函数体的语法，不执行函数体内的代码。

例如，以下代码定义了 2 个函数：

```
# 定义个空函数，没有实际意义，只是占位
def pass_dis( ):
    pass
# 定义一个比较字符串大小的函数
def str_max(str1,str2):
    str = str1 if str1 > str2 else str2
    return str
```

pass 语句主要是作为一个空语句来保持程序结构的完整性。它在需要语法上完整的语句块中，暂时不需要执行任何实际代码时作为占位符使用。pass 语句的主要作用包括保持代码的可读性和结构的清晰性，避免语法错误以及在团队协作中作为标记或提示，指示未完成的开发任务。

函数中的 return 语句可以直接返回一个表达式的值，例如修改上面的 str_max( )函数：

```
def str_max(str1,str2):
    return str1 if str1 > str2 else str2
```

该函数的功能与之前的 str_max( )函数完全相同，只是省略了创建 str 变量，使得函数代码更加简洁。

函数调用过程为：(1)调用程序在函数处暂停，并将实际参数的值赋值给形式参数；(2)程序跳转到函数定义处，开始执行该函数体内的代码；(3)函数调用结束后，将函数的返回值传递给调用语句的结果；(4)调用程序继续执行后续代码。

先举一个简单的函数定义和调用的例子。

【例 4-1】　求两个整数的和。

程序代码 1 如下：

```
x=int(input("输入第一个整数: "))
y=int(input("输入第二个整数: "))
z=x+y
print("两个数的和为: ",z)
```

运行结果如下：

```
输入第一个整数: 12
输入第二个整数: 23
两个数的和为:  35
```

程序代码 2 如下：

```
def sum(a,b):
    z=a+b
    return z
x=int(input("输入第一个整数: "))
y=int(input("输入第二个整数: "))
z=sum(x,y)
print("两个数的和为: ",z)
```

(1) 程序代码 1 中通过调用库函数 input( )输入数据，并使用 z=x+y 实现求和，最后调用库函数 print( )输出两个整数的和。

(2) 程序代码 2 中没有具体的计算过程，而是通过调用 sum( )函数完成计算。

【例 4-2】　无参函数举例。

程序代码如下：

```
def fun( ):
    print("*********************************\n")
    print(" HOW ARE YOU! \n")
    print("*********************************\n")
fun( )
```

运行结果如下：

```
*********************************

HOW ARE YOU!

*********************************
```

(1) 例 4-2 调用一次函数 fun( )。在函数 fun( )的定义中，调用了 3 次库函数 print( )。

(2) fun( )函数不需要返回值，因此没有 return 语句。

【例4-3】定义一个函数，用于计算三角形面积。

程序代码如下：

```
import math

def s(a,b,c):        # 定义函数
    p=(a+b+c)/2
    s=math.sqrt(p*(p-a)*(p-b)*(p-c))
    return s
a=eval(input("请输入三角形的第一条边长: "))
b=eval(input("请输入三角形的第二条边长: "))
c=eval(input("请输入三角形的第三条边长: "))
s=s(a,b,c)           # 调用函数
print("三角形的面积为: ",s)
```

运行结果如下：

```
请输入三角形的第一条边长: 3
请输入三角形的第二条边长: 4
请输入三角形的第三条边长: 5
三角形的面积为: 6.0
```

前面章节讲过，通过调用 Python 的 help( )函数或者__doc__属性，可以查看某个函数的使用说明文档。事实上，无论是 Python 提供的函数，还是自定义的函数，其说明文档都需要设计该函数的程序员来编写。函数的说明文档，本质就是一段字符串，通常位于函数体内的所有代码之前。以下代码演示了如何为函数设置说明文档：

```
# 定义一个比较字符串大小的函数
def str_max(str1,str2):
    '''
    比较 2 个字符串的大小
    '''
    str = str1 if str1 > str2 else str2
    return str
help(str_max)
# print(str_max.__doc__)
```

运行结果如下：

```
Help on function str_max in module __main__:

str_max(str1, str2)
    比较 2 个字符串的大小
```

以上代码中，还可以使用__doc__属性来获取函数的说明文档。最后一行的输出语句 print(str_max._doc_)将会输出函数 str_max 的说明文档字符串，即"比较 2 个字符串的大小"。

4.2.2　函数调用

调用函数也就是执行函数。函数调用和执行的一般形式如下：

[变量=]<函数名>([实参列表])

函数的定义必须出现在函数调用之前，否则会报错。实参列表中实参为函数调用时赋予的实际参数，它们与函数定义时的形参一一对应。如果函数有返回值，可以在表达式中直接使用这个返回值，参与表达式运算；如果没有返回值则通常单独作为独立的语句使用。其中，函数名指的是要调用的函数的名称；形参值指的是创建函数时要求传入的各个形参的值。如果该函数有返回值，可以通过一个变量来接收该值，也可以选择不接受。

需要注意的是，创建函数有多少个形参，那么调用时就需要传入多少个值，且顺序必须和创建函数时一致。即便该函数没有参数，函数名后的小括号也不能省略。在 Python 中，调用函数可分为调用内置函数和调用自定义函数。调用自定义函数时，先要定义一个函数才能调用。

【例 4-4】定义一个函数，用于计算两个整数的最大公约数(最大公约数是能够整除多个整数的最大正整数，如 8 和 12 的最大公约数是 4)。

程序代码如下：

```
def gcd(a,b):
    """计算两个整数的最大公约数"""
    if a<b:
        a,b=b,a
    while b:
        a,b=b,a%b
    return a
a=gcd(20,15)
print(a)
help(gcd)
```

运行结果如下：

```
5
Help on function gcd in module __main__:
gcd(a, b)
    计算两个整数的最大公约数
```

例 4-4 定义了一个函数 gcd，带两个参数，函数返回两个参数的最大公约数，通过调用函数 gcd(20,15)可以求得 20 和 15 的最大公约数，并将其返回值赋给变量 a，输出 a 的值。此处，调用 help(gcd)将显示函数 gcd 的文档字符串，帮助用户了解函数的具体用法和描述信息。

函数体内部的语句在执行时，一旦执行到 return 时，函数就执行完毕，并将结果返回。因此，函数内部通过条件判断和循环可以实现非常复杂的逻辑。

调用程序在调用处暂停执行，转而执行函数体语句。自定义函数 gcd(a,b)括号中的 a 和 b 是形参，函数调用时 gcd(20,15)括号里面的 20 和 15 是实参，这就是函数参数的传递。函数调用结束后，返回值可以赋值给变量。函数中可以定义为不带形参，也可以没有返回值。

函数的 return 语句用于退出函数并将程序返回到函数被调用的位置继续执行，同时将函数执行结果返回给函数被调用处的变量。return 语句在同一函数中可以出现多次，但只要有任意一个得到执行，就会结束函数的执行。如果函数结尾处没有 return 语句，则函数默认返回 None。

如果没有 return 语句，函数执行完毕后也会返回结果，只是结果为 None。return None 可以简写为 return。在 Python 交互环境中定义函数时，提示符为 ">>>"。函数定义结束后需要按两次回车键，重新回到 ">>>" 提示符下。

return 语句指定应该返回的值，该返回值可以是任意类型。需要注意的是，return 语句在同一函数中可以出现多次，但只要有一个得到执行，就会结束函数的执行。return 语句的语法格式如下：

```
return [返回值]
```

其中，返回值参数可以指定，也可以省略不写(将返回空值 None)。下面通过几个函数调用的示例来介绍函数返回值含义。

【例 4-5】 定义一个函数 add( )，传入两个参数并求和。

程序代码如下：

```
def add(a,b):
    c = a + b
    return c
# 函数赋值给变量
d = add(5,4)
print(d)
# 函数返回值作为其他函数的实际参数
print(add(5,4))
```

运行结果如下：

```
9
9
```

在例 4-5 中，add( )函数既可以用来计算两个数的和，也可以连接两个字符串，它会返回计算的结果。通过 return 语句指定返回值后，在调用函数时，既可以将该函数的返回值赋值给一个变量，也可以将函数作为另一个函数的实际参数传递。

【例 4-6】 定义一个函数，如果参数大于 0，返回 True，否则返回 False。

程序代码如下：

```
def isGreater0(x):
    if x > 0:
        return True
    else:
        return False
print(isGreater0(10))
print(isGreater0(0))
```

运行结果如下：

```
True
False
```

通过例 4-6 可以看到，函数中可以同时包含多个 return 语句，但需要注意的是，最终真正执行的最多只有一个，一旦执行，函数运行会立即结束。

例 4-6 中，通过 return 语句返回了一个值，但 Python 语言通过 return 语句，可以返回多个值。

【例 4-7】 有多个返回值的函数示例。

程序代码如下：

```
def f1(x,y,z):
    s1="结果为:"
    r=x+y+z
    return s1,r
def f2(x,y,z):
    s1="结果为:"
    r=x+y+z
    return [s1,r]
a=f1(1,2,3)
b=f2(1,2,3)
print(a)
print(b)
```

运行结果如下：

```
('结果为:', 6)
['结果为:', 6]
```

例 4-7 中，f1( )函数默认返回一个元组('结果为:',6)，而 f2( )函数可以在 return 语句中返回一个包含多个值的对象，例如['结果为:', 6]。

Python 中一切都是对象，函数也不例外。前文提及的函数定义就是一段可执行代码，只有当 Python 执行了函数定义的代码之后，才会在内存中创建一个函数对象，并将其赋给一个变量(函数名)。因为将函数对象的创建延后到了程序运行时，所以 Python 可以根据运行时的条件动态地定义函数。

```
if  condition:
    def func( ):        # 以一种形式定义函数
        函数体
else:
    def func( ):        # 或者将函数定义成另一种形式
        函数体
func( )                 # 调用函数
```

4.2.3　lambda 表达式

Python 提供了一种定义简单函数的方法，即使用 lambda 表达式。Python 中有一个名为 lambda 的保留字，其作用是用来定义匿名函数，即没有函数名的临时使用的自定义函数。lambda 表达式通常用于表示内部仅包含一行表达式的函数。如果一个函数的函数体仅有一行表达式，则该函数就可以用 lambda 表达式来代替。

Lambda 表达式是一种小型的匿名函数，通常用于满足简单的函数需求。它可以接受任意数量的参数，但通常在简单的场景下使用，以确保代码的简洁型。lambda 表达式的语法格式如下：

```
name = lambda [args] : 表达式
```

定义 lambda 表达式必须使用 lambda 关键字。以上格式中[args]作为可选参数，等同于定义匿名函数时指定的参数列表；name 为表达式的名称。将 lambda 表达式转换成普通函数的形式，应按照以下格式：

```
def name(args):
    return  表达式
name(args)
```

显然，使用普通方法定义上述函数，需要 3 行代码，而使用 lambda 表达式仅需 1 行。举个例子，如果设计一个求 2 个数之和的函数，使用普通函数的方式，定义如下：

```
def add(x, y):
    return x+ y
print(add(3,4))
```

运行结果如下：

```
7
```

以上代码中，add( )函数内部仅有 1 行表达式，该函数可以直接用 lambda 表达式表示：

```
add = lambda x,y:x+y
print(add(3,4))
```

运行结果如下：

```
7
```

匿名函数实际上并非没有名字，接收函数返回值的变量名即为其函数名。例如自定义函数 sum( )：

```
def sum(x, y):
    return x+y
```

可以改用 lambda 函数来实现，即：

```
p = lambda x, y: x+y
print(p(4, 6))
```

lambda 函数，又叫匿名函数，指的是不需要显式声明的函数。它们在实际应用中非常常见，使用起来非常灵活和巧妙。lambda 表达式是一种特殊的函数定义形式，可以理解为简单函数(函数体仅是单行的表达式)的简写版本。匿名函数使用关键字 lambda 定义，冒号前是参数(可以有多个，用逗号隔开)，冒号右边是表达式，调用 lambda 函数时，该表达式计算的结果即为函数执行结果。lambda 函数返回值是一个函数的地址，即函数对象。在 Python IDLE 环境执行以下交互式操作。

```
>>> myfun = lambda x,y,z:x*y*z
>>> myfun(1,2,3)
6
>>> type(myfun)
<class 'function'>
```

相比函数，lambda 表达式具有以下优势：

- 对于单行函数，使用 lambda 表达式可以省去定义函数的过程，让代码更加简洁(减少代码的冗余)。
- 不需要为函数命名，可以快速实现某项功能。
- 对于不需要多次复用的函数，使用 lambda 表达式可以在用完之后立即释放，有助于提高程序执行的性能。

4.3　函数参数传递

在定义函数时，括号内使用逗号分隔开的参数是形式参数(形参)列表，函数可以没有形参，但圆括号必须保留。形参是符号化的，并非实际值，函数被调用时需提供对应的实际值即实际参数(实参)，从而使函数体内的表达式可以正常执行，这一过程就是函数参数传递。

形式参数简称形参，在定义函数时，函数名后面小括号中自定义的参数就是形式参数。实际参数简称实参，在调用函数时，函数名后面小括号中传入的参数值就是实际参数。

在 Python 中，函数可以定义可选参数、使用参数的位置或名称传递参数值，并且根据函数中变量的不同作用域有不同的函数返回值形式。Python 提供了灵活的参数传送方式，允许使用可选参数和可变参数。在调用函数时，可以向函数传送可选参数或者任意数量的参数。

函数定义时声明的形参变量只有在被调用时才分配内存空间，并且在调用结束时，即刻释放所分配的内存空间。根据实际参数类型的不同，函数参数的传递方式可以分为值传递和引用传递(又称为地址传递)。值传递和引用传递的区别是：函数参数在值传递后，若形参的值发生改变，不会影响实参的值，而函数参数继续引用传递后，改变形参的值，实参的值也会一同改变。

4.3.1　值传递和引用传递

定义函数时，括号里面的变量叫做函数的形参，调用函数时传入的值是实参。根据调用函数传入实参类型不同，函数参数的传递方式有值传递与引用传递。

在 Python 中，值传递和引用传递是根据参数的类型不同进行区分的，值传递指的是实参类型为不可变类型(数字、字符串、元组)，也就是函数调用不会修改实参；引用传递指的是实参类型为可变类型(列表、字典、集合、矩阵)，函数调用后，实参可能发生改变。值传递中实参数据类型是不可变对象(字符串、数字、元组)，本质是形参引用实参对象，实参由于是不可变对象，本身不会受到形参的任何影响。无论值传递还是引用传递，形参和实参实际上都指向了同一个对象。

Python 函数调用时执行的过程是：(1)当程序执行到函数调用语句处时暂停。(2)参数传递。如果是有参函数调用，系统将实际参数传递给被调用函数的形式参数。(3)执行被调用函数。参数传递完成后，程序执行的控制权转移到被调用函数内部的第一条执行语句，执行被调用函数的函数体。(4)返回函数调用语句处。当执行到被调用函数中的 return 语句或者被调用函数执行完毕时，将被调用函数的执行结果(返回值)以及程序执行流程返回到函数调用语句处。若被调用函数没有返回值，则只将执行流程返回函数调用语句处。

Python 的函数通过引用传递参数，不会将实参对象复制一份再赋给形参，形参和实参实际上都指向了同一个对象。原地修改可变对象(如列表)并不会改变列表对象本身的地址。为避免形参影响实参的情况，可以在调用函数时传入实参的副本。在交互窗口执行并思考以下交互式操作。

```
>>> def test(x):
        x=x[:]
        print(x)
        x[0]="ttt"
        print(x)
>>> a=[1,2,3]
>>> test(a)
[1, 2, 3]
['ttt', 2, 3]
>>> x
Traceback (most recent call last):
  File "<pyshell#8>", line 1, in <module>
    x
NameError: name 'x' is not defined
>>> a
[1, 2, 3]
```

【例 4-8】参数值传递演示代码。

程序代码如下：

```
def try_to_change(obj):
    obj += obj
    print("形参值为:", obj)
a = 'python 学习'
print("a 的值为:", a)
# 实参字符串类型
try_to_change(a)
print("实参值为:", a)
a = (7, 8, 9)
print("a 的值为:", a)
# 实参元组类型
try_to_change(a)
print("实参值为:", a)
a = 6
print("a 的值为:", a)
# 实参数字类型
try_to_change(a)
print("实参值为:", a)
```

运行结果如下：

```
a 的值为: python 学习
形参值为: python 学习 python 学习
实参值为: python 学习
a 的值为: (7, 8, 9)
形参值为: (7, 8, 9, 7, 8, 9)
实参值为: (7, 8, 9)
```

```
a 的值为: 6
形参值为: 12
实参值为: 6
```

当实参数据类型是可变对象(例如列表、字典等)，函数传递方式是引用传递，这种传递方式实际上仍是值传递，但传递的是可变对象的引用，而不是对象本身的副本。因此，无论是在主程序操作实参，还是在函数内操作形参，实际上都是在操作同一个对象的引用。

【例 4-9】 参数引用传递演示代码 1。

程序代码如下：

```
def try_to_change(obj):
    obj += obj
    print("形参值为:", obj)
a = [1, 2, 3]
print("a 的值为:", a)
# 实参列表类型
try_to_change(a)
print("实参值为:", a)
```

运行结果如下：

```
a 的值为: [1, 2, 3]
形参值为: [1, 2, 3, 1, 2, 3]
实参值为: [1, 2, 3, 1, 2, 3]
```

【例 4-10】 参数引用传递演示代码 2。

程序代码如下：

```
def f1(a, b, c):
    print('形参的 ID 为: ', id(a), id(b), id(c))
    a+=1
    b[str(a)] = a
    c.append(a)


if __name__ == '__main__':
    print( )
    num = 1
    a = { }
    b = [ ]
    print('原始 ID: ', id(num), id(a), id(b))
    for i in range(2):
        print('实参 ID: ', id(num), id(a), id(b))
        print('i:%i,\n' % i, '函数执行前 num: ', num, 'a: ', a, 'b: ', b)
        f1(num, a, b)
        print('函数执行后 num: ', num, 'a: ', a, 'b: ', b, '\n')
```

运行结果如下：

```
原始 ID:  2091878864 52018032 52002408
实参 ID:  2091878864 52018032 52002408
i:0,
```

```
  函数执行前 num:   1 a:   { } b:   [ ]
形参的 ID 为:   2091878864 52018032 52002408
  函数执行后 num:   1 a:   {'2': 2} b:   [2]

实参 ID:   2091878864 52018032 52002408
i:1,
  函数执行前 num:   1 a:   {'2': 2} b:   [2]
形参的 ID 为:   2091878864 52018032 52002408
  函数执行后 num:   1 a:   {'2': 2} b:   [2, 2]
```

在 Python 中，无论是值传递还是引用传递，只需关注函数内部是否会生成新的对象即可。凡是对原对象操作的函数，都会影响传递的实际参数；凡是生成新对象的操作，都不会影响传递的实际参数。

4.3.2 命名参数和位置参数

Python 是一门动态的高级编程语言，拥有许多强大的特性。在代码编写中，Python 的参数传递十分灵活。特别是 Python 的命名参数，能够帮助程序员更加高效地编写代码。

在大规模的程序编写时，函数定义的位置与调用语句之间相距一般较远或者是直接被纳入在函数库中。第三方用户如果事先不看函数定义，只看函数调用，可能不太容易理解这些输入参数的含义。

在 Python 中，为解决上述问题，提供了一种按照形参名称输入参数的方式，叫做命名参数。命名参数允许通过参数名来传递参数值，相对于位置参数，命名参数可以提高代码的可读性和灵活性。例如：

```
def func(a, b, c):
    print(a, b, c)
# 位置参数
func(1, 2, 3)          # 1 2 3
# 命名参数
func(a=1, b=2, c=3)    # 1 2 3
func(b=2, a=1, c=3)    # 1 2 3
# 混合参数
func(1, c=3, b=2)      # 1 2 3
```

从上面的代码可以看出，命名参数在传递参数时具有更加灵活的特性，不必拘泥于参数的顺序，能够按照自己的需求来组合参数。实参赋值顺序和函数定义时的形参顺序无须完全一致，这种参数传递方式称为命名参数。

在函数定义时，可以设置必选命名参数，这些参数必须要传递具体的值，否则 Python 会抛出一个 TypeError 错误。例如：

```
def func(name, age):
    print(f"姓名：{name}，年龄：{age}")
# 必选命名参数
func(name="小明", age=18)
```

从上面的代码可以看出，当调用 func( )函数时，如果没有传递必选命名参数，则 Python 会抛出一个 TypeError 错误。

4.3.3　默认值参数和可变命名参数

定义函数时可以使用"形参名=默认值"的形式为形参设定一个默认值。调用函数时，如果没有与该形参对应的实参传入，则使用默认值。带默认值的形参必须出现在参数列表的最右端，并且任何一个默认形参的右侧不能有非默认的形参。

默认参数又称为可选参数，指的是函数定义时为形参设置默认值，使得函数调用时某些形参可以不需要再通过实参传递赋值。在函数定义时设置默认值的命名参数，这些参数在没有被传递值时，会采用默认的值进行计算。在函数定义时声明了默认值的参数，在函数调用时可以选择不指定部分实参，而直接接受其默认值。例如：

```
def func(name, age=18):
    print(f"姓名：{name}，年龄：{age}")

# 默认值命名参数
func(name="小明")
# 姓名：小明，年龄：18
func(name="小刚", age=20)
# 姓名：小刚，年龄：20
```

从上面的代码可以看出，当没有传递默认值命名参数时，Python 会在函数内部使用提前设置好的默认值进行计算。

实践中，要尽量避免使用列表、字典等可变对象作为函数的默认形参。以下代码定义了一个函数 fff，该函数有两个参数，第二个参数使用列表作为默认参数，函数的功能是将第一个参数追加到第二参数里。运行代码可以看出，在第二次调用函数时，第一次调用的结果仍然存在，可以通过将默认参数设置为 None 的方法解决上述问题。执行以下交互式操作并理解运行结果。

```
>>> def fff(a,s=[ ]):
        s.append(a)
        return s

>>> fff(10)
[10]
>>> fff(20)
[10, 20]
>>> fff(30)
[10, 20, 30]
>>> def fff1(a,s=None):
    if s is None:
        s=[ ]
    s.append(a)
    return s
>>> fff1(2)
[2]
>>> fff1(3)
[3]
```

默认参数在使用时还需注意以下几点：(1)必须保证带有默认值的形参在参数列表末尾，且任何一个默认参数右边不能出现非默认参数。(2)调用函数时，如果没有传入默认参数的值，则在函数内部使用参数默认值。(3)将常用的值设置为参数的默认值，可以简化函数的调用过程，使其更加流畅。但是，如果一个参数的值不能确定，应避免设置默认值，而应由调用方在每次调用时传递该参数的具体值。

可变参数指在函数调用的时候参数个数不固定。可变参数适合在函数定义时无法确定函数参数个数的情况，甚至在运行时参数的数量也是未知的。可变参数通过"*"指定，并在函数内部作为一个元组(tuple)对象处理。此外，在函数定义时，还可以设置可变命名参数，这些参数可以接收一组可变长度的参数值。例如：

```python
def func(*args):
    print(args)
# 可变命名参数
func(1, 2, 3)                        # (1, 2, 3)
func("python", "java", "ruby")       # ('python', 'java', 'ruby')
```

args 形参可以接受任意数量的实参，这些实参被组织成一个元组，然后传递给 args。一个函数中，带""号的形参只能有一个，且只能放在最后。从上面的代码可以看出，当传递的参数为多个参数值时，Python 会将这些值打包成一个元组，作为可变命名参数传递到函数内部。

【例4-11】 可变数量参数传递演示代码。

程序代码如下：

```python
def test(name, *args):
    print(name,":")
    for x in args:
        print("\t",x)
test("person", "liping", "wangfang", "liuli", "wangpeng")
test("animal", "cat", "dog", "lion")
```

运行结果如下：

```
person :
    liping
    wangfang
    liuli
    wangpeng
animal :
    cat
    dog
    lion
```

4.3.4　关键字命名参数

如果无法确定函数在被调用时传入的参数个数，可以使用可变参数*args 或**kwargs。*args 接收多个位置参数，并将它们存入名为 args 的元组中。**kwargs 接收多个关键字参数，并将它们存入名为 kwargs 的字典中。这两种可变参数通常被写在函数形参列表的末尾。在函数定义中，

*args 和**kwargs 也可以同时使用，用于处理不确定数量和类型的参数。

在函数定义时，还可以设置关键字命名参数，这些参数需要通过指定参数名来传递参数值。例如：

```
def func(**kwargs):
    print(kwargs)
# 关键字命名参数
func(name="小明", age=18)
# {'name': '小明', 'age': 18}
func(language="python", author="Guido van Rossum")
# {'language': 'python', 'author': 'Guido van Rossum'}
```

从上面的代码可以看出，当传递的参数是一个关键字参数时，Python 会将这些值打包成一个字典，作为关键字命名参数传递到函数内部。

Python 的命名参数具有很高的灵活性，在代码编写中能够提供强大的支持。用户可以设置必选、默认值、可变和关键字命名参数，以及通过各种组合的方式来实现更加优秀的代码。熟练掌握命名参数的用法，有助于提升 Python 编程水平。

命名参数相比位置参数，在函数调用时具有更加灵活的特性。利用各种不同的参数组合方式，能够更加清晰地表达代码含义，增强代码可读性。此外，当需要使用可变长度参数或关键字参数时，命名参数也能够提供更好的支持。执行以下交互式操作并分析结果。

```
>>> def f(*args):
        print(args)


>>>f(1)
(1,)
>>> f(1,2,3,"hi")
(1, 2, 3, 'hi')
>>> def f2(**kwargs):
        for item in kwargs.items():
                print(item)


>>> f2(a=1,b=2,c=3)
('a', 1)
('b', 2)
('c', 3)
>>> def f3(a,b,c=1,*args,**kwargs):
            print(a,b,c)
            print(args)
            print(kwargs)
>>> f3(1,2,3,4,5,6,s1=1,s2=2,s3=3)
1 2 3
(4, 5, 6)
{'s3': 3, 's1': 1, 's2': 2}
```

传递参数时可以对参数解包。在对含有多个形参的函数传递实参时，可使用列表、元组、字典等可迭代对象作为实参，并在实参名称前加一个"*"号，Python 将自动进行解包，然后将序列中的元素传递给多个形参。解包一个字典对象时，默认将字典的键传给形参。若想使用字典的值，可以调用字典的 values( )方法来获取。在解包时，一定要保证实参中元素个数与形参个数相等。以下交互式操作演示了参数解包。

```
>>> f(*set((2,4,6)))
2 4 6
>>> f(*[2,4,6])
2 4 6
>>> f(*(2,4,6))
2 4 6
>>> f(*set((2,4,6)))
2 4 6
>>> d={'egg':1,'dog':2,'cat':3}
>>> f(*d)
egg cat dog
>>> f(*d.values( ))
1 3 2
```

4.4 变量作用域

每个变量都有自己的作用域，在作用域外使用该变量是非法的。变量的作用域就是变量的有效使用范围。在 Python 语言中，变量作用域通常分为两类，分别如下。

- L(Local)：局部作用域。
- G(Global)：全局作用域。
- E(Enclosing)：嵌套作用域。
- B(Built-in)：内置作用域。

变量按其作用域的不同，可分为局部变量和全局变量。在函数体或局部范围内声明的变量称为局部变量(local variable)，其作用范围仅限于函数内部，并在函数执行结束后通常会被自动销毁。而在函数外部定义的变量称为全局变量(global variable)，全局变量可以在函数内部访问，并且在函数调用结束后仍然存在。

4.4.1 局部变量

函数体内的变量为函数的局部变量，只能在函数内部使用，在函数体外不可访问和使用。函数体内定义的变量，其作用域仅限于函数内部，无法在函数外部使用这些局部变量。以下交互式操作演示在函数外不能访问局部变量。

```
>>> def f1( ):
    x=10            # x 变量是局部变量，只能在函数内访问
>>> f1( )
>>> print(x)        # 意图打印函数内的变量 x，将出现变量 x 没有定义的提示
Traceback (most recent call last):
  File "<pyshell#4>", line 1, in <module>
    print(x)
NameError: name 'x' is not defined
```

【例 4-12】局部变量示例。

程序代码如下：

```
def foo( ):
    y = "local"
    print(y)


y = "global"
foo( )
print(y)


# local
# global
```

局部变量仅在其定义的局部作用域内有效。在例 4-12 中可以看到代码中有两个同名的变量 y，函数内的局部变量 y 并不会影响全局变量 y。

4.4.2　非局部变量

在 Python 3.x 中，关键字 nonlocal 主要用于指示一个变量既不是局部变量，也不是全局变量，而是外层函数中的变量。它通常用在嵌套函数中，用来修改外层函数的局部变量。

【例 4-13】非局部变量示例。

程序代码如下：

```
def outer( ):
    x = "local"
    def inner( ):
        nonlocal x
        print("inner:", x)
        x = "nonlocal"

    inner( )
    print("outer:", x)

x = 'global'
outer( )
print('glabal:', x)
```

运行结果如下：

```
# inner: local
# outer: nonlocal
# glabal: global
```

nolocal 关键字会向上一个作用域查找最近的一个变量定义。例 4-13 代码中，x 向上最近的定义是 x="local"，并没有取局部变量 x (严格来说 inner( ) 函数中的 x 已不是局部变量，而是修改赋值的 outer( ) 函数中的变量 x)和全局的变量 x。

4.4.3 全局变量

在函数之外或在全局范围内声明的变量称为全局变量。全局变量允许在函数内部和外部访问，但是不允许在函数内部修改。执行以下交互式操作。

```
>>>x=3          # 定义全局变量 x
>>>def f( ):
        x=5
>>>f( )
>>>print(x)
3
# f( )中的 x=5 不会影响全局变量
```

【例 4-14】 全局变量示例。

程序代码如下：

```
# 4-14.py
x = 100
def foo( ):
    print("x inside:", x)
foo( )
print("x outside:", x)
def foo2( ):
    x = x * 2
    print(x)
foo2( )
```

运行结果如下：

```
x inside: 100
x outside: 100
Traceback (most recent call last):
   File "C:/Users/ylh/Desktop/4-4.py", line 13, in <module>
     foo2( )
   File "C:/Users/ylh/Desktop/4-4.py", line 10, in foo2
     x = x * 2
UnboundLocalError: local variable 'x' referenced before assignment
```

在 Python 中，如果在函数内部需要为定义在函数外的变量赋值，并要将该赋值结果反映到函数外部，可以在函数内用 global 关键字声明该变量是全局变量。如果在函数内部任意位置为变量赋值，该变量即被认为是局部变量，除非在函数内使用 global 关键字进行了声明。在函数内部如果只引用某个变量的值而没有为其赋值，则该变量为全局变量，无须使用 global 关键字进行声明。

如果想在函数内部使用并修改全局变量的值，可以使用关键字 global 来声明该变量为全局变量(建议不要在函数内部修改全局变量的值)。执行并分析以下交互式操作。

```
>>>def f( ):
    global x
    print(x**2)
    x=5
```

```
        print(x**2)
>>>f( )
9
25
>>>x
5
```

在局部变量和全局变量同名时，局部变量将屏蔽全局变量。分析并执行以下交互式操作。

```
>>>x=3
>>>def f( ):
    x=5
    print(x**2)
>>>f( )
```

vars( )函数是个内置函数，返回一个看不见的字典，这个字典称为命名空间或作用域。通过这个字典可以查看或设置当前环境变量值。执行以下交互式操作。

```
>>> a=10
>>> b=20
>>> c=23.4
>>> d="good"
>>> s=vars( )
>>> print(s)
{'c': 23.4, 'a': 10, '__doc__': None, 'b': 20, 'd': 'good', '__loader__': <class '_frozen_importlib.BuiltinImporter'>,
'__package__': None, '__name__': '__main__', 's': {...}, '__spec__': None, '__builtins__': <module 'builtins' (built-in)>}
>>> s["a"]
10
>>> s["__name__"]
'__main__'
```

Python 语言支持嵌套函数，也就是将一个函数的定义完全置于另一个函数的函数体中。使用嵌套函数主要有以下两个目的：一是对外部隐藏内层函数，二是实现工厂函数，即创建其他函数对象的函数。

内层函数引用了外层函数中定义的对象，同时外层函数以内层函数对象作为返回值，这种实现方式称为闭包。实现一个闭包，必须同时满足三点：(1)定义一个嵌套函数。(2)内层函数至少引用一个定义在外层函数中的对象，即在外层函数的本地作用域中定义的对象。(3)外层函数返回一个内层函数对象，而不是返回一个内层函数的调用结果。

在内层函数中不能通过赋值语句直接修改外层函数的本地作用域变量，除非使用 nonlocal 关键字进行声明(需要注意的是，nonlocal 关键字在 Python 2.x 中不被支持)。以下代码演示了嵌套函数的使用。

```
>>> def f1( ):
    a=1
    def f11( ):
        a+=1
    # 不能在内层函数中通过赋值改变外层函数的本地作用域中的变量
        print(a)
    f11( )
```

```
>>> f1( )
Traceback (most recent call last):
  File "<pyshell#25>", line 1, in <module>
    f1( )
  File "<pyshell#23>", line 6, in f1
    f11( )
  File "<pyshell#23>", line 4, in f11
    a+=1
UnboundLocalError: local variable 'a' referenced before assignment
>>> def f1( ):
    a=1
    def f11( ):
            nonlocal a
            a+=1
            print(a)
    f11( )

>>> f1( )
2
```

4.4.4 变量作用域

在 Python 中，最高一层的程序组织单元是模块(module)。每个 Python 源程序文件都对应一个模块。创建函数之前，所有的变量位于模块的顶层，这时存在两个主要的作用域：全局作用域(Global Scope)和内置作用域(Built-in Scope)。全局作用域的范围仅限于当前模块内部，属于全局作用域的变量就是全局变量。内置作用域中包含了 Python 预定义的变量，主要是内置异常类和内置函数。

可以通过导入 builtins 模块查看内置作用域。

```
>>> import builtins
>>> dir(builtins)
```

在函数内部创建的变量(局部变量)只能在该函数内部使用，它们属于函数的本地作用域(Local Scope)。对于嵌套函数，通常将外层函数的本地作用域称为外围作用域(Enclosing Scope)。Python 解释器在执行程序的过程中遇到一个变量，会按照如下顺序依次在这些作用域中查找变量的定义：首先，在当前函数的本地作用域中查找；其次，在嵌套了该函数的函数(外层函数)的本地作用域(即外围作用域)中查找；再次，在全局作用域中查找；最后，在内置作用域中查找。如果在这些作用域中都找不到变量的定义，Python 解释器会报错。

前面所述的变量作用域查找规则也被称为 LEGB 规则。该规则可简单总结为：首先在本地作用域(Local Scope)中查看是否是函数体内定义的变量。接着查找外层函数的作用域(Enclosing Scope)，如果有外层函数，定义的变量是否包含该变量。然后查看全局作用域(Global Scope)，包括模块顶层定义的变量以及函数内部使用关键字 global 声明的变量。最后，在内置作用域(Built-in Scope)中查找，这涉及预先定义的变量以及通过导入 builtins 模块可以查看的变量。

4.5 递归函数

4.5.1 递归调用

递归是指在函数的定义中使用函数自身的方法。它通常具备以下特征：(1)递归问题必须可以分解为若干个规模较小且与原问题形式相同的子问题，并且这些子问题可以用相同的解题思路来解决。(2)问题的演化过程是一个从大到小，由近及远的过程，并且会有一个明确的终点(临界点)，一旦到达了这个临界点，问题即可解决，不再需要进一步分解。(3)从这个临界点开始，原路返回到初始问题，完成整个递归过程。

在调用一个函数的过程中直接或间接调用该函数本身，称为函数的递归调用。

如果函数 funA 在执行过程中又调用函数 funA 自己，则称函数 funA 为直接递归。如果函数 funA 在执行过程中先调用函数 funB，函数 funB 在执行过程中又调用函数 funA，则称函数 funA 为间接递归。程序设计中常用的是直接递归。

在数学中递归定义的数学函数是非常常见的。例如，当 n 为自然数时：

① $n! = \begin{cases} 1 & n=1 \\ n*(n-1) & n>1 \end{cases}$

② $x^n = \begin{cases} 1 & n=1 \\ x*x^{n-1} & n>1 \end{cases}$

从数学角度来说，如果要计算出 $f(n)$ 的值。就必须先算出 $f(n-1)$，而要求 $f(n-1)$ 就必须先求出 $f(n-2)$。这样递归下去直到计算 $f(0)$ 时为止。由于已知 $f(0)$，因此可以反向推导出 $f(n)$ 的值。

2. 递归程序的执行过程

下面从一个简单的递归程序开始分析递归程序的执行过程。

【例 4-15】用递归函数求整数 n 的阶乘。

程序代码如下：

```
def fac(n):
    if n==1:
        return 1
    else :
        return n*fac(n-1)
n=fac(4)
print(n)
```

运行结果如下：

```
24
```

(1) 例 4-15 代码使用 fac( )函数求 n 的阶乘。在 fac( )函数中使用了 n*fac(n-1)语句形式，该语句中调用了 fac( )函数，这是一种典型的直接递归调用。

(2) 在函数的递归调用过程中，并不是重新复制该函数，只是重新使用新的变量和参数。每次递归调用都要保存旧的参数和变量，使用新的参数和变量。每次递归调用返回时，再恢复旧的参数和变量，并从函数中上次递归调用的地方继续执行。

下面以求 4!为例，分析递归函数的执行过程。

(1) 执行语句 n=fac(4)，以 fac(4)进入函数 fac( )中。

(2) 第1次进入fac( )函数时n=4，由于不满足条件n==1，所以执行else子句下面的return n*fac(n-1)，此时为 return 4*fac(3)。这里需要以 fac(3)第二次调用 fac( )函数，从而开始了第二次调用该函数的过程。

(3) 第 2 次进入 fac( )函数时，仍不满足条件 n==1，所以执行 return 3*fac(2)。

(4) 第 3 次进入 fac( )函数。此时 n=2，执行 return 2*fac(1)。

(5) 第 4 次调用 fac( )函数。此时 n=1，满足 n==1，执行 return 1，返回值 "1" 退出第 4 次调用过程，返回到第三次调用过程中。

(6) 在第 3 次调用过程中以第 4 次调用返回的值带入 return 2*fac(1)中，计算出 2*1=2，执行 return 语句，以返回值 "2" 退出第 3 次调用过程，返回到第 2 次调用过程中。

(7) 这样程序逐步返回，不断用返回值乘以 n 的当前值，并将结果作为本次调用的返回值返回到上次调用。最后返回到第一次调用，计算出 fac(4)的返回值为 24。

从上述递归函数的执行过程中可以看到：作为函数形参的变量 n，在每次调用时，它的值都不相同，随着调用的深入，n 的值也随之变化。随着调用的返回，n 的值又层层恢复。

在编写递归函数时，必须使用 if 语句建立递归的结束条件，使程序能够在满足一定条件时结束递归，逐层返回。如果没有这样的 if 语句，在调用该函数进入递归过程后，就会无休止地执行下去而不会返回，这是编写递归程序时经常发生的错误。在例 4-15 中 if n==1：就是递归的结束条件。

4.5.2 递归举例

【例 4-16】用递归法解决汉诺塔问题。

汉诺塔问题是法国数学家编写的一个印度古老传说，简单来说就是：寺院里有三根柱子，第 1 根摆着 64 个盘子，从上到下盘子越来越大。方丈要求小和尚把 64 个盘子全部移动到第三根柱子上，在移动的时候，始终只能是小盘子压着大盘子，且每次只能移动 1 个。假如移动 1 个盘子要一秒钟，按照数学规律要用 5849 亿年之久，比地球的寿命都长。

假设现在有三根柱子(A，B，C)，A 柱上有 n 个盘子，要求按照汉诺塔原则将 A 柱上的盘子借助 B 柱，全部移动到 C 柱上。设计程序模拟移动过程。

对于上述问题，过程分析如下。

第一步：先将 n-1 个盘子从 A 柱移动到 B 柱(中间借助 C 柱)。

第二步：将 A 柱剩余的 1 个大盘子移动到 C 柱。

第三步：通过前面两步，要移动的盘子减少了 1 个，新问题就是将 B 柱上的 n-1 个盘子通过 A 柱全部移动到 C 柱，B 柱和 A 柱互换，重复第一步和第二步。

这是一个典型的递归问题。递归就是将复杂的问题层层转换成同类简单问题，根据上述分析，利用递归的思想设计出相应程序。

程序代码如下：

```
i = 1
def move(pfrom, pto):            # 模拟移动盘子的函数
    global i
```

```
        print("第%d 步：%s ---> %s" % (i, pfrom, pto))
        i += 1
def hanoi(n, a, b, c):              # 将 a 塔上的 n 个盘子借助 b 塔移动 c 塔
    if n == 1:                      # 如果只有一个盘子，直接将盘子从 a 移动到 c
        move(a, c)
    else:
        hanoi(n - 1, a, c, b)       # 先将 a 塔上的 n-1 个盘子借助 c 塔移动 b 塔
        move(a, c)                  # 将 a 塔上剩下的一个盘子移动到 c
        hanoi(n - 1, b, a, c)       # 再将 b 塔上的 n-1 个盘子借助 a 塔移动 c 塔

n = int(input("请输入盘数： "))
print("具体走法步骤如下： ")
hanoi(n, "A", "B", "C")
print("一共需走%d 步" % (i - 1))
```

运行结果如下：

```
请输入盘数： 4
具体走法步骤如下：
第 1 步：A ---> B
第 2 步：A ---> C
第 3 步：B ---> C
第 4 步：A ---> B
第 5 步：C ---> A
第 6 步：C ---> B
第 7 步：A ---> B
第 8 步：A ---> C
第 9 步：B ---> C
第 10 步：B ---> A
第 11 步：C ---> A
第 12 步：B ---> C
第 13 步：A ---> B
第 14 步：A ---> C
第 15 步：B ---> C
一共需走 15 步
```

【例 4-17】 用递归法解决求斐波拉契数列。

观察以下斐波拉契数列的规律：

0，1，1，2，3，5，8，13，21，34，55……

该数列中，前两个数为 0 和 1，第三个数及之后的每个数的值等于前两个数的和。实际上，这个序列可以用递归的方式进行定义。

$$f(x) = \begin{cases} 0 & (x = 0) \\ 1 & (x = 1) \\ f(x-1) + f(x-2) & (x > 3) \end{cases}$$

程序代码如下：

```
def fb(n):
    if n < 2:
        return 0 if    n == 0 else 1
    else:
        return fb(n-1) + fb(n-2)
    #  当 n>2 时,开始递归调用 fb( )函数
print(fb(5))
```

递归算法是一种直接或者间接调用自身函数或者方法的算法。在使用递归算法前必须明确知道这个函数它能干什么，要完成什么样的一件事，然后寻找出递归结束的条件。

4.6 模块和包

4.6.1 模块的基本概念

将 Python 代码写入一个文本文件,为其起一个以.py 为后缀的文件名,就创建了一个 Python 源文件。一个 Python 源文件也是一个模块。模块最重要的功能是实现了代码重用。模块中的程序代码以文件的形式被存储起来,可以随时运行,模块中的程序代码可以被导入到外部的其他程序之中,导入之后,模块中定义的数据、函数、类等任何对象都可以被其他程序使用。

模块是 Python 中层次最高的代码单元,起到了分割 Python 命名空间的作用。模块中定义的变量名只为模块自己所有,各个模块中的变量彼此独立,一个模块只有先进行导入操作,才能使用被导入模块中的变量。使用这种隐式的方式让变量名从属于模块,有助于消除命名冲突。当模块被导入时,Python 会把变量__name__赋值为源程序文件的文件名,即模块名就是文件名。当源程序文件被直接运行时,变量__name__被赋值为__main__,即 Python 顶层程序对应的模块为__main__。

图 4-1 所示为一个 Python 程序的组织形式。该程序定义一个顶层文件 P1.py,导入了模块文件 P11.py、模块文件 P12.py 和模块文件 P13.py。文件 P11.py 和 P12.py 都导入 Python 的标准库模块。

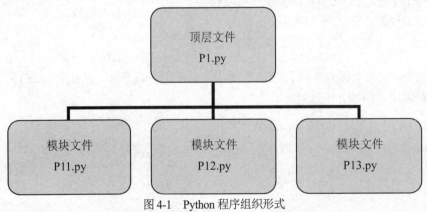

图 4-1 Python 程序组织形式

模块文件 P11.py 和 P12.py 由可执行的 Python 语句构成,这与任何一个 Python 源程序文件

无异，但作为模块，它们一般不被直接运行，而是定义了供其他程序导入后调用的对象。假设在文件 P11.py 中定义了一个函数 test( )，顶层文件 P1.py 使用先导入模块文件 P11.py，再调用定义的函数 test( )。顶层文件 P1.py 使用 import 语句导入模块 P11.py，实际上是在内存中创建了一个被导入的模块对象，并将模块名 P11 赋给该对象。如此顶层文件 P1.py 就可以通过变量名 P11 指代的模块对象访问原模块文件 P11.py 中定义的函数 test( )。

【例 4-18】用程序组织示例。打开 IDLE 后创建两个源程序文件 P1.py 和 P11.py，输入以下代码，并将它们放置在同一个目录下。运行 P1.py，将运行正确结果(因为 P1.py 可以使用 P11.py 中定义的函数、变量和类)。如果没有建立 P11.py，将会提示找不到模块 P11(注意，模块名区分大小写)。

程序代码如下：

```
# P1.py 文件代码
from P11 import *
test("你好，我是模块 P11 的函数")
# P11.py 文件代码
def test(ttt):
    print(ttt)
def test2(t):
    print("this is %s".format(t))
```

4.6.2　模块和程序

Python 模块是一个包含 Python 定义和语句的文件，文件名以.py 为扩展名。模块可以定义函数、类、变量等，并包含可执行的代码。使用模块的主要目的是组织代码和提供功能。通过将相关的函数、类和变量封装在模块中，可以提高代码的可读性和可维护性。模块也可以避免函数名和变量名发生冲突。模块可以通过 import 语句在 Python 程序中使用。一旦导入，就可以访问模块中定义的函数、类和变量。Python 模块可以分为标准库模块、第三方模块和自定义模块。标准库模块是 Python 自带的模块，提供了许多常用的功能。第三方模块是由其他开发者编写的，可以在网络上找到并安装。自定义模块则是用户自己编写的模块。

Python 中的模块和程序是两个不同的概念，但它们在编程过程中都扮演着重要的角色。Python 程序是一系列 Python 语句的集合，用于执行特定的任务或实现特定的功能。程序可以包含多个模块，也可以单独存在。Python 程序的主要目的是执行特定的任务或实现特定的功能。它可能包含多个模块，每个模块都提供特定的功能。Python 程序可以通过 Python 解释器执行。当程序被执行时，Python 解释器会逐行读取并执行程序中的语句。Python 程序通常具有清晰的结构，包括主程序入口(通常是 if __name__ == "__main__":部分)、函数定义、类定义等。主程序入口作为程序的启动点，当程序作为主程序运行时，Python 解释器会从这个入口开始执行代码。

模块是组织代码和提供功能的代码文件，可以通过 import 语句在 Python 程序中使用。程序是执行特定任务或实现特定功能的 Python 语句集合，可以包含多个模块。在 Python 中，模块和程序是相互关联的。程序可以导入并使用模块中的函数、类和变量，而模块则是程序中代码的组织和封装形式。通过合理使用模块和程序，可以提高代码的可读性、可维护性和可重用性。

Python 程序可分解成模块(文件)、语句、表达式和对象(数据)。程序由模块组成，模块包含语句，语句包含表达式，而表达式用于建立并处理对象。

Python 程序是由模块组成，模块对应于文件扩展名为.py 的源文件。一个 Python 程序通常是由若干个模块构成，而模块由 Python 语句组成。Python 语句是一段可执行代码(注释语句不可执行)。运行 Python 程序时，解释器按照模块中语句的顺序依次进行解释。语句是 Python 程序的构造单元，用于创建对象、变量赋值、调用函数、控制语句以及空语句等。语句包含表达式，表达式用于创建和处理对象。

模块是一个包含 Python 代码的源文件，其文件扩展名是.py。模块能够定义函数、类和变量等，模块中也可以包含可执行的代码段。模块名称作为一个全局变量__name__的取值可以被其他模块获取或导入。Python 包含大量的内置模块，采用内置函数 dir( )可以列出对象(包括模块)的所有属性及方法。执行以下交互式操作可以显示所有属性和方法(注意，下列结果只是当前计算机环境中的属性和方法)。

```
>>> dir( )
['__builtins__', '__doc__', '__loader__', '__name__', '__package__', '__spec__', 'a', 'b', 'c', 'd', 'e', 'x', 'y']
```

包(Package)体现模块的结构化管理思想，是一个分层次的文件目录结构，由若干个模块和子包等组成。包目录下第一个文件是__init__.py，如果目录中存在该文件，该目录就会被识别为包。当用 import 导入该目录时，会执行__init__.py 中的代码。如果用户觉得包比较抽象，可以将包想象成一个文件夹。常见的包结构如下。

```
包
├── __init__.py
├── 模块 1.py
└── 模块 2.py
├── 模块 3.py
└── 模块 4.py
```

不同包下包含相同名称的模块时，为了区分，通过"包名.模块名"路径来指定模块，这种路径被称为命名空间。

Python 库是一组具有特定功能的代码集合，为用户提供可重复使用的代码组合。它们通常由相关的模块和包组成，具备集成的功能。Python 库分为 Python 标准库和第三方库，这些库提供了大量的模块。模块定义好后，可以使用 import 语句或 from...import 语句来导入模块，并使用其定义的功能。

4.6.3 模块的导入

(1) 导入模块的语法格式如下：

```
import 模块名 [AS 标识符]
```

(2) 导入模块中所有项目(函数、类或变量)的语法格式如下：

```
from 模块名 import  *
```

(3) 导入模块中指定项目的语法格式如下：

```
from 模块名 import 项目名 [AS 标识符]
```

(4) 导入指定包模块中指定项目的语法格式如下：

```
from  包名.模块名  import  项目名  [AS  标识符]
```

在 Python 中，可以使用关键字 import 导入模块。使用关键字 import，后接要导入的模块名称，即可将该模块导入。要导入多个模块，可以将各个模块名以逗号分隔，置于 import 之后 (Python 编码规范 PEP-8 建议分行书写)，且一个 import 之后只出现一个模块名，示例如下：

```
>>> import math
>>> import random
>>> a = random.random( )
>>> print(math.pow(math.sin(a), 2) + math.pow(math.cos(a), 2))
1.0
```

另外，导入模块还可以使用关键字 as 为被导入的模块取一个新的名字。例如，用于科学计算的模块 numpy 常被这样导入：import numpy as np，这里的 np 是其约定俗成的简称。

程序在第一次导入模块时，依次执行以下步骤：(1)搜索要导入的模块文件。(2)将模块文件中的源代码编译成字节码(如能找到已编译好的字节码，则略去此步)。(3)执行字节码来创建模块对象。

需要注意的是，以上步骤只在模块第一次被导入时才会执行，当重复导入同一个模块时，Python 只会从内存中提取已经加载好的模块对象。Python 把加载好的模块信息存储在一个名为 sys.modules 的字典中。当导入模块时，Python 会首先检查该字典。如果字典中没有找到所需的模块，才会执行上面的步骤。

解释器如何搜索导入的模块呢？在导入模块时，Python 依次在以下位置搜索模块文件：程序当前目录、环境变量 PYTHONPATH 中的目录、标准链接库目录、任何置于 Python 安装目录下的以.pth 为扩展名的文本文件中的内容。以上 4 个位置的组合构成了 Python 寻找被导入模块文件时的搜索路径，可以通过 sys 模块的 sys.path 属性查看。注意 sys.path 的第一个元素是一个空字符串，这是因为在交互模式下或从当前目录运行脚本时，Python 解释器将当前工作目录作为搜索路径之一，此时 sys.path[0]被设置成空字符串。

```
>>> import sys
>>> sys.path
['', 'C:\\Users\\Administrator\\AppData\\Local\\Programs\\Python\\Python35-32\\Lib\\idlelib',
'C:\\Users\\Administrator\\AppData\\Local\\Programs\\Python\\Python35-32\\python35.zip',
'C:\\Users\\Administrator\\AppData\\Local\\Programs\\Python\\Python35-32\\DLLs',
'C:\\Users\\Administrator\\AppData\\Local\\Programs\\Python\\Python35-32\\lib',
'C:\\Users\\Administrator\\AppData\\Local\\Programs\\Python\\Python35-32',
'C:\\Users\\Administrator\\AppData\\Local\\Programs\\Python\\Python35-32\\lib\\site-packages']
```

扩展名为.pth 的文件允许用户把有效的目录添加到搜索路径中去。创建一个以.pth 为扩展名的文本文件，在内添加所需的路径信息，然后将该文件放置到合适的位置，即可将路径加入到搜索路径中。至于.pth 文件的存放位置，不同平台不尽相同，可以通过执行以下交互式操作来查看。

```
>>> import site
>>> site.getsitepackages( )
['C:\\Users\\Administrator\\AppData\\Local\\Programs\\Python\\Python35-32',
'C:\\Users\\Administrator\\AppData\\Local\\Programs\\Python\\Python35-32\\lib\\site-packages']
```

例如，在 C:\\Users\\Administrator\\AppData\\Local\\Programs\\Python\\Python35-32 目录下创建文件名为 ttt.pth 的文件，向该文件写入一行已存在的路径(如 D:\MYMODULES)，然后新启动一个 Python 交互环境，导入 sys 模块后可以查看 sys.path 属性：

```
>>> import sys
>>> sys.path
['', 'C:\\Users\\Administrator\\AppData\\Local\\Programs\\Python\\Python35-32\\Lib\\idlelib',
'C:\\Users\\Administrator\\AppData\\Local\\Programs\\Python\\Python35-32\\python35.zip',
'C:\\Users\\Administrator\\AppData\\Local\\Programs\\Python\\Python35-32\\DLLs',
'C:\\Users\\Administrator\\AppData\\Local\\Programs\\Python\\Python35-32\\lib',
'C:\\Users\\Administrator\\AppData\\Local\\Programs\\Python\\Python35-32', 'D:\\MYMODULES',
'C:\\Users\\Administrator\\AppData\\Local\\Programs\\Python\\Python35-32\\lib\\site-packages']
```

从以上面交互式操作的结果可以看出，刚才添加的路径 D:\MYMODULES 已经添加进去了。

找到模块文件之后，Python 会将其编译成字节码，以供解释器执行，其实该步骤并不会每次都发生，Python 会在第一次导入模块文件时将其编译成字节码，并将其以.pyc 为文件扩展名存储在当前目录下的名为__pycache__的子目录之中。之后再次导入模块时，如果该.pyc 文件还存在，Python 会检查文件的时间戳，如果.pyc 文件比.py 文件新，就会跳过编译步骤。如果.pyc 文件不存在，或者比.py 文件旧，就会再次执行编译过程。实际上，如果在搜索路径中只有模块的字节码文件，该模块一样可以被导入。这意味着用户可以将 Python 程序以字节码的形式向外发布，而不提供源代码。

通常不会见到程序的顶层文件所对应的.pyc 文件，这是因为顶层文件的字节码在 Python 内部使用过后就被自动丢弃。除非该顶层文件也作为模块被其他文件导入过。这样看来，只有被导入的文件才会在计算机中留下相应的.pyc 文件。使用.pyc 保存字节码是为了减少重复编译，提高执行效率。导入模块的最后一步是执行字节码，以生成模块对象。在这一步中，Python 会从头至尾的执行被导入模块文件中的语句，所生成的顶层对象会成为模块的属性。

使用 from…import 语句可以将模块中特定的部分导入到当前命名空间中，而不把整个模块导入。实际上，from…import 语句在执行时同样需要导入模块，只不过在此之后多了一步，即将变量名复制到当前作用域。这样就可以直接使用模块中的变量名而无须通过 module.attribute 的形式来调用模块的属性。从作用上看，以下 from…import 语句和其下的 4 条语句是等价的：

```
from module import name1, name2
import module
name1 = module.name1
name2 = module.name2
del module
```

使用 from…import 语句从模块中导入变量名可能会覆盖当前命名空间中的同名变量。假设模块文件 P11.py 中只有一行赋值语句 a=100，在交互环境中定义一个同名变量 a=10，再执行 from spam import a 语句，就会发现变量 a 的值为 100。from…import 语句让用户在使用模块中的变量时不必输入模块名，也可以用关键字 as 为被导入对象起一个新的名字。为了避免潜在的变量名覆盖，可以这样做：

```
from module import name1 as module_name1
```

　　from module import *使用通配符*进行全导入，这样做会在当前命名空间中生成被导入模块顶层的所有被赋值的变量，之后这些变量就都可以被直接使用。import 为整个模块对象赋一个变量名，而 from…import 语句将当前命名空间中的变量名赋给被导入模块中的同名对象。执行 from…import 语句在当前命名空间中所生成的变量名会和被导入模块中的同名变量共享对象的引用。如果被共享引用的对象是列表等可变对象，则在当前命名空间中的修改就会影响到被导入模块中的值。创建模块文件 P12.py 内容如下：

```
a=2
b=[2,3]
```

在交互式操作环境中使用 from…import 语句导入 p12 模块：

```
>>> from p12 import a,b
>>> a
2
>>> b
[2, 3]
>>> a=3              # 修改当前环境的 a 的值
>>> b[0]=1           # 修改 b 对象的 0 个元素
>>> a
3
>>> b
[1, 3]
>>> p12.a
2
>>> p12.b
[1, 3]
```

　　变量 a 引用的整数对象是不可变对象，而变量 b 引用的列表是可变对象。使用下标索引的方式对列表对象的第一个元素进行修改，在同一个交互式操作环境中使用 import 语句导入 P12 模块，查看其属性 p12.a 和 p12.b 的值。

　　Python 提供两种在使用 from…import*语句进行全部导入时隐藏模块内名称的方法，例如 "_a" 的名称不会被 from…import *语句导入，如在模块文件 P12.py 中做如下定义：

```
_c=5
a=2
b=[2,3]
```

　　在交互操作环境中使用 from p12 import *进行全导入，可以看到以下画线开头的名称不可访问。

```
>>> from p12 import *
>>> _c
Traceback (most recent call last):
  File "<pyshell#17>", line 1, in <module>
    _c
NameError: name '_c' is not defined
```

在 Python 中没有严格意义上的私有属性。对于被保护变量的访问控制，如果用户坚持访问，Python 并不会强制阻止。上述这种隐藏变量名的方式仅对 from…import *语句有效，使用 import 语句一样可以访问以下画线开头的名称。在 from…import 语句中显示以下画线_开头的名称也一样可以将其导入。思考并执行以下交互式操作。

```
>>> import p12
>>> p12._c
5
>>> p12.a
2
>>> p12.b
[2, 3]
>>> from p12 import _c,a,b
>>> _c
5
>>> a
2
>>> b
[2, 3]
```

用户可以在模块文件中定义一个名为__all__的列表，在其中列出使用 from…import *语句时要导入的名称。例如，在模块文件 P12.py 中做如下定义：

```
__all__ = ['_c', 'a']
_c=5
a=2
b=[2,3]
```

在交互环境中使用 from p12 import *进行全导入，可以看到列表__all__所包含的变量皆可导入(列表__all__对导入的控制一样可以被绕过)。

Python 只有在第一次执行 import 语句时才会执行被导入模块文件中的代码并创建模块对象。之后再执行 import 语句不会重新执行模块的代码。当修改被导入模块的代码，需要再次导入此模块时，默认的导入方式就会出现问题，创建一个名称为 test.py 的模块文件，其内容如下：

```
a=2
print("模块被执行了")
```

在交互环境中使用 import test 导入模块，可以看到打印输出结果为"模块被执行了"，这是执行模块文件中代码 print("模块被执行了")的结果。

```
>>> import test
模块被执行了
```

修改原模块文件 test.py，将其中的赋值语句改为 a = 20。在同一个交互环境中使用 import test 语句再次导入 test 模块，发现没有打印输出，test.a 仍是旧值 2。这表明第二次导入同一模块并不会执行模块文件中的代码，要在后续导入过程中强制执行模块中的代码，需要使用 reload( ) 函数，它位于标准库模块 importlib 中。在修改了 test.py 的内容后，使用如下方式再次导入 test 模块，就会重新执行模块文件中的代码。

```
>>> import test
>>> a
2
>>> from importlib import reload
>>> reload(test)
模块被执行了
<module 'test' from 'C:\\Users\\Administrator\\AppData\\Local\\Programs\\Python\\Python35-32\\test.py'>
>>> test.a
20
```

函数 reload( )的参数是一个模块对象，这意味着该模块在之前已经被导入。当一个模块被重新导入时，模块文件中对已有变量所赋的新值会覆盖旧值。如果在模块文件中删除了某个已有变量，它还会存在于重新导入后的模块对象中。

4.6.4　包

将一个包含 Python 代码文件的目录(文件夹)称为包(package)，相应的导入即为包导入。要使用包导入，只需在 import 语句中列出目录路径，不同层次间以点号间隔。例如，导入 test1/test2 目录下的 test.py 模块文件，可以写作：

```
import test1.test2.test.
```

对于 from…import 语句也一样。例如，要使用模块 test 中的变量 a、b、c，可以写作：

```
from test1.test2.test. import a,b,c
```

以上语句中的 test1.test2.test.表示计算机里面有一个名为 test1 的目录，其有一个子目录 test2，而 test2 中包含一个名为 test.py 的模块文件。

要使用包导入，需遵循一个规则：由点号分割的每个目录中都必须有一个名为__init__.py 的文件，否则包导入失败。上述包导入语句 import test1.test2.test 对应的目录结构如下所示：

```
test0/
    test1/
        __init__.py
        test2/
            __init__.py
            test.py
```

__init__.py 文件可以是空的，也可以包含 Python 程序代码。其中包含的代码会在首次导入包时被自动执行。要求模块包路径上的每一层目录都含有一个__init__.py 文件可以防止有相同名称的目录先于模块包出现在搜索路径中。

在 Python 的模块内编写代码，遵循高内聚低耦合的原则是软件工程中的最佳实践。尽量避免在一个模块中直接修改其他模块的变量。这样可以防止模块之间过度依赖，减少潜在的错误和维护难度。使用 from…import 语句有可能会破坏导入者的命名空间，因为它直接被导入模的名称带入当前命名空间，可能覆盖已有的同名变量或函数。使用模块的__name__属性是常见的做法。

4.7 本章小结

函数是完成特定任务的一段程序。在使用函数时，可以用简单的方法为其提供必要的数据(称为参数)，函数会执行相关任务，然后能保存执行后的结果并将程序返回到原处继续执行下一个任务。将程序中反复使用的代码封装为函数，可以提高代码的可读性和维护性，同时避免冗余。软件复用是指在开发新的软件系统时，对已有的软件或软件模块重新使用。代码复用技术是现代软件开发中不可缺少的一种技术，它可以大大提高软件开发效率和质量，减少开发成本，同时也可以提高软件的可维护性和扩展性。

函数定义格式为：def 函数名(参数列表)，函数即使没有参数，括号也不能省略。调用函数也就是执行函数。Python 中有一个名为 lambda 的保留字，其作用是定义匿名函数，即没有函数名的临时使用的自定义函数。匿名函数又称为 lambda 函数或 lambda 表达式，通常用来表示仅包含一行表达式的函数。

Python 语言值传递和引用传递是根据实际参数的类型不同进行区分的。值传递指的是实参类型为不可变类型(如数字、字符串、元组)；引用传递(也称为地址传递)指的是实参类型为可变类型(如列表、字典、集合、矩阵)。

Python 语言函数参数传递包括命名参数、位置参数、默认值参数、可变数量命名参数和关键字命名参数等。变量的作用域就是变量的有效使用范围，也就是变量可以在什么范围以内使用。变量按其作用域的不同，可划分为局部变量和全局变量，在调用一个函数的过程中直接或间接调用该函数本身，称为函数的递归调用。

4.8 思考和练习

一、判断题

1. 使用函数可以提高程序代码的复用性。   (   )
2. 函数在定义后会立刻执行。   (   )
3. 变量在程序的任意位置都可以被访问。   (   )
4. 调用函数也就是执行函数。   (   )
5. 通过 return 语句，可以返回多个值。   (   )
6. lambda 表达式又称匿名函数，常用来表示内部仅包含一行表达式的函数。 (   )
7. 通过调用 Python 的 help( )内置函数或者__doc__属性，可以查看某个函数的使用说明文档。   (   )

二、填空题

1. _____是一段程序，它完成特定的任务。
2. _____是指在开发新的软件系统时，对已有的软件或软件模块重新使用，该软件可以是已存在的软件，也可以是专门的可复用组件。

3. 定义函数需要用_____关键字。

4. 匿名函数是一类无须定义_____的函数。

5. 若函数内部调用了自身，则这个函数被称为_____。

6. 如果想定义一个没有任何功能的空函数，可以使用_____语句作为占位符。

7. 变量按其作用域的不同，可划分为局部变量和_____变量

8. 全局变量是指在函数_____定义的变量。

三、选择题

1. 下列关于函数的说法中，描述错误的是(　　)。

    A. 函数可以减少重复的代码，使得程序更加模块化

    B. 在不同的函数中可以使用相同名字的变量

    C. 调用函数时，实参的传递顺序必须与形参的顺序相同

    D. 匿名函数通常只包含一行代码，并且没有函数名

2. Python 语言使用(　　)关键字定义一个匿名函数。

    A. anonymous   B. lambda   C. class   D. def

3. Python 自定义一个函数使用(　　)关键字。

    A. anonymous   B. lambda   C. class   D. def

4. 阅读并运行以下代码，输出结果为(　　)。

```
a = 20
def add(b):
    global a
    a = 100
    return a + b
print(add(30))
```

    A. 50   B. 130   C. 120   D. 30

5. 阅读并运行以下代码，输出结果为(　　)。

```
a = 20
def add(b):
    global a
    a = 100
    return a + b
print(a,end=" ")
add(30)
print(a)
```

    A. 100 100   B. 30 100   C. 20 100   D. 20 20

6. 阅读并运行以下代码，输出结果为(　　)。

```
a = 20
def add(b):
    a = 100
    return a + b
print(a,end=" ")
```

```
add(30)
print(a)
```

    A. 100 100   B. 30 100   C. 20 100   D. 20 20

7. 阅读并运行以下代码，输出结果为(　　)。

```
def fun(n1,n2, *args):
    s=sum(args)
    print(s)
fun(1, 2,3,4,5)
```

    A. 15   B. 12   C. 3   D. 6

8. 阅读并运行以下代码，输出结果为(　　)。

```
x = 20
def func( ):
    print(x)
    x = 10
func( )
```

    A. 程序异常   B. 20   C. 10   D. 30

9. 阅读并运行以下代码，依次输入 8、6、*输出结果为(　　)。

```
a=int(input( ))
b=int(input( ))
c=input( )
if c=='+':
    print(a+b)
elif c=='-':
    print(a-b)
elif c=='*':
    print(a*b)
elif c=='/':
    print(a/b)
else:
    print("输入错误，请重试")
```

    A. 18   B. 11   C. 48   D. 4

10. 以下选项中哪个是 Python 中的匿名函数定义(　　)。

    A. def my_function( ): return True

    B. lambda x: x * x*x

    C. class MyLambda:

    D. x = x**2

11. 在 Python 中，以下哪个表达式正确地使用了一个匿名函数来计算两个数的和(　　)。

    A. sum= lambda x, y: x + y   B. sum= lambda: x + y

    C. sum(x, y) = lambda: x + y   D. sum= def(x, y): return x + y

12. 以下代码中 result 的值是(　　　)。

```
result = map(lambda x: x * 2, [1, 2, 3, 4])
print(list(result))
```

    A. [1, 2, 3, 4]   B. [2, 4, 6, 8]

    C. [0, 0, 0, 0]   D. 错误，因为 map( )函数不支持匿名函数

13. 以下选项中哪个语句不能定义匿名函数(　　　)。

    A. f = lambda x: x**2   B. g = lambda x, y: x + y

    C. h = lambda: print("Hello, World!")   D. i = def(x): return x*x

14. 以下代码中，filter( )函数将返回(　　　)。

```
even_numbers = filter(lambda x: x % 2 == 0, [1, 2, 3, 4, 5, 6])
print(list(even_numbers))
```

    A. [1, 3, 5]   B. [2, 4, 6]

    C. [0, 2, 4, 6]   D. 错误，因为 filter( )函数不支持匿名函数

四、简答题

1. 简述函数的定义和代码复用。

2. 简述 pass 语句的作用。

3. 简述局部变量和全局变量的区别。

4. 简述模块和包的含义。

5. 简述导入模块的几种方法。

五、编程题

1. 编写函数，计算 1~1000 中奇数之和。

2. 编写函数，计算 1×2×3×...×20(也就是 20！)的乘积。

3. 编写函数，判断用户输入的整数是否为回文数(回文数是一个正向和逆向都相同的整数，如 123454321、9889)。

4. 编写函数，判断用户输入的三个数字是否能构成三角形的三条边。

5. 编写函数，求两个正整数的最小公倍数。

6. 编写函数，计算传入的字符串中数字、字母、空格和其他字符的个数。

7. 古代有一个梵塔，塔内有 A、B、C 三个基座，A 座上有 60 个盘子，盘子大小不等，大的在下，小的在上。有人想把这 60 个盘子从 A 座移到 C 座，但每次只允许移动一个盘子，并且在移动的过程中，3 个基座上的盘子始终保持大盘在下，小盘在上。在移动过程中盘子可以放在任何一个基座上，不允许放在别处。编写函数，根据用户输入盘子的个数，显示移动的过程。

8. 编写程序，输出 1~100 以内的所有素数。

9. 编写函数，判断一个整数是否为回文素数，并编写主程序调用该函数。

10. 编写函数，接收一个字符串，分别统计大写字母、小写字母、数字、其他字符的个数，并以元组的形式返回结果。

11. 局部变量会隐藏同名的全局变量吗？试编写程序代码进行验证。

12. 编写函数，模拟内部函数 max( )的功能。

13. 编写函数，模拟内部函数 sorted( )的功能。

14. 已知函数定义 def fun(x,y,op): return eval(str(x)+op+str(y))，那么表达式 fun(2,3,'+')的值为多少？

15. 编写函数，可以接收任意多个整数并输出其中的最大值和所有整数之和。

16. 有一个数列，形式为 1 1 1 3 5 9 17 31。编写程序计算该数列第 2024 项的值。

⋘ 第5章 ⋙

组合数据类型

除了整数、浮点数、复数、字符串等最基本的数据类型外，Python 中还有一些内置的组合数据类型，包括列表、元组、集合、字典。这类组合数据类型可以将相同或不同对象放置在一起。同时，列表、字典等不仅可以在原位置进行修改，还可以按照需求增加或去除元素。可以执行的操作包括索引、切片、加、乘、检查成员等，并且可以嵌套使用。此外，组合数据类型都有对应的推导式，可以灵活地进行数据创建和处理。因此，组合数据类型比基本数据类型更加方便灵活，在编程中得到广泛应用。

本章学习目标
- 理解组合数据类型的基本概念。
- 掌握列表的创建、索引和切片。
- 掌握列表的操作符、操作函数和操作方法。
- 掌握集合的创建以及相关的集合操作符、函数和方法。
- 掌握字典的创建、索引操作，以及与之相关的操作符、函数和方法。
- 掌握元组的创建及其相关操作符、函数和方法的应用。

5.1 基本概念

Python 基本数据类型只能表示单一的数据，但是在实际生活中往往需要表示和处理大量复杂的数据。例如，对某班级同学的基本信息进行统计，需要对这些数据进行有效的组织并统一表示。Python 的组合数据类型能够完美的满足此类需求。组合数据类型能够将多个同类型或不同类型的数据组织起来，通过统一的表示使数据操作更有序、更容易。

在 Python 中，组合数据类型是通过某种方式(一般是对数据内部的元素进行编号)，组织在一起的一系列数据结构的统称。

组合数据类型可以将多个数据组织起来。根据数据组织方式的不同，Python 的组合数据类型可分成序列类型、集合类型和映射类型三类：
- 序列类型又可以分为列表和元组(字符串也属于序列类型)。
- 在集合类型中主要是集合，集合是一种无序的"序列"。
- 在映射类型中主要有字典类型，字典也是一种无序的"序列"。在 Python 中所有有序和无序的序列参与到循环中时被称为"迭代器"。

序列类型来源于数学中的数列概念，是一个一维元素向量，元素之间存在先后关系，可以通过索引(也称为下标)来访问。Python中的序列类型包括字符串类型(str)、列表类型(list)和元组类型(tuple)。序列中元素可以重复(即序列类型变量中可以包含相同的数据元素)。序列类型支持成员测试操作(即支持 in 操作符)、分片操作(也称为切片)和求长度函数。序列类型中的元素也可以是其他组合类型。序列是有序排列的多个数据的容器。字符串和元组都是不可修改的序列，而列表是可修改的序列。

集合类型是元素的集合，在 Python 中集合数据类型只有集合(set)。元素之间是无序的(即元素之间不具有先后关系)。集合类型元素具有排他性(即集合类型中不能包含相同的数据元素)。由于集合类型中元素是无序的，因此集合不支持索引(下标)访问和切片操作。集合支持成员测试操作和长度函数。集合类型中的元素也可以是其他组合类型。

映射类型是特殊的集合类型，其中的元素是"键-值"(key-value)对数据组合。在 Python 中，最常见的映射类型是字典类型。元素之间也是无序的，即不能使用下标访问，但由于字典类型的元素是(key-value)，故可以使用 key 作为索引来访问。字典支持成员测试操作和长度函数。

组合数据类型按照其中元素之间是否存在先后的位置关系分为：有序数据类型和无序数据类型。有序类型包括字符串、列表和元组，无序类型包括集合和字典。有序类型可以支持索引(下标)访问和切片访问，无序类型不支持下标访问和切片访问。

按照其中元素是否可以修改分为：可变类型和不可变类型。可变类型包括序列、集合和字典，不可变类型包括字符串和元组，基本数据类型中数值类型也是不可变类型。可变类型支持切片、append( )方法、下标引用赋值等元素赋值操作，不可变类型不支持元素赋值。

序列对象都具有以下操作：索引、切片、加法、乘法、成员资格、序列长度、序列的最小值和最大值等。序列类型支持的通用操作及其说明如表 5-1 所示。

表 5-1　序列类型支持的通用操作

通用操作	说明
x in s	如果 x 是 s 的元素，返回 True，否则返回 False
x not in s	如果 x 不是 s 的元素，返回 True，否则返回 False
s+t	连接 s 和 t
x*n	将序列 s 复制 n 次
s[i]	索引，返回序列的第 i 个元素
s[i:j]	切片，返回包含序列 s 的第 i 到 j 个元素的子序列(不包含第 j 个元素)
s[i:j:k]	步长切片，返回包含序列 s 的第 i 到 j 个元素的以 k 为步长的子序列
len(s)	序列 s 的元素个数
min(s)	序列 s 的最小元素
max(x)	序列 s 的最大元素
s.index(x,i,j)	序列 s 中从 i 开始到 j 位置中第一次出现元素 x 的位置
s.count(x)	序列 s 中出现 x 的总次数

通过学习本章内容，用户将深刻理解 Python 语言中"一切皆对象"的含义。组合数据类型也是一种 Python 对象，因此 Python 的组合数据类型可以嵌套使用。列表中可以嵌套元组和字

典，元组中也可以嵌套和字典，当然字典中也可以嵌套元组和列表。例如：['hello','world',[1,2,3]]，就是一个将字符串和列表作为元素的列表。这种灵活性使得 Python 的组合数据类型具有其他编程语言的数据结构无可比拟的灵活性，在程序实例中被广泛使用。

在面向对象程序设计中，类、对象、属性和方法这些概念是用户需要掌握的。只要是对象就具有属性与方法，Python 对象也具有其可被调用的特定"方法"。"方法"可以认为是与对象绑定下只能在特定对象中被利用的函数。本章将介绍列表、元组、集合、字典等对象所具有的丰富且功能强大的方法。

本章所涉及的组合数据类型及其分类如表 5-2 所示(注意字符串既属于 Python 基本数据类型，同时也属于序列类型)。

表5-2 Python 组合数据类型

分类	数据类型名称
序列类型	字符串(str)，是不可变序列
	列表(list)，是可变序列，是任何对象的容器
	元组(tuple)，是不可变序列
集合类型	集合(set)
映射类型	字典(dict)

5.2 列表

在 Python 中，列表(list)是包含 0 个或多个对象的有序序列，属于序列类型。列表中的值称为元素(element)，也称为项(item)。列表的长度和内容是可变的，元素类型可以不同。例如list2=[101,"男",{'四川':'成都'},[1,2,3],(4,5,6)]中的元素可以是数字、字符串、字典、元组、列表、空列表等对象。

列表是内置的可变序列。在形式上，列表的所有元素都放在一对中括号"[ ]"中，相邻的元素之间使用逗号","分隔。列表对象可自动扩展或收缩。列表属于序列类型，可以在 Python解释器中使用 dir(list)查看列表的内置方法。同时，列表是一种可变序列，其主要表现为：列表中的元素可以根据需要扩展和移除，而列表的内存映射地址不改变。列表中各元素类型可以不同，并且列表无长度限制。

列表用一对中括号"[ ]"表示，所有元素包含在一对中括号中，每个元素使用逗号","分隔。列表可以没有元素，即中括号表示长度为0(也就是元素个数为0)的空列表。列表可以是包含 0 个或多个元素的序列，无长度限制，且元素的数据类型可以不同。此外，列表的元素还可以是其他组合类型。

要查看列表的方法，可以执行以下交互式操作。

```
>>> dir(list)
['__add__','__class__','__contains__','__delattr__','__delitem__','__dir__','__doc__','__eq__','__format__',
'__ge__','__getattribute__','__getitem__','__gt__','__hash__','__iadd__','__imul__','__init__','__iter__','__le__',
'__len__','__lt__','__mul__','__ne__','__new__','__reduce__','__reduce_ex__','__repr__','__reversed__','__rmul__',
'__setattr__','__setitem__','__sizeof__','__str__','__subclasshook__','append','clear','copy','count','extend','index',
```

'insert', 'pop', 'remove', 'reverse', 'sort']

从上面结果可以看到，有一种方法是以双下画线开头和结尾，一般不直接使用。另一种是普通的方法，使用 help(list.xxxx)来查看具体的方法。例如，执行以下交互式操作查看 append 方法。

```
>>> help(list.append)
Help on method_descriptor:
append(...)
        L.append(object) -> None -- append object to end
```

5.2.1 列表的创建

列表用一对中括号"[ ]"表示，所有元素包含在一对中括号中，每个元素使用逗号分隔。列表元素可以是任何类型的对象，包括其他列表。列表本身可以为空，即"[ ]"表示一个长度为 0 的空列表，即列表中没有任何元素。

以下是一些列表的例子：

```
[]                                  # 长度为 0(元素个数为 0)的空列表
[20, 30,40]                         # 元素都是数值类型
["liping", 456]                     # 元素是字符串和数值类型
[101, (20, "male"), "sichuan",[60,70,80]]  # 元素中包括数值类型、字符串和元组和列表类型
```

列表属于可变的序列类型，长度和内容都可以在运行时改变。它支持序列类型的通用操作和通用内置函数，也支持对元素的增加、删除和修改等操作。列表是有序序列，支持成员测试、长度函数、下标和切片等操作。列表的下标序号可以同时使用正向递增序号和逆向递减序号。列表也可以支持标准的比较运算，列表的比较运算实际上是列表变量对应位置元素的逐个大小比较。

列表的创建和初始化可以通过两种方式完成，格式如下：

```
列表变量=[数据 1，数据 2，…]
列表变量=list(变量名或对象数据)
```

可以通过在[ ]中列出数据元素的方式来创建并初始化一个列表变量。无论是创建一个空列表还是一个已包含元素的列表，都能实现。例如，lst1=[ ]和 lst1=list( )都可以创建一个空列表。list( )函数可以利用字符串、元组、列表、集合、字典、range 对象以及其他类型的迭代对象数据来创建并初始化一个列表变量。其参数可以是一个具体的数据，也可以是包含上述数据的变量。

在 Python 中，列表可以使用"[元素对象]"直接创建，例如['hello','world','linux','python']，也可以用"[ ]"创建一个空列表，或者使用内置函数 list( )创建一个空列表。list( )还可以将其他对象转化为列表，例如 list('hello world!')，会将字符串中每一个字符生成列表的元素。下列交互式操作为创建列表对象的示例。

```
>>> a=[]                            # 创建空列表
>>> a
[]
>>> type(a)
```

```
<class 'list'>
>>> b=list( )                           # 创建空列表
>>> b
[ ]
>>> type(b)
<class 'list'>
>>> c=[12,1.3,(101,"liping"),[60,70,80]]
>>> type(c)
<class 'list'>
>>> d=list("abcdefg")                   # 将字符串转换为列表，list( )可以将迭代对象转换为列表
>>> d
['a', 'b', 'c', 'd', 'e', 'f', 'g']
>>> f=list(range(10))                   # 将 range 对象转换为列表
>>> f
[0, 1, 2, 3, 4, 5, 6, 7, 8, 9]
>>> list("abcdef")                      # 将字符串转换为列表
['a', 'b', 'c', 'd', 'e', 'f']
```

5.2.2　列表的索引和切片

列表的索引与字符串等其他序列类型相似，只不过列表是可变序列，而字符串是不可变序列。例如，列表 list1=[20,30.5,"dog",(1,1),[1,2,3,4]]元素索引编号示意图如图 5-1 所示。在编程中，字符串索引通常用于访问字符串中的特定字符或子字符串。

图 5-1　列表元素索引编号示意图

列表中元素的索引包括正向递增索引和反向递减索引，正向递增索引按照先后顺序形成从 0 开始的索引号，最后一个元素的索引编号是列表长度减 1。索引也可以反向递减索引，也就是从尾部开始编号，最后一个元素的索引为-1，往前一个元素编号是-2，以此类推。列表可以通过使用列表对象的下标索引来访问列表中的元素，这种方法和字符串的索引方式一致。以下交互式操作演示了列表索引。

```
>>> list1=[20,30.5,"dog",(1,1),[1,2,3,4]]
>>> type(list1)
<class 'list'>
>>> list1[0]
20
>>> len(list1)
5
>>> list1[-5]
20
>>> list1[-1]
[1, 2, 3, 4]
>>> list1[2]
```

```
'dog'
>>> list1[4]
[1, 2, 3, 4]
>>> list1[5]
Traceback (most recent call last):
    File "<pyshell#7>", line 1, in <module>
        list1[5]
IndexError: list index out of range
>>> list1[0]=5
>>> list1
[5, 30.5, 'dog', (1, 1), [1, 2, 3, 4]]
>>>    list=['red','green', 'blue','yellow','white','black']
>>>    print(list[0])
>>>    print(list[1])
>>>    print(list[2])
red
green
blue
#反向索引
>>>    print(list[-1])
>>>    print(list[-2])
>>>    print(list[-3])
black
white
yellow
```

列表的下标从 0 开始，因此在引用索引的时候不要超过范围，否则会提示"IndexError: list index out of range"错误信息。

列表切片(slicing)是 Python 中一个非常有用的特性，它允许获取列表中的一个子序列(即子列表)。列表切片的完整格式如下：

my_list[start:stop:step]

其中，my_list 是要进行切片的列表，而 start、stop 和 step 是可选的参数，它们分别表示切片的起始下标、结束下标和步长。

- start：是指切片的起始下标，可以省略，则默认为 0，即列表的开始。
- stop：是指切片的结束下标不包括结束位置(可以省略)，默认为列表的长度，表示切片直到列表的末尾。
- step：是指步长。如果省略，则默认为 1。步长可以是负数，表示从后往前切片。

切片是指对序列截取其中一部分的操作。列表的切片方式与字符串切片一致。列表切片是指从列表中提取多个元素，并将这些元素存储到一个新的列表中。可以利用负索引来进行切片，也可以使用负的步进从右到左进行切片。列表的切片是非破坏性的，即被切片对象不会因为切片行为而改变。我们把这一现象称为对象的引用，切片只是改变了原列表对象的一个引用，而不是原列表对象。若想要修改列表对象，用户可以参见本章 5.2.3 小节介绍的方法。列表切片方式如图 5-2 所示。

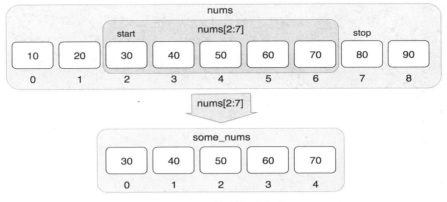

图 5-2　列表的切片方式

运行以下代码来体会切片强大的功能：

```
my_list = [0, 1, 2, 3, 4, 5, 6, 7, 8, 9]
print(my_list[1:4])          # 输出：[1, 2, 3]  从下标 1 开始直到下标 4(不包含 4)
print(my_list[2:])           # 输出：[2, 3, 4, 5, 6, 7, 8, 9] 从下标 2 开始直到下标 10(默认)
print(my_list[:5])           # 输出：[0, 1, 2, 3, 4] 从下标 0 开始直到下标 5(不包含 5)
print(my_list[::-1])         # 输出：[9, 8, 7, 6, 5, 4, 3, 2, 1, 0] (反转列表)
print(my_list[1:10:2])       # 输出：[1, 3, 5, 7, 9] (步长为 2)
print(my_list[::-2])         # 输出：[9, 7, 5, 3, 1] (从后往前，步长为-2)
```

列表切片的步骤如下。

首先，将用户给出的负数的 start 和 stop 转换成整数，转换方式是"列表长度+start"或"列表长度+stop"，例如-1 转换成"列表长度-1"，-2 转换成"列表长度-2"。接着为默认的参数设定默认值，step 默认为 1，当 step>0 时，start 默认值为 0，stop 默认值为列表长度；当 step<0时，切片方向为从右向左，起始下标为最右端的元素，即 start 的默认值为"列表长度-1"，stop的默认值为-1。注意，这个-1 不会被解释器转换为正数，因为这个负数不是用户指定的。

元组和字符串都可以索引和切片，方法与列表相同。以下是对切片方法的分析和结果。

```
>>> nums=[1,2,3,4,5,6,7,8,9]
>>> nums[:]              # 相当于 nums[0:9:1]
[1, 2, 3, 4, 5, 6, 7, 8, 9]
>>> nums[0:4]            # 相当于 nums[0:4:1]
[1, 2, 3, 4]
>>> nums[3:]             # 相当于 nums[3:9:1]
[4, 5, 6, 7, 8, 9]
>>> nums[:7]             # 相当于 nums[0:7:1]
[1, 2, 3, 4, 5, 6, 7]
>>> nums[::2]            # 相当于 nums[0:9:2]
[1, 3, 5, 7, 9]
>>> nums[0:8:3]
[1, 4, 7]
# 结合反向索引的切片
>>> nums[::-1]           # 相当于 nums[8:-1:-1] 注意这里的 stop 为-1 不用去转换为正
[9, 8, 7, 6, 5, 4, 3, 2, 1]
>>> nums[:-2]            # 相当于 nums[0:7:1] 注意这里的 stop 为给出的-2，转换为列表长度 9-2
```

```
[1, 2, 3, 4, 5, 6, 7]
>>> nums[1:-2]          # 相当于 nums[1:7:1] stop 同上
[2, 3, 4, 5, 6, 7]
>>> nums[-5:]           # 相当于 nums[4:9:1] start 是编程人员给出的-5，转换为正 9-5=4
[5, 6, 7, 8, 9]
>>> nums[-3:-2]         # nums[6:7:1]
[7]
>>> nums[-3::-2]        # step <0 ,start 编程人员给的-3，转换为 9-3=6，默认 stop= -1
[7, 5, 3, 1]
>>> nums[-3:0:-2]       # step <0 ,start 编程人员给的-3，转换为 9-3=6，stop= 0
[7, 5, 3]
>>> nums[-3:-1:-2]      # 相当于 nums[6:8:-2]
[]
```

5.2.3 列表的操作符、操作函数和方法

列表的基本操作符如表 5-3 所示。

表 5-3 列表基本操作符

操作符	说明
x in s	检查元素 x 是否在列表中，返回 True 或者 False
x not in s	检查元素 x 是否不在列表中，返回 True 或者 False
s + t	连接两个列表 s 和 t
s*n	将列表 s 复制 n 次
s[i]	索引列表 s 的第 i 个元素
s[i:j:k]	列表切片，返回列表 s 中第 i 到 j 以 k 为步长的元素
s[i] = x	替换列表 s 第 i 个元素为 x

以下交互式操作演示了列表的操作。

```
>>> a=[1,2,3,4,5]
>>> 1 in a
True
>>> 1 not in a
False
>>> b=[6,7,8]
>>> a+b
[1, 2, 3, 4, 5, 6, 7, 8]
>>> c=b*2
>>> c
[6, 7, 8, 6, 7, 8]
>>> c[1]
7
>>> c[0:2]
[6, 7]
>>> c[1]=0
>>> c
[6, 0, 8, 6, 7, 8]
```

列表的基本操作函数说明如表 5-4 所示。

表 5-4　列表基本操作函数

函数	说明
list(s)	将某个序列转换为列表
len(s)	返回列表 s 的长度
id(s)	获取列表对象 s 的内存地址
min(s)	返回列表 s 的最小元素，元素需要可比较
max(s)	返回列表 s 的最大元素，元素需要可比较
del s[i]	删除列表 s 中第 i 个元素
del s[i:j:k]	删除列表 s 中从 i 到 j 位置以 k 步进切片的元素
s.index(x)	返回列表 s 第一次出现 x 的位置
s.index(x,i,j)	返回列表 s 从 i 到 j 位置中第一次出现 x 的位置
s.count(x)	返回列表 s 中出现 x 的总次数

列表操作演示如下。

```
>>> s="1234"
>>> a=list(s)
>>> a
['1', '2', '3', '4']
>>> len(a)
4
>>> id(a)
66322264
>>> max(a)
'4'
>>> min(a)
'1'
>>> del a[0]
>>> a
['2', '3', '4']
>>> del a[0:3:2]
>>> a
['3']
>>> b=[1,2,1,4,1,5]
>>> b.index(1)
0
>>> b.index(1,1,6)
2
>>> b.count(1)
3
>>> b.count(2)
1
```

列表的基本内置方法说明如表 5-5 所示。

表 5-5　列表基本内置方法

方法	说明
s.append(x)	在列表 s 最后增加元素 x
s.extend(a)	将列表 a 扩展到列表 s 中
s.insert(i,x)	在列表 s 的第 i 个位置增加元素 x
s.clear( )	删除列表 s 中所有元素，使 s 变为空列表
s.pop(i)	将列表 s 中第 i 位置元素取出并删除该元素，默认取最后一个元素
s.remove(x)	将列表 s 中出现的第一个 x 删除
s.copy( )	生成一个新列表，复制列表 s 中的所有元素
s.reserve( )	反转列表 s 中的元素
list.sort(key=None, reverse=False)	对关键字 key 进行升序或者降序排序，reverse = True 为降序，reverse = False 为升序(默认)

```
>>> s=[ ]                    # 创建一个空列表 s
>>>s.append(1)               # 将 1 增加到列表后面，这时列表包含一个元素
>>> s
[1]
>>> a=[2,3,4,5]
>>>s.extend(a)               # 将列表 a 扩展到列表 s 中
>>> s
[1, 2, 3, 4, 5]
>>>s.clear()                 # 将列表 s 清空，s 变为空列表
>>> s
[ ]
>>> s=a
>>> s
[2, 3, 4, 5]
>>>s.insert(1,1)             # 将元素 1 插入到 s 的下标为 1 的位置，注意列表第 1 个元素下标为 0
>>> s
[2, 1, 3, 4, 5]
>>> b=s.pop()                # 取出列表 s 最后一个元素
>>> b
5
>>> s
[2, 1, 3, 4]
>>>s.insert(0,1)             # 将 1 插入到列表下标 0 的位置
>>> s
[1, 2, 1, 3, 4]
>>>s.remove(1)               # 删除第一次出现的元素 1
>>> s
[2, 1, 3, 4]
>>>s.remove(1)
>>> s
[2, 3, 4]
>>>s.reverse()               # 列表元素翻转
>>> s
```

```
[4, 3, 2]
>>> c=reversed(s)
>>> c
<list_reverseiterator object at 0x041A00F0>
>>> s
[4, 3, 2]
>>> list(c)
[2, 3, 4]
>>>
>>> s=[1,2,3,4,5]
>>> del s[1:4:2]          # 并删除列表下标 1,3 的元素
>>> s
[1, 3, 5]
```

以下交互式操作将详细展示表 5-3～表 5-5 列出的列表操作符、操作函数以及内置方法。

```
# 增加元素
>>> a=["hello", "world"]
>>> b=[1, 2, 3, 4]
>>> a.append("Python")
>>> print(a)
['hello', 'world', 'Python']
>>> b.append(5)
>>> print(b)
[1, 2, 3, 4, 5]
# 删除元素
>>> a=["hello", "world"]
>>> b=[1, 2, 3, 4]
>>> a.clear( )
>>> print(a)
[ ]
>>> b.clear( )
>>> print(b)
[ ]
# 复制
>>> a=["hello", "world", "python"]
>>> id(a)
66322104
>>> b=a.copy( )
>>> id(b)
66322184
>>> b
['hello', 'world', 'python']
>>> a==b
True
>>> a is b
False
# 赋值
>>> a=[1,2,3]
>>> b=a
>>> id(a)
```

```
66322344
>>> id(b)
66322344
>>> a.append(5)
>>> a
[1, 2, 3, 5]
>>> b
[1, 2, 3, 5]                    # 由于a, b是同一个对象, a改变从而b也改变了
# 返回某个元素在列表中出现的次数
>>> a=[1, 2, 3, 4, 2, 3, 4, 1, 2]
>>> a.count(1)
2
>>> a.count(2)
3
>>> a.count(4)
2
# 把另一个列表扩展进本列表中
>>> a=["hello", "world"]
>>> b=["linux", "python"]
>>> a.extend(b)
>>> print(a)
['hello', 'world', 'linux', 'python']
# 返回一个元素第一次出现在列表中的索引值, 如果元素不存在则报错
>>> a=[1, 2, 3, 4, 2, 3, 4, 1, 2]
>>> a.index(1)
0
>>> a.index(2)
1
>>> a.index(4)
3
>>> a.index(5)
Traceback (most recent call last): File "<stdin>", line 1, in <module> ValueError: 5 is not in list
# 在这个索引之前插入一个元素
>>> a=['hello', 'world', 'linux', 'python']
>>> a.insert(1,"first")
>>> print(a)
['hello', 'first', 'world', 'linux', 'python']
>>> a.insert(1,"second")
>>> print(a)
['hello', 'second', 'first', 'world', 'linux', 'python']
# 移除并返回一个索引上的元素, 如果是一个空列表或者索引的值超出列表的长度则报错
>>> a=['hello', 'world', 'linux', 'python']
>>> a.pop( )
'python'
>>> a.pop(1)
'world'
>>> a.pop(3)
Traceback (most recent call last): File "<stdin>", line 1, in <module> IndexError: pop index out of range
# 移除第一次出现的元素, 如果元素不存在则报错
>>> a=['hello', 'world', 'linux', 'python']
```

```
>>> a.remove("hello")
>>> print(a)
['world', 'linux', 'python']
>>> a.remove("linux")
>>> print(a)
['world', 'python']
>>> a.remove("php")
Traceback (most recent call last): File "<stdin>", line 1, in <module> ValueError: list.remove(x): x not in list
# 原地反转列表
>>> a=['hello', 'world', 'linux', 'python']
>>> id(a)
140300326525832
>>> a.reverse( )
>>> print(a)
['python', 'linux', 'world', 'hello']
>>> id(a)
140300326525832
# 对列表进行原地排序
>>> a=[1, 3, 5, 7, 2, 4, 6, 8]
>>> id(a)
140300326526024
>>> a.sort( )
>>> print(a)
[1, 2, 3, 4, 5, 6, 7, 8]
>>> id(a)
140300326526024
# 列表推导式
>>> a=[x for x in range(10)]
>>> a
[0, 1, 2, 3, 4, 5, 6, 7, 8, 9]
>>> a=[x**2 for x in range(10)]
>>> a
[0, 1, 4, 9, 16, 25, 36, 49, 64, 81]
>>> a=[x**2 for x in range(10) if x%2==0]
>>> a
[0, 4, 16, 36, 64]
```

在删除列表元素时，Python 会自动对列表内存进行收缩并移动列表元素以保证所有元素之间没有空隙。增加列表元素时，Python 会自动扩展内存并对元素进行移动以保证元素之间没有空隙。每当插入或删除一个元素之后，该元素位置后面所有元素的索引都会发生改变。因此，在编写删除元素的相关程序时，特别要注意不要漏掉一些元素。

【例 5-1】给定一个列表 a，编写程序删除列表中的素数(以下是一段存在问题的代码)。
程序代码如下：

```
a=[3,5,20,8,61,9,11]
for x in a:           # 此处代码有 bug，要正确运行程序，需要修改 for x in a.copy( )：
    flag=True
    if x>1:
        for i in range(2,x):
```

```
            if(x%i)==0:
                flag=False
                break
        if(flag==True):
                a.remove(x)
print(a)
```

运行结果如下：

```
[5, 20, 8, 9]
```

从程序的运行结果可以看到，列表中的素数 5 并没有被删除，程序问题出在哪里呢？原因是在删掉 3 之后，5 会移到列表的第 0 个位置，而此时循环中的索引已经前移，x 指向原列表中的下一个位置元素，即 20。因此，程序接下来判断的是 20 是否为素数，而不是 5。要让例题中代码正常运行，可以把 for x in a:改为 for x in a.copy( ):。此时运行结果正常。

列表的另一个常用的操作是遍历列表，遍历列表是逐一访问列表中的每一个元素。列表的遍历是指一次性、不重复地访问列表的所有元素。在遍历过程中可以结合其他操作一起完成，例如查找和统计。遍历列表的基本格式如下：

```
    for 变量 in 列表:
        语句
```

例如，使用循环遍历将社会主义核心价值观逐一打印出来。

```
>>> values=['富强','民主','文明','和谐','自由','平等','公正','法治','爱国','敬业','诚信','友善']
>>> for x in values:
        print(x,end=" ")
```

运行结果如下：

```
富强 民主 文明 和谐 自由 平等 公正 法治 爱国 敬业 诚信 友善
```

另外，可以使用 for...in 循环和 enumerate( )函数实现列表遍历，enumerate 函数多用于在 for 循环中得到计数，利用它可以同时获得索引和值，即需要 index 和 value 值的时候可以使用 enumerate。enumerate(列表)是枚举列表元素，返回枚举对象，其中每个元素为包含下标和值的元组。该函数对元组、字符串同样有效。例如：

```
>>> color=["红","橙","黄","绿"]
>>> list(enumerate(color))
[(0, '红'), (1, '橙'), (2, '黄'), (3, '绿')]
>>> list(enumerate(color,start=1))
[(1, '红'), (2, '橙'), (3, '黄'), (4, '绿')]
```

【例 5-2】从键盘输入一个列表，统计各个元素在列表中的出现次数。
程序代码如下：

```
a=eval(input( ))
s=[ ]
for x in a:
    if x not in s:
```

```
        s.append(x)
for x in s:
    n=a.count(x)
    print(x,"出现的次数为：",n)
```

运行结果如下：

```
[1,2,3,1,2,3,4,2,3,4,2,1,2]
1 出现的次数为： 3
2 出现的次数为： 5
3 出现的次数为： 3
4 出现的次数为： 2
```

【例 5-3】 a 和 b 是两个列表变量，列表 a 已给定为[3,6,9]。用户需要从键盘输入列表 b，然后计算 a 中每个元素与 b 中对应元素乘积的累加和。例如，当用户从键盘输入的列表 b 为[1,2,3]时，累加和为 $1\times3+2\times6+3\times9=42$，屏幕输出计算结果为 42。

程序代码如下：

```
a = [3, 6, 9]
b = eval(input(""))        # 输入[1,2,3]
s = 0
for i in range(len(a)):
    s += a[i] * b[i];
print(s)
```

运行结果如下：

```
[1,2,3]
42
```

【例 5-4】 编写一个通信录程序，具体要求如下。

(1) 使用列表存储联系人。

(2) 能根据用户输入添加联系人。

(3) 能根据输入的人名删除联系人。

(4) 能显示所有联系人。

程序代码如下：

```
persons=[ ]        # 联系人列表
s='''
*******************************
1.添加联系人      2.删除联系人
3.显示所有联系人  4.退出
*******************************
'''
def menu( ):
    print(s)
while True:
    menu( )
    n=eval(input("请输入数字选项(1-4)： "))
    if n==4:
```

```
                break
        elif n==1:
            p=input("请输入联系人:")
            persons.append(p)
        elif n==2:
            p=input("请输入要删除的联系人:")
            if p in persons:
                persons.remove(p)
            else:
                print("没有联系人: ",p)
        elif n==3:
            print(persons)
        else:
            print("选项有误，请重新输入")
```

运行结果如下：

```
************************************
1.添加联系人      2.删除联系人
3.显示所有联系人 4.退出
************************************
请输入数字选项(1-4):
```

5.3 集合

集合是多个元素的无序组合，每个元素唯一，不存在相同元素。集合用于将不同的值存放在一起，并可以在不同的集合间进行关系运算，无须纠结于集合中的单个值。Python 为集合数据结构进行了快速查找的优化，在集合执行查找操作比列表要快得多，因为集合是基于哈希表实现的，因此在集合中执行查找操作比在列表中进行顺序搜索要快得多。

集合类型也是一系列数据的组合，其与序列类型主要的不同在于集合中的数据项没有顺序。Python 中的集合类型即为集合。集合与列表的不同有两点：一是集合是无序的，集合中的元素没有固定的位置，不能通过索引和切片访问；二是集合是互斥的，集合中不允许有重复的元素。这些特性使得集合特别合适用来储存诸如词汇表之类的数据。

5.3.1 集合的创建

可以使用花括号"{ }"或者 set( )函数创建集合，用 set( )创建集合，也可以把字符串、列表或元组转换为集合。注意，创建一个空集合必须用 set( )函数而不是花括号，因为花括号用来创建一个空字典。创建好的集合具有以下特性：由不同元素组成、无序、元素是不可变类型(整型、浮点型、字符串类型和只包含不可变元素的元组)。

如果创建集合时包含重复元素，集合会自动去除重复的元素，例如，set1={1, 2, 4, 3, 3, 4, 4, 3, 3, 2, 2, 2, 2, 1}会得到的 set1 是{1, 2, 3, 4}。集合的元素必须是不可变的，因此集合元素只能是整数、实数、字符串、元组和冻结集合，但不能是可变的列表、可变集合和字典。

集合在打印的时候是无序的，例如，set1={"大", "数", "据", "科", "学"}，打印时输出得到的是{"据", "数", "科", "学", "大"}。

以下交互式操作演示集合的创建。

```
>>> s={1,2,3,1,1,2,3}
>>> s
{1, 2, 3}
>>> type(s)
<class 'set'>
>>> s=set("")
>>> s
set( )
>>> type(s)
<class 'set'>
```

5.3.2 集合的应用

集合之所以能在程序设计中代替列表、元组等其他组合数据结构，是因为它具有特殊的使用方法，特别是集合提供的内置关系运算方法，将这些方法运用得当可以极大缩短编程时间与代码量。

- 并集运算的示例：set1=set('aeiou')，set2=set('hello')，u=set1.union(set2)。union 方法会将两个集合中的元素组合到一个新的集合中，并删除重复元素。因此 u 将得到集合 set1 和 set2 并集运算的结果{'i', 'a', 'o', 'l', 'u', 'e', 'h'}。
- 差集运算的示例：set1 = set('aeiou')，set2 = set('hello')，d = set1.difference(set2)。difference 方法会将两个集合进行比较，然后返回一个新的集合对象，其中包含在集合 set1 中但不在集合 set2 中的元素。因此 d 将得到集合 set1 和 set2 差集运算的结果{'u', 'i', 'a'}。
- 交集运算的示例：set1 = set('aeiou')，set2 = set('hello')，i=set1.intersection(set2)。intersection 方法会返回一个既在集合 set1 中又在集合 set2 中的元素的新集合对象。因此 i 将得到集合 set1 和 set2 交集运算的结果{'e', 'o'}。
- 交叉补集的示例：set1={1, 2, 3}，set2={2, 3, 4}，sd=set1.symmetric_difference(set2)。symmetric_difference 方法会去除集合 set1 和 set2 共有的部分，只保留双方独有的部分。因此 sd 将得到集合 set1 和 set2 交叉补集运算的结果{1,4}。

5.3.3 集合的操作符、操作函数和方法

集合的基本操作符说明如表 5-6 所示。

表 5-6 集合的基本操作符

操作符	说明
s|t	返回一个新集合，包括在集合 s 和 t 中的所有元素
s－t	返回一个新集合，包括在集合 s 但不在 t 中的元素
s & t	返回一个新集合，包括同时在集合 s 和 t 中的元素
s^t	返回一个新集合，包括集合 s 和 t 中的非相同元素
s<=t or s<t	返回 True/False，判断集合 s 和 t 的子集关系
x in s	返回 True/False，判断元素 x 是否在集合 s 中
x not in s	返回 True/False，判断元素 x 是否不在集合 s 中

在 Python 中，使用比较运算符来检查集合的子集和超集关系，其中：

- <和<=运算符用于判断真子集和子集。
- >和>=运算符用于判断真超集和超集。

以下交互式操作演示了集合的基本操作。

```
# 去重
>>> basket = {'apple', 'orange', 'apple', 'pear', 'orange', 'banana'}
>>> print(basket)
{'orange', 'banana', 'pear', 'apple'}
# 快速判断元素是否在集合内
>>> 'orange' in basket
True
>>> 'crabgrass' in basket
False
# 集合间关系运算.
>>> a = set('abracadabra')
>>> b = set('alacazam')
>>> a
{'a', 'r', 'b', 'c', 'd'}
>>> b
{'c', 'm', 'z', 'l', 'a'}
>>> a - b
{'r', 'd', 'b'}
>>> a | b
{'a', 'c', 'r', 'd', 'b', 'm', 'z', 'l'}
>>> a & b
{'a', 'c'}
>>> a ^ b
{'r', 'd', 'b', 'm', 'z', 'l'}
# 集合的推导式
>>> a = {x for x in 'abracadabra' if x not in 'abc'}
>>> a
{'r', 'd'}
```

集合的基本操作函数说明如表 5-7 所示。

表 5-7　集合的基本操作函数

函数	说明
set(s)	将某个序列转换为集合
len(s)	返回集合 s 的长度
id(s)	获取集合对象 s 的内存地址
min(s)	返回集合 s 的最小元素(元素需要可比较)
max(s)	返回集合 s 的最大元素(元素需要可比较)

以下交互式操作演示了集合的基本操作函数。

```
>>> s="hello"
>>> a=set(s)
```

```
>>> a
{'o', 'e', 'h', 'l'}
>>> len(a)
4
>>> id(a)
66259824
>>> min(a)
'e'
>>> max(a)
'o'
```

集合的基本内置方法说明如表 5-8 所示。

表 5-8　集合的基本内置方法

方法	说明
s.add(x)	如果 x 不在集合 s 中，将 x 增加到集合 s
s.discard(x)	移除集合 s 中元素 x，如果 x 不在集合 s 中，不报错
s.clear( )	删除集合 s 中的所有元素
s.copy( )	生成集合 s 的一个副本
s.pop( )	随机返回集合 s 中的一个元素，并将其从集合中移除。若 s 为空，产生 KeyError 异常
s.remove(x)	将集合 s 中的 x 删除。若 x 不在集合中，会产生 KeyError 异常
s.update(x)	添加元素 x 到集合 s，可以是列表、元组、字典等
s.difference( )	返回多个集合的差集
s.difference_update( )	移除集合中的元素，该元素在指定的集合也存在
s.intersection( )	返回集合 s 与其他一个或多个集合的交集
s.inersection_update( )	更新集合 s 为与其他集合的交集
s.union( )	返回集合 s 与其他一个或多个集合的并集

以下交互式操作详细展示了表 5-8 列出的集合内置方法(结合了一些示例和技巧)。

```
# 添加元素
>>> s= set(("Google", "Runoob", "Taobao"))
>>> s.add("Facebook")
>>> print(s)
{'Taobao', 'Facebook', 'Google', 'Runoob'}
# 用 update 添加
>>> s= set(("Google", "Runoob", "Taobao"))
>>> s.update({1,3})
>>> print(s)
{1, 3, 'Google', 'Taobao', 'Runoob'}
>>> s.update([1,4],[5,6])
>>> print(s)
{1, 3, 4, 5, 6, 'Google', 'Taobao', 'Runoob'}
# 移除元素
>>> s= set(("Google", "Runoob", "Taobao"))
>>> s.remove("Taobao")
```

```
>>> print(s)
{'Google', 'Runoob'}
>>> s.remove("Facebook")
Traceback (most recent call last):
 File "<stdin>", line 1, in <module>
KeyError: 'Facebook'
# discard 移除
>>> s= set(("Google", "Runoob", "Taobao"))
>>> s.discard("Facebook")
>>> print(s)
{'Taobao', 'Google', 'Runoob'}
# 随机移除
>>> s= set(("Google", "Runoob", "Taobao", "Facebook"))
>>> x = s.pop( )
>>> print(x)
Runoob
# 计算集合元素个数
>>> s= set(("Google", "Runoob", "Taobao"))
>>> len(thisset)
3
# 清空集合
>>> s= set(("Google", "Runoob", "Taobao"))
>>> s.clear( )
>>> print(s)
set( )
```

5.4 字典

将一个学生的期末成绩管理成两个列表的形式，即一个列表表示课程，另一个列表表示成绩，可能会使得成绩信息分散，增加管理和查找的复杂性。为了解决这个问题，可以使用字典将课程和成绩直接关联在一起。字典的每一个键值都将课程名与对应的成绩配对，使得数据管理更加简洁和高效。

创建字典：

```
dict1={
    '数据库原理':60,
    '计算机操作系统':80,
    '大数据技术':90,
    '人工智能基础':70,
}
```

在这个字典中，课程是键(key)，成绩是值(value)。每一键值对(key-value pair)被称为一项(item)。因此，该字典共有 4 项(item)。

字典结构如图 5-3 所示。在编程中，通过"键"查找"值"的过程称为映射。字典是 Python 中典型的映射类型数据结构，其中存放的是多个键值对。映射是一种键(key)和值(value)对应的数据结构，字典类型正是这种"映射"的体现。字典的每个键值对通过冒号":"分隔，每个键值对之间用逗号"，"分隔，整个字典包括在花括号"{ }"中。键是数据索引的扩展形式，而字典是键值对的集合，其中键值对之间是无序的。

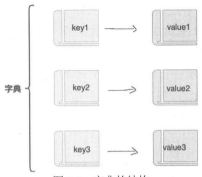

图 5-3　字典的结构

在序列类型中，一般情况下通过序号来对其数据进行索引，而映射则是特殊的一种。它通过自定义的形式，将序号换成键，由自己定义，将索引数据换成值，成为键值对，然后通过索引键来获得对应值。此外，Python 字典通过键索引值的查找速度非常快。这种高性能的原因在于 Python 为字典使用了高度优化的散列算法。

5.4.1　字典的创建

字典的语法格式如下：

```
d={ key1:value2,key2:value2,···< keyn>:<valuen>}
```

键和值之间用冒号"："分隔，格式为 key:value。多个键值对之间用逗号"，"分隔。整体使用花括号"{ }"定界。字典由多个"键:值"对组成，是一个无序的对象集合，可以通过键(key)找到对应的值(value)。字典中的键必须唯一，即一个字典不能出现两个或两个以上相同的键，否则后面定义的键值会覆盖前面的。键必须为不可变类型，例如整数、实数、复数、字符串、元组等。hash( )函数返回对象的哈希值，可以用来判断一个对象能否用来作为字典的键。列表不能作为字典的键，而元组、字符串等都可以作为字典的键。字典的值可以相同，值可以是任何数据类型。字典是无序可变序列，创建时的顺序和显示的顺序可能会有不同。要判断一个对象是否是可作为字典的键，可以用 hash( )函数。例如：

```
>>> hash("name")
−314078753
>>> hash([1,2,3])
Traceback (most recent call last):
    File "<pyshell#13>", line 1, in <module>
        hash([1,2,3])
TypeError: unhashable type: 'list'
```

字典通过花括号"{ }"来表示，键和值以冒号连接，不同键值对通过逗号连接。花括号也可以创建一个空的字典，可以通过中括号向其增加内容。例如 dict1={ }，dict1['a'] = 1，dict1['b'] = 2 得到的 dict1 为{'a':1, 'b':2}。

用户也可以使用内建函数 dict( )来创建字典，例如 dict2 = dict( )。在使用 dict( )函数创建字典时，可以传入多个列表或元组参数作为 key-value 对，每个列表或元组将被当成一个 key-value 对(这些列表或元组都只能包含两个元素)。

另外，可以直接使用键值对来创建字典，例如，tinydict={'name':'runoob', 'likes':123, 'url':'www.runoob.com'}。创建好的字典键值对如图 5-4 所示。

图 5-4 字典的键值对

以下交互式操作演示了字典的创建方法。

```
>>> d1={}                              # 创建一个空字典
>>> d2={"数据结构":80,"操作系统":90}    # 创建有键值对的字典
>>> d3=dict(数据结构=80,操作系统=90)
>>> keys=[1,2,3,4]
>>> values=['a','b','c','d']
>>> d4=dict(zip(keys,values))           # zip 函数将两个列表打包为字典
>>> d4
{1: 'a', 2: 'b', 3: 'c', 4: 'd'}
>>> d3
{'数据结构': 80, '操作系统': 90}
>>> d2
{'数据结构': 80, '操作系统': 90}
>>> s1 = [ ('操作系统', 90), ('数据库原理', 85)]
>>> s1
[('操作系统', 90), ('数据库原理', 85)]
>>> s2=dict(s1)
>>> s2
{'数据库原理': 85, '操作系统': 90}
>>> s3 = [ ['操作系统', 90],['数据库原理', 85]]
>>> s4=dict(s3)
>>> s4
{'数据库原理': 85, '操作系统': 90}
```

5.4.2 字典元素的访问与修改

字典值的查找可以通过中括号访问，例如"字典变量[键]"的方式，通过键作为下标可以读取字典元素。如果键存在，返回对应的值；如果键不存在，则抛出异常。另外，也可以用字典的.get(<key>,<default>)方法查找值，如果 key 存在则返回相应的值，否则返回默认值。default 参数可以省略，如果省略，则默认值为空。

与列表索引相似，字典的访问把相应的键放入到中括号中即可得到对应的值，例如,'tinydict = {'Name': 'Runoob', 'Age': 7, 'Class': 'First'}，可以通过 tinydict['Name']来获取值'Runoob'。如果访问字典中没有的键，则会返回 KeyError 异常。

向字典添加新内容的方法是增加新的键/值对。修改或删除已有键/值对，例如，'tinydict['Age'] = 8，会修改键'Age'的值为 8，tinydict['School'] = "大数据"，则会增加一个键值对。使用"字典变量[键]"的形式可以查找字典中与"键"对应的值。使用赋值运算符可以动态修改字典中的值。

可以使用 del 删除字典中的一个键及其对应的值，例如 del tinydict['Name']。可以使用 tinydict.clear( )方法清空字典中所有的键值对，使字典变为空字典。可以使用 del tinydict 删除整个字典对象。

字典值可以是任何的 Python 对象，既可以是标准的对象，也可以是用户定义的对象。但键不能是任意对象，只能是可哈希的对象。键必须是不可变对象，可以使用数字、字符串或元组作为键，但列表不能用作字典的键。创建一个字典 d 以后，可以获取字典信息，例如使用 <d>.keys( )方法获取所有键信息，使用<d>.values( )方法获取所有值信息，使用<d>.items( )方法获取所有键值对信息。以下交互式操作演示了字典元素的访问和修改。

```
>>> person = {'A': '123', 'B': '135', 'C': '680'}
>>> person.items( )
dict_items([('A', '123'), ('C', '680'), ('B', '135')])
>>> person.keys( )
dict_keys(['A', 'C', 'B'])
>>> person.values( )
dict_values(['123', '680', '135'])
>>> person['B']
'135'
>>> person['A']="888"
>>> person
{'A': '888', 'B': '135', 'C': '680'}
>>> person['D']="9999"        # 通过操作键增加字典元素
>>> person
{'A': '888', 'D': '9999', 'B': '135', 'C': '680'}
```

5.4.3 字典的操作符、操作函数和方法

字典基本操作符的说明如表 5-9 所示。

表 5-9 字典基本操作符

操作符	说明
x in s	返回 True/False，判断键 x 是否在字典 s 中
x not in s	返回 True/False，判断键 x 是否不在字典 s 中

字典基本操作函数的说明如表 5-10 所示。

表 5-10 字典基本操作函数

操作函数	说明
dict(s)	将某个序列转换为字典
len(s)	返回字典 s 的长度
id(s)	获取字典对象 s 的内存地址
str(s)	输出字典为可以打印的字串符

字典基本内置方法的说明如表 5-11 所示。

表 5-11　字典基本内置方法

方法	说明
s.clear( )	删除字典 s 中所有元素
s.copy( )	生成字典 s 的一个副本
s.fromkeys(l,v)	创建一个新字典，以序列 l 中元素做字典的键，v 为键对应的值
s.items( )	返回字典 s 中所有的键值对信息
s.keys( )	返回字典 s 中所有的键信息
s.values( )	返回字典 s 中所有的值信息
s.get(k, <default>)	键 k 存在，则返回相应值，不存在则返回<default>值
s.pop(k, <default>)	键 k 存在，则取出相应值，不存在则返回<default>值
s.popitem( )	随机从字典 k 中取出一个键值对，以元组形式返回
s.setdefault(k, <default>)	类似于 get 方法，如果 k 不存在，将会添加键 k 并初始化为<default>
s.update(dict)	将字典 dict 的键/值对更新到字典 s 中

以下交互式操作将详细展示表 5-9～表 5-11 介绍的字典操作符、操作函数以及内置方法，并结合实际案例进行演示和说明。

```
# 清除字典中所有的元素
>>> dic1={"k1":11,"k2":22,"k3":"hello","k4":"world"}          # 创建字典
>>> print(dic1)
{'k3': 'hello', 'k4': 'world', 'k2': 22, 'k1': 11}
>>> dic1.clear( )
>>> print(dic1)
{}
# 浅复制
>>> dic1={"k1":11,"k2":22,"k3":"hello","k4":"world"}
>>> id(dic1)
140300455000584
>>> dic2=dic1.copy( )
>>> id(dic2)
140300455000648
>>> print(dic2)
{'k2': 22, 'k4': 'world', 'k3': 'hello', 'k1': 11}
# 返回一个以迭代器中的每一个元素作为键、值为 None 的字典
>>> dic1={"k1":11,"k2":"hello"}
>>> dic2=dict. fromkeys([22,33,44,55])
print(dic2)
{22: None, 33: None, 44: None, 55: None}
>>> print(dic1)
{'k1': 11, 'k2': 'hello'}
# 查询某个元素是否在字典中，即使不存在也不会报错
>>> dic1={'k3': None, 'k2': 'hello', 'k1': 11, 'k4': 'world'}
>>> dic1.get("k3")
>>> value1=dic1.get("k1")
>>> print(value1)
```

```
11
>>> value2=dic1.get("k2")
>>> print(value2)
hello
>>> value3=dic1.get("k5")
>>> print(value3)
None
# 返回一个由每个键及对应的值构成的元组组成的列表
>>> dic1={"k1":11,"k2":22,"k3":"hello","k4":"world"}
>>> dic1.items( )
dict_items([('k3', 'hello'), ('k4', 'world'), ('k2', 22), ('k1', 11)])
>>> type(dic1.items( ))
<class 'dict_items'>
# 返回一个由字典所有的键构成的列表
>>> dic1={"k1":11,"k2":22,"k3":"hello","k4":"world"}
>>> dic1.keys( )
['k3', 'k2', 'k1', 'k4']
# 从字典中移除指定的键，返回这个键对应的值，如果键不存在则报错
>>> dic1={"k1":11,"k2":22}
>>> dic1.pop("k1")
11
>>> dic1.pop("k2")
22
# 从字典中移除一个键值对，并返回一个由所移除的键和值构成的元组，字典为空时，会报错
>>> dic1={"k1":11,"k2":22}
>>> dic1.popitem( )
('k2', 22)
>>> dic1.popitem( )
('k1', 11)
>>> dic1.popitem( )
Traceback (most recent call last):
File "<stdin>", line 1, in <module>
KeyError: 'popitem( ): dictionary is empty'
# 参数只有一个时，字典会增加一个键值对，键为这个参数，值默认为 None；后接两个参数时，第一个
参数为字典新增的键，第二个参数为新增的键对应的值
>>> dic1={"k1":11,"k2":"hello"}
>>> dic1.setdefault("k3")
>>> print(dic1)
{'k3': None, 'k2': 'hello', 'k1': 11}
>>> dic1.setdefault("k4","world")
'world'
>>> print(dic1)
{'k3': None, 'k2': 'hello', 'k1': 11, 'k4': 'world'}
# 把一个字典参数合并入另一个字典，当两个字典的键有重复时，参数字典的键值会覆盖原始字典的键值
>>> dic1={"k1":11,"k2":"hello"}
>>> dic2={"k3":22,"k4":"world"}
>>> dic1.update(dic2)
>>> print(dic1)
{'k3': 22, 'k2': 'hello', 'k1': 11, 'k4': 'world'}
>>> dic1={"k1":11,"k2":"hello"}
```

```
>>> dic2={"k1":22,"k4":"world"}
>>> dic1.update(dic2)
>>> print(dic1)
{'k2': 'hello', 'k1': 22, 'k4': 'world'}
# 返回一个由字典的所有的值构成的列表
>>> dic1={"k1":11,"k2":22,"k3":"hello","k4":"world"}
>>> dic1.values( )
['hello', 22, 11, 'world']
```

【例 5-5】 从键盘上输入一串英文字符串，统计每个字母出现的次数，并将出现次数最多的前三个字符及其对应的次数输出(使用字典实现)。

程序代码如下：

```
s=input("请输入英文字符串:")
dict1={ }
for key in s:
    dict1[key] = dict1.get(key, 0) + 1
items=list(dict1.items())
items.sort(key=lambda x:x[1],reverse=True)
for i in range(3):
ch,count=items[i]
    print("{}出现的次数： {}".format(ch,count))
```

运行结果如下：

```
请输入英文字符串:abcdaabadddefghied
d 出现的次数： 5
a 出现的次数： 4
b 出现的次数： 2
```

5.5　元组

元组是序列类型的一种扩展，一旦创建不能被修改。元组继承了序列类型的全部通用操作，如索引、切片和迭代等。元组与列表类似，它们的不同之处在于元组的元素不能修改(不可变)，而列表则是可变的。元组使用小括号"( )"括起来，元素间用逗号分隔。

元组在 Python 编程中有重要的意义，主要因为其不可改变的数据结构特性。由于元组一旦创建后不能被修改，它们非常适合用于存储一些不需要修改的数据。这种不可变性不仅避免了可变结构带来的开销，还减少了因数据外部因素引发的副作用。

5.5.1　元组的创建

在 Python 中，创建元组的一种方法是使用小括号"( )"直接定义并在括号中添加元素，元素间用逗号分隔。例如，tup1 = ('Google', 'Runoob', 1997, 2000)。另外一种创建元组的方式是直接使用逗号分隔元素，Python 会自动识别它们为元组。例如，tup2 = "a", "b", "c", "d"。

此外，还可以使用内置函数 tuple( )创建空元组或从其他序列中转换为元组。例如，tup3 = tuple( )。

5.5.2　元组的索引和切片

可以把元组看成是不可以修改的列表，因此元组的索引和列表类似，元组中元素按照先后顺序形成从 0 开始的索引号。由于元组元素不能改变，所以不能通过索引来修改元组中的元素。

因为元组也是一种序列，可以访问元组中的指定范围的元素，并可以像列表一样通过切片操作获取一段元素。由于元组的切片方式与列表类似，因此这里不再赘述。

5.5.3　元组的操作符、操作函数和方法

元组基本操作符的说明如表 5-12 所示。

表 5-12　元组基本操作符

操作符	说明
x in s	检查元素 x 是否在元组 s 中，返回 True 或 False
x not in s	检查元素 x 是否不在元组 s 中，返回 True 或 False
s + t	连接两个元组 s 和 t
s*n	将元组 s 复制 n 次
s[i]	索引元组 s 的第 i 个元素
s[i:j:k]	元组切片，返回列表 s 中第 i 到 j 以 k 为步长的元素

元组基本操作函数的说明如表 5-13 所示。

表 5-13　元组基本操作函数

函数	说明
tuple(s)	将某个序列转换为元组
len(s)	返回元组 s 的长度
id(s)	获取元组对象 s 的内存地址
min(s)	返回元组 s 的最小元素，要求元素必须是可比较的
max(s)	返回元组 s 的最大元素，要求元素必须是可比较的
del s	删除元组对象 s

元组基本内置方法的说明如表 5-14 所示。

表 5-14　元组基本内置方法

方法	说明
s.index(x)	返回元组 s 第一次出现 x 的位置
s.index(x,i,j)	返回元组 s 从 i 到 j 位置中第一次出现 x 的位置
s.count(x)	返回元组 s 中出现 x 的总次数

以下交互式操作将详细展示表 5-12～表 5-14 介绍的元组操作符、操作函数以及内置方法，并结合实际案例进行演示和说明。

```
# 返回某个元素在元组中出现的次数
>>> t1=("hello","world",1,2,3,"linux",1,2,3)
>>> t1.count(1)
2
>>> t1.count(3)
2
>>> t1.count("hello")
1
# 返回元素在元组中出现的第一个索引的值，元素不存在则报错
>>> t1=("hello","world",1,2,3,"linux")
>>> t1=("hello","world",1,2,3,"linux",1,2,3)
>>> t1.count("hello")
1
>>> t1.index("linux")
5
>>> t1.index(3)
4
# 元组的索引和切片
>>> tup = ('Google', 'Runoob', 'Taobao', 'Wiki', 'Weibo','Weixin')
>>> tup[1]
'Runoob'
>>> tup[-2]
'Weibo'
>>> tup[1:]
('Runoob', 'Taobao', 'Wiki', 'Weibo', 'Weixin')
>>> tup[1:4]
('Runoob', 'Taobao', 'Wiki')
```

5.6 本章小结

本章主要讲解了组合数据类型，包括序列类型、集合类型和映射类型，全面介绍了 Python 语言中内置的几种组合数据类型。首先，介绍了组合数据类型的基本概念和分类。随后，对列表、集合、字典、元组四种组合数据类型进行了详细的讲解和分析，并在每一种数据类型之后安排了大量使用方法的示例代码。通过这些示例代码，可以帮助用户深入理解和掌握各种数据类型的特点，并熟悉在实际编程中灵活运用这些知识的方法。

5.7 思考和练习

一、判断题

1. 列表是 Python 中一种有序的可变数据类型。 （　　）

2. 元组是 Python 中一种有序的不可变数据类型。 （　　）

3. 集合是 Python 中一种有序的可变数据类型。 （　　）

4. 字典是 Python 中一种无序的可变数据类型。 （　　）

二、填空题

1. 列表中的元素可以是_____类型的。

2. 元组是_____类型的数据结构。

3. 集合中的元素是_____的，不能重复。

4. 字典中的每个元素由一个_____和一个对应的_____组成。

5. 已知元组 t=(1,2,3)，t[0]执行的结果为_____，t[-1]执行的结果为_____。

6. 已知集合 s={1,3,5}，s.add(5)执行后 s 的值为_____。

三、选择题

1. 下面哪个操作符用于连接两个列表(　　)。

　　A. +　　　　　　　B. –　　　　　　　C. *　　　　　　　D. /

2. 下面哪个操作符可以删除一个字典中的元素(　　)。

　　A. [ ]　　　　　　B. ( )　　　　　　C. { }　　　　　　D. //

3. 下面哪个集合方法可以返回两个集合的差集(　　)。

　　A. intersection( )　　　　　　　　　B. union( )

　　C. difference( )　　　　　　　　　　D. symmetric_difference( )

4. 下面哪个语句可以从列表中删除指定位置的元素(　　)。

　　A. del　　　　　　B. remove( )　　　C. pop( )　　　　　D. clear( )

5. 在 Python 中，哪种组合数据类型是可变的(　　)。

　　A. tuple　　　　　B. list　　　　　　C. set　　　　　　D. dictionary

6. 以下哪种方法可以向 Python 字典中添加新元素(　　)。

　　A. 使用 add( )方法　　　　　　　　　B. 使用 insert( )方法

　　C. 使用 append( )方法D. 直接使用键值对赋值

7. 以下哪种组合数据类型是无序的(　　)。

　　A. tuple　　　　　B. list　　　　　　C. set　　　　　　D. dictionary

8. 下列哪些类型的数据可以放入到集合中(　　)。

　　A. 整型　　　　　B. 浮点型　　　　　C. 字符串　　　　　D. 元组

　　E. 列表　　　　　F. 字典　　　　　　G. 集合

9. 在 Python 中，以下哪种组合数据类型可以存储重复元素(　　)。

　　A. tuple　　　　　B. list　　　　　　C. set　　　　　　D. dictionary

10. 以下哪种操作可以在 Python 列表的末尾添加一个元素(　　)。

　　A. append( )　　　B. extend( )　　　C. insert( )　　　D. remove( )

四、编程题

1. 编写一个 Python 程序，使用列表和循环语句来实现斐波那契数列。

2. 编写一个 Python 程序，接受用户输入的若干个单词，并将它们存储在一个列表中，然后将列表中的单词按字母顺序排序并打印出来。

3. 定义一个列表，包含 5 个整数类型的元素。编写代码，将列表中所有元素加上 10，并打印输出修改后的列表。

4. 定义一个字典，包含 3 个键值对，每个键值对的键为字符串类型，值为整数类型。编写代码，将字典中所有值加上 5，并打印输出修改后的字典。

5. 编写一个 Python 程序，将一个列表中的所有元素都乘以 2，并将结果存储在一个新列表中。

- 示例输入：[1, 2, 3, 4, 5]
- 示例输出：[2, 4, 6, 8, 10]

6. 编写一个 Python 程序，将一个字符串中的所有大写字母转换成小写字母，并将结果输出。

- 示例输入：Hello World!
- 示例输出：hello world!

7. 编写一个 Python 程序，找出一个列表中的最大值和最小值，并将它们作为元组返回。

- 示例输入：[1, 3, 5, 2, 4]
- 示例输出：(1, 5)

8. 编写一个 Python 程序，将两个列表中的元素交替合并成一个新的列表，并输出结果。

- 示例输入：[1, 2, 3], ['a', 'b', 'c']
- 示例输出：[1, 'a', 2, 'b', 3, 'c']

9. 已知列表 tt=[4,2,5,1,3]，编写程序，对列表 tt 按照升序和降序两种方式进行排列。

10. 已知列表 tt=[4,2,5,1,3]，编写程序，使用两种方式对列表 tt 进行反转。

11. 编写一个 Python 程序，根据用户输入的数字转换成相应中文的大写数字。例如，1.23 转换为"壹点贰叁"。

12. 编写一个 Python 程序，利用列表生成式随机生成 10 个 1~100 之间的整数的列表。

13. 运行以下程序代码，该代码首先生成一个包含 10 个随机整数的列表，然后对其中偶数下标的元素进行降序排列，奇数下标的元素不变(注意切片的使用)。

```
import random
a=[random.randint(0,100) for i in range(10)]
print(a)
b = a[::2]
b.sort(reverse=True)
a[::2] = b
print(a)
```

14. 运行以下程序代码，生成包含 20 个随机整数的列表，将前 10 个元素升序排列，将后 10 个元素降序排列。

```
import random
x = [random.randint(0,100) for i in range(20)]
print(x)
y = x[0:10]
y.sort()
x[0:10] = y
y = x[10:20]
y.sort(reverse=True)
x[10:20] = y
print(x)
```

∾ 第 6 章 ∾

文件和数据格式化

大多数用过计算机的人都接触或者使用过文件。例如，写好的文章以文件的形式长期保存在磁盘上；用数码相机拍摄的每张相片都是一个图片文件；图形图像处理软件将处理的结果保存为文件。人们的工作和学习都离不开对文件的读写操作。

当涉及到对程序外部数据进行处理时，就要使用计算机文件。文件是计算机中相关信息的集合，储存在长期储存设备中，可以方便地被程序语言读取和写入，并且可以多次使用，不会因为断电而消失。Python 提供了内置支持来实现文件的打开、处理和关闭，允许以只读、读写、追加等形式进行不同的文件操作，并且在处理完成后关闭所打开的文件。

数据格式化是将一组数据按照一定的规格和样式进行规范表示、存储和运算的操作。本章主要学习一维和二维数据的格式化，帮助用户掌握 CSV 格式中一维和二维数据文件的读写操作。

本章学习目标
- 掌握文件的打开、读写和关闭。
- 理解数据组织的维度，包括一维数据和二维数据。
- 掌握一维数据的表示、存储和处理。
- 掌握二维数据的表示、存储和处理。
- 掌握 CSV 格式对一维和二维数据文件的读写操作。

6.1 文件概述

文件是存储在存储媒介上的信息或数据，这些信息或数据可以是文字、照片、视频、音频等。文件作为数据永久存储的一种形式，通常位于外部存储器中。文件可以分为文本文件和二进制文件。Python 对文件提供了很好的支持，内置了文件对象以及众多的支持库。本章将主要介绍文件的打开和关闭、文件的读写以及文件和目录的常见操作等内容。

6.1.1 文件定义

文件可以定义为一组相关数据的有序集合，这个集合有一个名称，称为文件名。在前面的各章中，已经多次使用了文件，例如 Python 源程序文件、模块等。这是一个比较狭义的概念，通常又称为普通文件。一般情况下，文件是存放在外存储器(如磁盘等)中的，在使用时才调入内存。

为了长期保存数据以便重复使用、修改和共享，必须将数据以文件的形式存储到外部存储介质(如磁盘、U 盘、光盘或云盘等)中。文件操作在各类应用软件的开发中均占有重要的地位。例如，管理信息系统使用数据库来存储数据，而数据库最终还是要以文件的形式存储到硬盘或其他存储介质上。应用程序的配置信息通常也是使用文件来存储。此外，图形、图像、音频、视频、可执行文件等也都是以文件的形式存储在磁盘上的。

从不同的角度可对文件进行分类，其中按文件中数据的组织形式可以将文件分为文本文件和二进制文件两类。

文本文件存储的是常规字符串，由若干文本行组成，通常每行以换行符结尾。常规字符串指的是记事本或其他文本编辑器能正常显示、编辑并且人类能够直接阅读和理解的字符串，如英文字母、汉字、数字等。文本文件可以使用记事本进行编辑。

二进制文件将对象内容以字节串的形式进行存储。这类文件无法直接用记事本或其他普通字处理软件直接进行编辑，通常也无法被人类直接阅读和理解。需要使用专门的软件进行解码后读取、显示、修改或执行。常见的如图形图像文件、音视频文件、可执行文件、资源文件以及各种数据库文件和各类 Office 文档等。

Python 的 sys 模块中定义了 3 个标准文件，包括 stdin(标准输入文件)、stdout(标准输出文件)和 stderr(标准错误文件)。通常把显示器定义为标准输出文件，因此在屏幕上显示有关信息就是向标准输出文件输出。键盘通常被定义为标准输入文件，从键盘上输入就意味着从标准输入文件上输入数据。以下交互式操作演示了使用标准输出文件。

```
>>> import sys
>>> f1=sys.stdout
>>> f1.write("how are you!")      # 对文件 f1 写数据相当于向显示器写数据
how are you!12
```

6.1.2 文件存储

数据的组织形式是指数据在磁盘上的存储形式。从文件数据的组织形式看，文件可分为 ASCII 码文件和二进制码文件两种。ASCII 文件也称为文本文件，这种文件在磁盘中存放时，每个字符对应一个字节，每个字节中存放相应字符的 ASCII 码。

例如，数字 1234 的 ASCII 存储形式如下。

ASCII 码：　　　　　　00110001　00110010　00110011　00110100
十进制码：　　　　　　　1　　　　2　　　　3　　　　4
总共占用 4 个字节。

ASCII 码文件可在屏幕上按字符显示。例如，Python 语言的源程序文件就是 ASCII 文件。常见的文本编辑器如 Windows 系统中的记事本、写字板等都可以显示文件的内容。由于 ASCII 文件以字符形式存储，因此可以直接读取和理解其内容。

二进制文件是按二进制的编码方式来存放文件的。

例如，数字 1234 的内存存储形式如下。

00000100　11010010

总共占 2 个字节。虽然二进制文件也可在屏幕上显示，但其内容通常无法直接读取和理解。

在 ASCII 文件中，数据以 ASCII 码的形式保存，这意味着每个字符都是以其相应的 ASCII 码存储在磁盘上。这种格式便于字符的逐个处理和编辑工作，并且在大多数操作系统中可以直接识别字符数据。然而，由于 ASCII 码采用 7 位或 8 位字节表示每个字符，这种存储方式可能会占用的磁盘存储空间较多，并且在数据处理时需要额外的转换开销，从二进制形式转换到 ASCII 编码。

相比之下，用二进制形式存储可以节省磁盘空间和转换时间，但由于其输出的形式是内存中的表示形式，所以一般不能被文本编辑器直接识别和编辑。

6.2 文件的操作

在编程语言中，文件是数据的抽象和集合，是存储在辅助存储器上的数据序列，是数据存储的一种形式。文件按照其展示方式主要分为文本文件和二进制文件。本质上所有文件都是按照二进制形式存储，但是形式上又有所不同。

文本文件是以特定编码存储的，例如常见的 UTF-8 编码。由于这些文件是以编码后的字符数据存储，因此可以看作是存储了长字符串。文本类和字符类文件通常以文本文件形式存储，常见的文件格式有.txt 和.py 等。

二进制文件直接由比特(0 和 1)组成，没有统一的字符编码。二进制文件中的数据通常是 0 和 1 根据一些预定义的格式进行了结构组织。图像、音频、视频等文件多以二进制文件的形式存储，常见的文件格式有.png 和.avi 等。

所有文件在计算机中都以二进制(0 和 1)形式存储，其中有统一编码的称之为文本文件，没有统一编码的称之为二进制文件。无论文本文件还是二进制文件都可以以二进制方式打开和读取。

文件操作要遵循一定的规则。Python 语言与其他高级语言一样，在使用文件之前应该首先打开文件，使用结束后应该关闭文件。使用文件的一般步骤包括打开文件、操作文件、关闭文件等几个步骤。

打开文件是建立用户程序与文件的联系，系统为文件开辟文件缓冲区。操作文件就是对文件的读、写、追加和定位操作。读操作表示从文件中读出数据，即将文件中的数据读入计算机内存。写操作是指向文件中写入数据，即将计算机内存中的数据写入到文件中。追加操作是将新的数据附加到原有数据的后面。定位操作是移动文件读写位置指针，以便在文件的不同位置进行读写操作。关闭文件是切断文件与程序的联系，将文件缓冲区的内容写入磁盘，并释放文件缓冲区资源。

6.2.1 文件的打开和关闭

Python 使用 open( )函数打开一个文件，并返回一个可迭代的文件对象，通过该文件对象可以对文件进行读写操作。如果文件不存在、访问权限不足、磁盘空间不足或其他原因导致创建文件对象失败，open( )函数会抛出一个 IOError 的异常，并提供错误码和详细信息。

打开文件使用 open(file,mode)函数，其中 file 参数指定要操作的文件名。该文件名既可以是绝对路径，比如"d:\\code\\test.txt"，也可以是当前目录下的文件名，比如"test.txt"。mode 参数是表明文件打开模式，包括以文本形式打开或以二进制形式打开，打开的过程是读信息还是写信息。除了文件名和打开模式外，open( )函数还有 buffering、encoding、errors、newline、closefd、 opener 等参数，这些参数一般情况下不常用。在打开文件时，最常用的是 file 和 mode 这两个参数。open( )函数的函数原型如下：

f=open (file, mode='r', buffering=-1, encoding=None, errors=None, newline=None, closefd=True, opener=None)

- file 参数指定打开的文件名称。
- mode 参数指定打开文件后的处理方式，其所有的可能参数值如表 6-1 所示。这个参数是必需的，默认文件访问模式为"rt"(为文本文件时，通常省略标识符"t")，默认值为"r"表示只读方式。
- buffering 参数指定了读写文件的缓存模式。0 表示不缓存，1 表示缓存，大于 1 的值表示缓冲区的大小。默认值-1 表示由系统管理缓存。
- encoding 参数指定对文本进行编码和解码的方式，只适用于文本模式，可以使用 Python 支持的任何编码格式，如 GBK、UTF8、CP936 等。

open( )函数的第一个参数 file 是文件的路径和名称，可以是文件的绝对路径和名称，也可以是文件的相对路径和名称。

一个文件需要有唯一确定的文件标识，以保证用户可根据标识找到唯一确定的文件。描述文件包含三个部分，分别为文件路径、文件名和拓展名。例如，有一个文件在 Windows 平台上保存在 C:\code\test.txt，那么 C:\code\是文件路径，表示 C 盘下的 code 文件夹，test.txt 是文件名和扩展名。在使用 open( )函数打开这个文件的时候，需要指定这个路径，可以有四种表达方式。

- 第一种方式：直接给出当前文件的绝对路径。需要注意的是，Python 中反斜杠"\"表示转义，所以需要使用两个反斜杠"\\"来表示一个实际的反斜杠"\"，所以 file 参数应该为"C:\\code\\test.txt"。
- 第二种方式：使用绝对路径，但是使用斜杆"/"来代替反斜杠"\"。所以 file 参数实际为"C:/code/test.txt"。
- 第三种方式：使用相对路径。如果当前程序的工作目录是 C:\，那么 file 参数实际为"./code/test.txt"；
- 第四种方式：使用相对路径。如果当前程序在 C:\code，那么 file 参数实际为"test.txt"。

无论采用哪种方式，最终目的是确保程序在其当前目录下有效地找到并访问文件。无论是绝对路径还是相对路径，只要路径能够正确地指向文件，并且文件名准确无误，程序就能顺利地读取该文件。

open( )函数的第二个参数 mode 表示打开文件的模式。Python 语言提供了多种基本的打开模式，用户可以使用多种模式打开一个文件。表 6-1 所示是基本打开模式和一些常见的组合。

表 6-1　文件的打开模式

模式	说明
t	文本模式(默认)
x	创建写模式，新建一个文件，如果该文件已存在则会抛出异常
b	二进制模式
+	打开一个文件进行更新(可读可写)
U	通用换行模式(Python 3.x 中不再支持)

(续表)

模式	说明
r	只读模式(默认模式)，如果文件不存在则会抛出异常
rb	以二进制格式读取文件。文件指针放在文件开头(默认)，用于读取非文本文件
r+	打开一个文本文件用于读写。文件指针将会放在文件的开头
rb+	以二进制格式读写文件。文件指针放在文件开头，用于读取非文本文件
w	打开文件用于写入。如果文件已存在则清空文件内容；如果文件不存在，创建新文件
wb	以二进制格式打开一个文件只用于写入。如果该文件已存在则打开文件，并从开头开始编辑，原有内容会被删除；如果该文件不存在则创建新文件。一般用于非文本文件(如图片)
w+	打开一个文件用于读写。如果该文件已存在则打开文件，并从开头开始编辑，原有内容会被删除；如果该文件不存在则创建新文件
wb+	以二进制格式打开一个文件用于读写。如果该文件已存在则打开文件，并从开头开始编辑，原有内容会被删除；如果该文件不存在则创建新文件。一般用于非文本文件(如图片)
a	打开一个文件用于追加。如果该文件已存在，文件指针将会放在文件的结尾。也就是说，新的内容将会被写入到已有内容之后。如果该文件不存在，创建新文件进行写入
ab	以二进制格式打开一个文件用于追加。如果该文件已存在，文件指针将会放在文件的结尾。也就是说，新的内容将会被写入到已有内容之后。如果该文件不存在，创建新文件进行写入
a+	打开一个文件用于读写。如果该文件已存在，文件指针将会放在文件的结尾。文件打开时会是追加模式。如果该文件不存在，创建新文件用于读写
ab+	以二进制格式打开一个文件用于追加。如果该文件已存在，文件指针将会放在文件的结尾。如果该文件不存在，创建新文件用于读写

　　文本形式和二进制形式：对于一个文件"test.txt"，内容是一段字符串"数据科学与大数据技术"，可以用文本形式理解它，也可以用二进制形式理解它。以文本形式理解它的时候，这个字符串使用了统一的编码，如果此时使用 print( )函数将它打印，如 print(open("test.txt", "rt", encoding='utf-8').read( ))，那么输出的结果就是"数据科学与大数据技术"。但是如果以二进制形式理解它，使用 print( )函数将它打印，例如 print(open("test.txt","rb").read( ))，那么返回的是一串由二进制构成的字符串"b'\xe6\x95\xb0\xe6\x8d\xae\xe7\xa7\x91\xe5\xad\xa6\xe4\ xb8\x8e\xe5\xa4\xa7\xe6\x95\xb0\xe6\x8d\xae\xe6\x8a\x80\xe6\x9c\xaf'"。简单来说，返回的是这些汉字在计算机中存储时对应的二进制形式。

　　显然，使用文本模式打开文件时，文件的内容会被解释为文本，这样可以更好地理解和处理其中的字符。而二进制形式是文件最原始的存储格式。在使用时，如果一个文件是文本文件，并需要对其中的字符进行理解，就应该以文本模式打开它。如果仅需要访问或操作文件的二进制数据，就用二进制形式将它打开并处理。下面举例说明调用 open( )函数时各种模式的含义：

```
file=open("test.txt")          # 只读方式打开当前目录下的 test.txt 文本文件
file=open("test.txt","rt")     # 只读方式打开当前目录下的 test.txt 文本文件
file=open("test.txt","w")      # 文本形式、覆盖写模式
file=open("test.txt","a+")     # 文本形式、追加写模式和读模式
file=open("test.txt","x")      # 文本形式、创建写模式
```

```
file=open("test.txt","rb")        #  二进制形式、只读模式
file=open("test.txt","wb")        #  二进制形式、覆盖写模式
```

【例 6-1】在当前目录下创建一个文件 test.txt，将数据写入文件，再打开文件读取一行数据。
程序代码如下：

```
f1= open("test.txt","w")
f1.write("I love Python.")
f1.close( )
f2 = open("test.txt","r")
s1 = f2.readline( )
f2.close( )
print(s1)
```

文件对象的 close( )方法用于关闭一个已打开的文件。调用 close( )方法时，缓冲区中的数据
会被写入文件，然后文件被关闭。关闭后的文件不能再进行读写操作，否则会触发 ValueError
异常。close( )方法允许调用多次。flush( )方法将缓冲区的数据写入文件，但是不关闭文件。

需要注意的是，即使写了关闭文件的代码，也无法保证文件一定能够正常关闭。例如，如
果在打开文件之后和关闭文件之前发生了错误导致程序崩溃，这时文件就无法正常关闭。在管
理文件对象时推荐使用 with 语句，使用 with 语句可以自动管理文件的打开和关闭，即使在执
行过程中发生了异常文件也会被正确关闭。

在编程实践中，通常会使用上下文管理器来自动打开、操作和关闭文件。上下文管理器使
用 with 关键字并在下方接上文件操作代码块，这样可以方便地执行 Python 文件操作的整个周
期，而不必每次都要刻意的去使用 close( )方法。with 语句符合 Python 中内置的一个编码约定，
称之为上下文管理协议，它会自动管理其代码组运行的上下文。使用 with 语句结合 open( )函数
时，Python 解释器会自动处理文件的打开和关闭，在需要的时候调用 close( )方法。

with...as 语句使用于对资源进行访问的场合，它确保不管在使用过程中是否发生异常都会
执行必要的"清理"操作，释放资源(如文件使用后自动关闭)。例如：

```
with open('test.txt', encoding='utf-8') as f:
    print(f.read( ))
```

类似 for 循环或者 if 语句一样，在 with 语句下方缩进接上文件操作的代码块。当代码块执
行完毕后，上下文管理器会自动执行文件句柄的关闭操作。

with 语句除了与 open( )函数结合使用以外，还可以和任何一个类结合形成一个新的上下文
管理器。这个类必须包含满足上下文管理协议的三个方法：__init__(完成初始化)、__enter__(完
成所有建立工作)和 __exit__(完成所有清理工作)。

【例 6-2】使用 with...as 语句操作文件(创建一个文件，写入一个字符串，然后将这个文件
的内容复制到另一个文件)。
程序代码如下：

```
with open("data1.txt","w") as f1:
    f1.write("this is a book.")
with open("data1.txt","r") as sf, open("data2.txt","w") as df:
    df.write(sf.read( ))
```

6.2.2 文件的读取和写入

在打开文件后，可以对文件进行读写以及其他操作。对文件的操作都是调用文件对象的方法，如读取文件内容的方法 read( )、readline( )和 readlines( )；写入文件内容的方法如 write( )和 writelines( )。

文件在 Python 程序中打开后会形成一个文件对象。file 对象是 open( )函数返回后形成的一种 Python 对象，存储文件对象的变量名 file 通常称为文件句柄。表 6-2 所示列出了文件对象 file 常用的一些方法。

表 6-2　file 对象常用方法

方法	说明
file.write(str)	将字符串或字节流写入文件，返回值是写入文件的字符的个数
file.writelines(list)	写入一个元素全为字符串的列表到文件，如果需要换行则要自己加入每行的换行符
file.read([size=-1])	从文件读取指定的字节数，如果未给定或字节数为负则读取所有
file.readline([size=-1])	从文件中读取一行，返回一个字符串对象，包括"\n"字符。
file.readlines([sizeint])	读取并返回该文件中包含的所有行，以字符串列表形式返回，若给定 sizeint>0，返回总和大约为 sizeint 字节的行，实际读取值可能比 sizeint 较大，因为需要填充缓冲区
file.close( )	关闭文件。关闭后文件不能再进行读写操作
file.seek(offset[, whence])	移动文件读取指针到指定位置，把文件指针移动到新的字节位置，offset 表示相对于 whence 的位置。whence 为 0 表示从文件头开始计算，1 表示从当前位置开始计算，2 表示从文件尾开始计算，默认为 0
file.tell( )	返回文件指针当前位置
file.flush( )	刷新文件内部缓冲，直接把内部缓冲区的数据立刻写入文件，而不是被动等待输出缓冲区写入
file.fileno( )	返回一个整型的文件描述符，可以用在 os 模块的 read 方法等一些底层操作上
file.isatty( )	如果文件连接到一个终端设备返回 True，否则返回 False
file.next( )	返回文件下一行(Python 3.x 中不再支持)
file.truncate([size])	从文件的首行首字符开始截断，截断文件为 size 个字符，无 size 表示从当前位置截断；截断之后后面的所有字符被删除，其中 Windows 系统下的换行代表 2 个字符大小

下面通过示例来展示表 6-1 和表 6-2 介绍的文件打开、关闭、读取、写入方法，以及更为方便的上下文管理器的使用技巧。

【例 6-3】使用 write( )函数向文件中写入字符串。运行程序后，在当前目录下将生成一个名为 test.txt 的文件，打开该文件可以看见写入文件的内容，如图 6-1 所示。

程序代码如下：

```
with open("test.txt","w") as file:
    n=file.write("01234\n56789")
    print("向文件中写入了%d 个字符!"%(n))
```

图 6-1 文件中写入的数据

【例 6-4】 编写程序，以追加的方式打开当前目录下例 6-3 创建的文件 test.txt，并在文件后追加用户输入的字符串。程序运行结果如图 6-2 所示。

程序代码如下：

```
s=input("请输入追加的文字：")
with open("test.txt","a") as file:
    file.write("\n")
    n=file.write(s)
    print("向文件中追加了%d 个字符!"%(n))
```

图 6-2 向文件中追加字符串

【例 6-5】 使用 writelines( )函数向文件中写入字符序列。

程序代码如下：

```
str=["宝剑锋从磨砺出，\n",
        "梅花香自苦寒来。"]
with open("test.txt","a") as file:
    file.writelines(str)
    print("写入数据成功!")
```

【例 6-6】 使用 readlines( )函数读取文件的所有行。

程序代码如下：

```
with open("test.txt","r") as file:
    contents=file.readlines( )
    print(contents)
```

运行结果如下：

```
['01234\n', '56789\n', '123456789 宝剑锋从磨砺出，\n', '梅花香自苦寒来。']
```

read( )函数(无参数时)和 readlines( )函数都可一次读取文件中的全部数据，但这两种操作都不够安全。因为计算机的内存是有限的，若文件较大，read( )函数和 readlines( )函数的一次读取便会耗尽系统内存，这显然是不可取的。同样，若文件中存在数据量较大的行，使用 readline( )函数同样不够安全。

要读取文件数据并进行处理，可以采用一次读入，统一处理的方式。但如果文本文件特别大，将会耗费非常多的时间和资源。迭代一个序列，就是逐一遍历这个序列的每一个元素，迭代一个文件，就是逐行遍历一个文件的全部内容，从文件读取数据也可以采用逐行迭代的方式。以下交互式操作展示如何逐行遍历文件。

```
>>>fname=input("请输入要打开的文件名称：")        # 输入要打开的文件名
>>>fo=open(fname,"r")
>>>for line in fo.readlines( ):                  # 逐行迭代遍历文件
        pass
>>>fo.close( )                                   # 关闭文件
```

【例6-7】逐行迭代访问文件内容。

程序代码如下：

```
f=open("output.txt","w+")
list=["四川","乐山","市中区"]
f.writelines(list)
f.close( )
f=open("output.txt","r")
for line in f:                                   # 逐行迭代，将打开的文件当成是一个迭代器
    print(line)
f.close( )
```

【例6-8】使用 readlines 方式迭代访问文件。

程序代码如下：

```
f=open("output.txt","r")
for line in f.readlines( ):                       # 逐行迭代的另一种方式
    print(line)
f.close( )
```

【例6-9】 从文件中读取内容并在屏幕上显示。

程序代码如下：

```
with open('test.txt') as f2:
    while True:
        c = f2.read(1)
        if not c:
            break
        print(c,end='')
```

使用 with...open...as 语句打开文件后，文件将在循环执行完毕后被自动关闭。read(1)表示每次从文件中读取一个字符，当读到文件尾时，返回空字符串。按照非空即真，空即是假的原则，当读取到文件尾时，break 语句将执行，循环结束，文件被自动关闭。建议使用 with...open...as

语句来打开文件。

seek(offset, whence)函数将文件指针定位到文件中指定字节的位置，从而实现文件的随机读写。读取时遇到无法解码的字符，会抛出异常。参数 offset 表示偏移量，即读写位置需要移动的字节数。whence 表明偏移量的参照物：io.SEEK_SET(值为 0)表示相对于文件开头偏移，此时偏移量当为正数；io.SEEK_CUR (值为 1)表示相对于当前读写位置偏移，此时偏移量可为正数或负数；io.SEEK_END(值为 2)表示相对于文件尾偏移，此时偏移量当为负数。当文件以文本模式工作时，seek( )方法无法相对文件尾或者当前读写位置偏移。当文件以二进制模式工作时，seek( )方法没有问题。执行以下交互式操作并思考结果。

```
>>> f=open("test.txt","w")
>>> help(f.seek)
Help on built-in function seek:
seek(cookie, whence=0, /) method of _io.TextIOWrapper instance
    Change stream position.
    Change the stream position to the given byte offset. The offset is
    interpreted relative to the position indicated by whence.    Values
    for whence are:
    * 0 -- start of stream (the default); offset should be zero or positive
    * 1 -- current stream position; offset may be negative
    * 2 -- end of stream; offset is usually negative
    Return the new absolute position.
>>> f.seek(-2,2)        # 文本文件的 seek 方法第二个参数为 2 时，第一个参数只能为 0
Traceback (most recent call last):
  File "<pyshell#2>", line 1, in <module>
    f.seek(-2,2)
io.UnsupportedOperation: can't do nonzero end-relative seeks
>>> f=open("test.txt","wb+")
>>> f.write(b"hello")
5
>>> f.seek(-2,2)        # 二进制文件的 seek 方法第二个参数为 2 时，第一个参数可以取负数
3
```

【例 6-10】 文件位置操作。

程序代码如下：

```
s = "".join((str(x) for x in range(10)))
print(s)
f1 = open('DATA.txt',"w+")
print("当前文件指针位置:", f1.tell( ))
f1.write("成理工程" + s)
print("当前文件指针位置:", f1.tell( ))
f1.seek(6)
print("当前文件指针位置:",f1.tell( ))
f1.write("ABCDEF")
print("当前文件指针位置:",f1.tell( ))
f1.seek(f1.tell( ),0)
f1.write("ABCDEF")
f1.close( )
f2 = open('DATA.txt',"r")
```

```
print("文件内容:")
print(f2.read( ))
f2.close( )
```

运行结果如下:

```
0123456789
当前文件指针位置: 0
当前文件指针位置: 18
当前文件指针位置: 6
当前文件指针位置: 12
文件内容:
成理工 ABCDEFABCDEF
```

【例 6-11】 文件操作综合示例。本例展示了如何对文件内容进行简单的处理(例如计算文件中的行数)以及文件的创建、读取、写入、追加和异常处理。

程序代码如下:

```
# 定义操作的文件路径为当前路径
file_path = 'example.txt'
# 定义写入文件内容的函数
def write_to_file(file_path, content):
    try:
        with open(file_path, 'w', encoding='utf-8') as file:
            file.write(content)
        print("内容已成功写入文件 {}。".format(file_path))
    except Exception as e:
        print("写入文件时发生错误：{}".format(e))


# 追加内容到文件
def append_to_file(file_path, content):
    try:
        with open(file_path, 'a', encoding='utf-8') as file:
            file.write(content)
        print("内容已成功追加到文件 {}。".format(file_path))
    except Exception as e:
        print("追加内容到文件时发生错误：{}".format(e))
# 读取文件内容并返回行数
def read_file_and_count_lines(file_path):
    try:
        with open(file_path, 'r', encoding='utf-8') as file:
            lines = file.readlines( )
            num_lines = len(lines)
            print("文件 {} 的内容为：\n{}".format(file_path,".join(lines)))
            print("文件 {} 有 {} 行。".format(file_path,num_lines) )
    except FileNotFoundError:
        print("文件 {} 未找到。".format(file_path))
    except Exception as e:
        print("读取文件时发生错误：{}".format(3))

# 主程序
```

```
if __name__ == "__main__":
    # 写入文件内容(如果文件已存在，则会被覆盖)
    initial_content = "这是第一行。\n 这是第二行。\n 这是第三行。\n"
    write_to_file(file_path, initial_content)

    # 读取文件内容并计算行数
    read_file_and_count_lines(file_path)

    # 追加内容到文件
    append_content = "这是追加的一行。\n"
    append_to_file(file_path, append_content)

    # 再次读取文件内容并计算行数，以验证追加操作
    read_file_and_count_lines(file_path)
```

在例 6-11 中，定义了三个函数：write_to_file 函数用于写入文件内容，append_to_file 函数用于追加内容到文件，read_file_and_count_lines 函数用于读取文件内容并计算行数。在主程序中，首先调用 write_to_file 函数来写入初始内容，然后调用 read_file_and_count_lines 函数来验证内容并计算行数。接着，调用 append_to_file 函数来追加内容，并再次调用 read_file_and_count_lines 函数来验证追加操作是否成功。每个函数都使用了 try...except 块来处理可能发生的异常，包括文件未找到异常和其他异常。这样可以使得程序更加健壮，能够在发生错误时提供有用的错误信息，而不是直接崩溃。

6.3 数据格式化

6.3.1 一维数据的格式化和处理

数据组织的维度从单一数据到一组数据，这是编写程序或者理解世界的一个很重要跨度。单一数据通常表达一个具体的含义，而一组数据可以表达一个或多个含义。图 6-3 所示展示了一组数据和单一数据的表达含义。

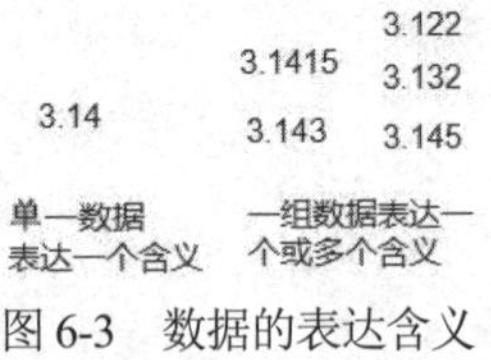

图 6-3 数据的表达含义

对于一组数据，可以采用不同的方式进行组织，例如采用线性(一维)、二维或多维方式进行组织。这些组织方式会构成不同的数据组织形式，图 6-4 展示了 6 种数据不同的组织形式。

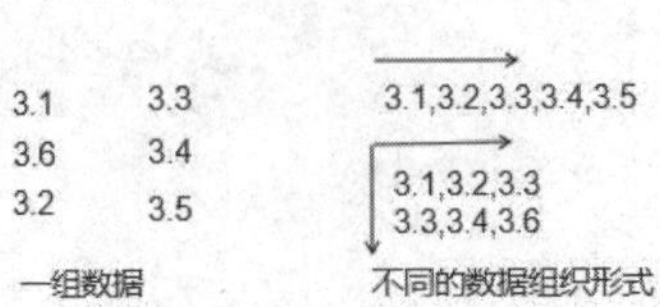

图 6-4 数据的组织形式

一维数据是由对等关系的有序或无序数据构成，并采用线性方式组织。一维数据对应了 Python 程序中的列表、数组和集合等类型的概念。二维数据是由多个一维数据构成，是一维数据的组合形式，生活中常见的例子是排行榜。进一步还有多维数据，它是由一维或二维数据在新的维度上扩展而形成的。例如，排行榜已经是二维数据，但是当加入了时间维度，就构成了多维数据。除了一维数据、二维数据和多维数据之外，数据组织还有一种高维组织方式，它利用最基本的二元关系展示数据间的复杂结构，字典就是一个常见的高维数据组织示例。

在数据处理过程中，还存在一个操作周期的概念，如图 6-5 所示。由于数据必须存在才能进行处理，因此可以将数据分为数据存储、数据表示和数据操作三个阶段。数据存储指的是数据在磁盘中的存储状态，主要关心数据存储所使用的格式。数据表示指的是程序表达数据的方式，关注的是数据类型。如果数据能够由程序中的数据类型进行很好的表达，可以借助数据类型对数据进行操作，这些操作包括具体的操作方法和算法。

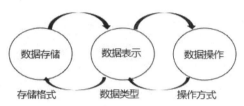

图 6-5　数据的操作周期

(1) 一维数据的表示。如果一维数据之间存在顺序关系，可以使用列表类型来表达这种一维数据。列表类型是表达一维有序数据的理想数据结构。

如果一维数据之间没有固定的顺序，可以使用集合类型来表达这种一维数据。集合类型是表达一维无序数据的合适结构。可以使用 for 循环遍历一维数据，进而对每个数据进行处理。列表类型表达一维有序数据的个示例是：ls = [3, 4, 5]。集合类型表达一维无序数据的示例是：st = {3,4,5}。

(2) 一维数据的存储。将一维数据存储在硬盘或者文件中有很多种方式，其中最简单的方式是把数据之间采用空格进行分隔，即使用一个或多个空格分隔数据并且进行存储，只用空格分隔，不换行。这是一种简单的一维数据存储方式。同理，可以将空格替换为任意一个字符或多个字符来作为分隔符，但需要保存数据中不存在该分隔符。

(3) 一维数据的处理。一维数据的处理涉及数据存储与数据表示之间的转换，包括如何将存储的一维数据读入到程序中并表示为列表或集合，以及如何将程序中的数据写入到文件中。

【例6-12】一维数据的处理包括从空格分隔的文件中读入数据以及从特殊符号分隔的文件中读入数据。本例两个文件中的数据如图 6-6 所示。下面编写代码读取文件的内容到列表中并显示。

图6-6　两个文件中的数据

程序代码如下：

```
f=open("文本数据.txt","r",encoding='utf-8')
s=f.read( )
s2=s.split( )
print(s2)
f.close( )
f2=open("文本数据 1.txt","r",encoding='utf-8')
s=f2.read( )
s2=s.split(",")
print(s2)
f2.close( )
```

运行结果如下：

```
['热爱祖国','无私奉献','自力更生','艰苦奋斗','大力协同','勇于攀登']
['热爱祖国','无私奉献','自力更生','艰苦奋斗','大力协同','勇于攀登']
```

【例6-13】将一维数据写入文件，在数据之间使用不同的分隔符。

程序代码如下：

```
ls=['中国','四川','成都']
f=open("data.txt","w")
f.write(' '.join(ls))
f.close( )
# 文件内容变为中国 四川 成都
ls=['中国','四川','成都']
f=open("data.txt","w")
f.write('$n'.join(ls))
f.close( )
# 文件内容变为中国$n 四川$n 成都
```

6.3.2　二维数据的格式化和处理

1. 二维数据的表示

二维数据通常以表格形式存在。由于每一行具有相同的格式特征，一般采用列表类型来表达二维数据。这里所说的"列表"指的是二维列表。二维列表指的是它本身是一个列表，而列表中的每一个元素又是一个列表，其中每一个元素可以代表二维数据的一行或一列，若干行和若干列组织起来形成的外围列表就构成了二维列表。

在 Python 中，二维数据通常使用二维列表来表示。然而，在数据分析或大数据处理时，还有更高级或更有效的结构来处理二维数据。列表类型可以表达二维数据(使用二维列表)，例如 [[3, 4, 5],[6, 7, 8]]就是一个二维数据。

使用二维列表表达二维数据时，可以使用两层 for 循环遍历每一个元素。在外围列表中，每个元素可以对应二维数据的一行，也可以对应一列，具体对应一行还是一列，要根据具体应用程序确定。

2. 二维数据的存储

二维数据的存储常使用 CSV 格式文件。CSV 全称为 Comma-Separated Values，指的是由逗号分隔的值，简单来说就是用逗号分隔值的一种存储方式。使用逗号分隔值是国际通用的一种一维和二维数据存储格式，一般这样的文件以.csv 作为扩展名。在 CSV 文件中每行是一个一维数据，采用逗号来分隔，并且文件中没有空行，那么不同行就构成了另一个维度。

CSV 文件可以使用 Excel 软件打开并保存。此外，许多编辑软件都可以生成或转换为 CSV 格式。CSV 格式是一种通用的数据转换标准格式，用于不同系统或应用程序之间的数据转换和共享。如图 6-7 所示为将表格转换为 CSV 格式后，用记事本打开的结果。

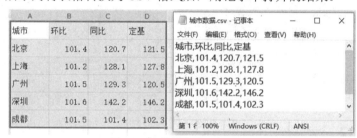

图 6-7　表格转换为 CSV 格式

在 CSV 数据存储格式中，有以下一些约定：

- 如果某个元素在二维数据中缺失了，必须要为其保留一个逗号。
- 在二维数据的表中，表头可以作为数据存储的一部分，也可以选择另行存储。
- 逗号是英文半角逗号，逗号与数据之间没有额外的空格。
- 二维数据可以按行存储，也可以按列存储，具体由程序决定(默认先行后列)。
- 在不同的编辑软件中转换 CSV 格式，如果数据元素中需要包含逗号可能会在元素两端使用引号进行包裹，或者使用转义符来处理逗号。具体采用哪种方式，取决于所使用编辑软件的处理规则和设置。

3. 二维数据的处理

二维数据的处理涉及将数据写入文件和从文件中读取数据。

【例 6-14】二维数据的读出处理(从 CSV 格式的文件中读取数据)。

程序代码如下：

```
f=open("城市数据.csv","r")
"""
城市数据.csv 文件包含下列数据
城市,环比,同比,定基
```

```
        北京,101.4,120.7,121.5
        上海,101.2,128.1,127.8
        广州,101.5,129.3,120.5
        深圳,101.6,142.2,146.2
        成都,101.5,101.4,102.3
        """
        list=[ ]
        for line in f:
            line = line.replace("\n","")
            list.append(line.split(","))
        print(list)                     # 此时 list 为二维数据，所以应注意输出格式
        for line in list:
            line=",".join(line)         # 列表以 “,” 为分隔符转换成字符串传输出
            print(line)
        f.close( )
```

【例 6-15】 二维数据的写入处理(将数据写入 CSV 格式的文件)。

程序代码如下：

```
# 将保存在列表中二维数据写入 csv 文件中：
ls=[['中国','日本','韩国'],['美国','加拿大','古巴']]
f=open("测试文件.csv","w")
for item in ls:
    f.write(','.join(item)+'\n')
f.close( )
# 文件内容变为
# 中国,日本,韩国
# 美国,加拿大,古巴
# 二维数据的逐一处理
ls=[[1,2],[3,4],[5,6]]
for r in ls:
    for c in r:
        print(c,end=" ")
```

6.4 数据序列化

6.4.1 JSON

序列化(Serialization)是指把程序中的一个对象或类转化成一个标准化的格式。标准化的意义在于，该格式可以跨程序和跨平台被使用，同时保持数据的完整性和一致性。序列化可以将数据转换成标准的格式(如 Json 格式或 Pickle 格式)，之后再反序列化回来，恢复原始数据，从而保持数据的一致性。数据序列化之后，可以减少内存和网络资源的占用。将数据序列化之后，可以在其他平台(不同操作系统的计算机上)继续使用。此外，使用 Python 对数据进行序列化，可以使用 Java 等其他语言对其进行反序列化。

JSON(JavaScript Object Notation)是一种轻量级的数据交换格式，广泛用于将数据从一个应用程序传输到另一个应用程序。它基于 JavaScript 语言的一个子集，但已成为跨编程语言和平

台的通用数据格式。当处理 JSON 数据时，Python 中的 json 模块提供了 4 个主要的函数：dump、dumps、load 和 loads。这些函数用于在 JSON 数据和 Python 对象之间进行转换和序列化。

当处理包含结构化数据的 JSON 格式数据时，Python 提供了内置的 json 模块，它提供了一组功能强大的工具，用于解析和处理 JSON 数据。JSON 数据由键值对组成，类似于 Python 中的字典或 JavaScript 中的对象。它支持以下数据类型。

- 字符串(string)：表示文本数据(使用双引号括起来)。
- 数字(number)：表示整数或浮点数。
- 布尔值(boolean)：表示 True 或 False。
- 数组(array)：表示有序的值列表(使用中括号括起来，值之间用逗号分隔)。
- 对象(object)：表示键值对集合(使用花括号括起来，键和值之间用冒号分隔，键值对之间用逗号分隔)。

以下是一个简单的 JSON 对象示例：

```
{ "name": "Liping", "age": 24, "city": "Chengdu", "hobbies": ["reading", "traveling"]}
```

在上述示例中，有一个名为 name 的键对应的值是字符"Liping"；age 键对应的值是整数 24；city 键对应的值是字符串"Chengdu"；hobbies 键对应的值是包含两个字符串元素的数组 ["reading","traveling"]。

使用 JSON 的优点有以下几个。

- 简洁明了：JSON 使用简单的语法来表示数据，易于阅读和编写。
- 跨平台和语言：JSON 是一种通用的数据格式，可以在不同的编程语言和操作系统之间进行数据交换。
- 高效性：JSON 数据量相对较小，传输和存储效率高。
- 易于解析：JSON 数据可以很容易地解析为程序可用的数据结构。

JSON 格式的数据在许多场景中都得到广泛应用，特别是在 Web 开发中，它常用于 API 的数据传输和存储、配置文件的格式化以及与前端应用程序之间的数据交换。

6.4.2　JSON 模块函数

1. dump( )函数

dump 在英文中有转储、转存的意思。dump( )函数用于将 Python 对象序列化为 JSON 数据，并将其写入文件对象中。它接受两个参数：要序列化的对象和目标文件对象。

【例 6-16】将 Python 字典对象 data 序列化为 JSON，并将其写入名为 data.json 的文件中。程序代码如下：

```
import json
data = { "name": "Liping", "age": 24, "city": "Chengdu", "hobbies": ["reading", "traveling"]}
with open('data.json', 'w') as f:
    json.dump(data, f)
```

2. dumps( )函数

dumps( )函数用于将 Python 对象序列化为 JSON 字符串。dumps( )函数不需要写入文件，而是将 JSON 表示的数据作为字符串返回。它接受一个参数：要序列化的对象。以下交互式操作演示了将 Python 字典对象 data 序列化为 JSON 字符串，并将结果存储在变量 json_string 中。

```
>>> data = {"name": "Liping", "age": 24, "city": "Chengdu"}
>>> import json
>>> data = {"name": "Liping", "age": 24, "city": "Chengdu"}
>>> json_string = json.dumps(data)
>>> print(json_string)
{"age": 24, "name": "Liping", "city": "Chengdu"}
```

3. load( )函数

load( )函数用于从 JSON 格式文件中读取数据，并将其解析为 Python 对象。它接受一个参数：要读取的文件对象。

【例 6-17】 用 open( )函数打开名为 data.json 的 JSON 文件，并通过 load( )函数将其解析为 Python 对象。最后，将解析结果存储在变量 data 中。

程序代码如下：

```
import json
with open('data.json', 'r') as f:
    data = json.load(f)
print(data)
```

运行结果如下：

```
{'hobbies': ['reading', 'traveling'], 'city': 'Chengdu', 'name': 'Liping', 'age': 24}
```

4. loads( )函数

loads( )函数用于将 JSON 字符串解析为 Python 对象。它接受一个参数：要解析的 JSON 字符串。

```
>>> import json
>>> json_string= '{"name": "Liping", "age": 24, "city": "Chengdu"}'
>>> data= json.loads(json_string)
>>> print(data)
{"name": "Liping", "age": 24, "city": "Chengdu"}
```

当需要读取和解析配置文件、处理来自其他应用程序或服务的 JSON 数据，以及与前端应用程序进行数据交换时，可以使用 json 模块。具体来说，使用 dump( )函数和 load( )函数时，需要提供文件对象并确保文件以适当的模式打开(如'w'用于写入，'r'用于读取)。在使用 dumps( )函数和 loads( )函数时，直接将对象作为参数传递即可，无需使用文件对象。

通过 json 模块的 dump( )函数、dumps( )函数、load( )函数和 loads( )函数，可以在 Python 和 JSON 之间进行数据的序列化和反序列化。使用 dump( )函数可以将 Python 对象写入 JSON 文件，而 load( )函数可以从 JSON 文件中读取数据。使用 dumps( )函数可以将 Python 对象转换为 JSON 字符串，而 loads( )函数可以将 JSON 字符串解析为 Python 对象。应注意正确使用文件对象和处理异常情况，确保提供的数据是有效的 JSON 格式。JSON 的使用场景非常广泛，特别是在与 API 交互、数据存储和数据交换相关的应用程序中。

6.4.3 二进制文件操作

对于二进制文件如图像文件、可执行文件、音视频文件、Office 文件等，不能直接使用记事本或其他文本编辑软件进行正常读写，也无法通过 Python 的文件对象直接读取和理解二进制文件的内容。必须正确理解二进制文件结构和序列化规则，才能准确地理解二进制文件内容并且设计正确的反序列化规则。序列化是将内存中的数据转换为可存储或传输的二进制格式，同时保留其类型信息的过程。经过正确的反序列化过程，这些序列化后的数据能够准确无误地恢复为原始对象。

Python 中常用的序列化模块还有 pickle、struct、marshal 和 shelve。本书只对 pickle 模块和 struct 模块举例进行简单介绍，更多知识读者可以查阅相关资料和帮助文档。

【例 6-18】使用 pickle 模块的 dump( ) 函数将不同的数据写入二进制文件。

程序代码如下：

```
import pickle
i = 45600
f = 203.56
s = '成都理工大学工程技术学院 CDUTETC'
list2 = [[1, 2, 3], [4, 5, 6], [7, 8, 9]]
t = (-5, 10, 8)
s= {4, 5, 6}
d={'1':'zhao', '2':'qian', '3':'sun', '4':'li'}
data=[i, f,s,list2,t,s,d]
with open('6-18-pickle.data','wb') as f:
    try:
        pickle.dump(len(data),f)          # 表示后面将要写入的数据个数
        for item in data:
            pickle.dump(item,f)
    except:
        print('写文件异常!')               # 如果写文件异常则跳到此处执行
```

【例 6-19】使用 pickle 模块的 load( ) 函数从二进制文件中读取数据。

程序代码如下：

```
import pickle
with open('6-18-pickle.data', 'rb') as f:
    n = pickle.load(f)                     # 读出文件的数据个数
    print("数据个数：",n)
    for i in range(n):
        x = pickle.load(f)
        print(x)
```

运行结果如下：

```
数据个数： 7
45600
203.56
{4, 5, 6}
[[1, 2, 3], [4, 5, 6], [7, 8, 9]]
```

```
(-5, 10, 8)
{4, 5, 6}
{'4': 'li', '1': 'zhao', '3': 'sun', '2': 'qian'}
```

struct 模块的主要功能是根据特定的格式字符串解析和构建二进制数据。这些格式字符串指定了数据的布局和类型。并且定义了如何将数据打包(pack)到二进制形式或从二进制形式解包(unpack)。

pack(format, v1, v2, ...)是 struct 模块中的一个函数，它根据给定的格式字符串，将提供的值打包为二进制数据。这个函数会按照给定的格式，把数据封装成字符串(类似于 C 语言中的结构体)。举例来说，struct.pack('i', 33)将整数 33 打包为 4 字节的二进制数据。

unpack(format, buffer)是 struct 模块中的一个方法，其作用是根据给定的格式字符串，从二进制数据中解包出对应的值。它会按照给定的格式解析字节流，并返回解析出来的元组。例如，struct.unpack('i', buffer)将从 4 字节的二进制数据中解包出一个整数。

calcsize(format)函数计算给定格式字符串的大小(以字节为单位)，以确定缓冲区的大小。它返回根据格式字符串计算的字节数，表示格式字符串所描述的数据结构在内存中占用的空间。struct 模块中支持的格式如表 6-3 所示。

表 6-3　struct 模块中支持的格式

格式	C 类型	Python 类型	字节数
x	填充字节	无值	1
c	char	string of length 1	1
b	signed char	int	1
B	unsigned char	int	1
?	_Bool	bool	1
h	short	int	2
H	unsigned short	int	2
i	int	int	4
I	unsigned int	int or long	4
l	long	int	4
L	unsigned long	long	4
q	long long	long	8
Q	unsigned long long	long	8
f	float	float	4
d	double	float	8
s	char[ ]	string	1
p	char[ ]	string	1
P	void *	long	8

函数中放在格式字符串中第一个字符(如@5s6sif 中的@)表示字节对齐方式。@是格式字符串中的一个对齐字符，它指定了对齐方式。表 6-4 所示为第一个字符表示的各种字节对齐方式。

表6-4　常见对齐字符及其含义

字符	字节序	对齐	大小
@	native	native	按原字节数对齐(可能需要填充字节)
=	native	standard	按原字节数对齐
<	little-endian	standard	按原字节数对齐
>	big-endian	standard	按原字节数对齐
!	network	standard	按原字节数对齐

例如，有一个 C 语言的结构体数据类型定义如下：

```
struct Header
{
    unsigned short id;
    char tag[4];
    unsigned int version;
    unsigned int count;
};
```

通过网络接收到了一个上面的结构体数据，存在字符串 s 中，现在需要把它解析出来，可以使用 unpack( )函数：

```
import struct
id, tag, version, count = struct.unpack("!H4s2I", s)
```

格式字符串"!H4s2I"中的!表示使用网络字节顺序解析，因为数据是从网络中接收到的，在网络上传送的时候它是网络字节顺序。H 表示一个 unsigned short 类型的 id。4s表示 4 字节长的字符串。2I 表示有两个 unsigned int 类型的数据。现在 id、tag、version 和 count 已经保存了从网络接收到的数据。以下交互式操作展示如何使用 struct 模块进行打包和解包操作。

```
>>> import struct
>>> packed_data = struct.pack('i', 389)
>>> data=struct.unpack("i",packed_data)
>>> print(data)
(389,)
```

【例6-20】使用 struct 模块将数据序列化后写入二进制文件，并从文件中读取数据进行显示。程序代码如下：

```
import struct
a = 13579
b = 96.45
c = True
s = '***四川'
sn = struct.pack('if?',a,b,c)              # 序列化 a,b,c 变量
with open('structdata.data', 'wb') as fp:
    fp.write(sn)                           # 写入字节串
    fp.write(s.encode( ))                  # 字符串直接编码为字节串写入
with open('structdata.data', 'rb') as fp:
```

```
            sn = fp.read(9)
            tu = struct.unpack('if?',sn)
            print(tu)
            n,x,bl = tu
            print('n=', n)
            print('x=', x)
            print('bl=', bl)
            s = fp.read(9).decode( )
            print('s=', s)
```

运行结果如下：

```
(13579, 96.44999694824219, True)
n= 13579
x= 96.44999694824219
bl= True
s= ***四川
```

6.5 本章小结

　　本章首先讲述了 Python 语言中文件的打开、关闭、读取和写入操作，并介绍了一种方便的文件管理和操作方法——上下文管理器。接着，本章讲解了一维数据和二维数据的格式化，包括它们的表示、存储和处理方法。在每一小节后，附上了大量的示例代码，以帮助用户理解和应用这些方法。

　　文件为一组相关数据的有序集合。文本文件存储的是常规字符串，由若干文本行组成，通常每行以换行符('\n')结尾。二进制文件把对象内容以字节串(bytes)进行存储，无法用记事本或其他普通字处理软件直接进行编辑，通常也无法被人类直接阅读和理解，需要使用专门的软件进行解码后读取、显示、修改或执行。Python 的 sys 模块中定义了三个标准文件，包括：stdin(标准输入文件)、stdout(标准输出文件)和 stderr(标准错误文件)。

　　打开文件是建立用户程序与文件之间联系的过程，此时系统为文件开辟文件缓冲区。操作文件就是对文件的读、写、追加和定位操作。在打开文件后，可以对文件进行读写以及其他操作。对文件的操作都是通过调用文件对象的方法实现。例如，读取文件内容的方法有 read( )、readline( )和 readlines( )；写入文件内容的方法有 write( )和 writelines( )。

　　序列化(Serialization)是指把程序中的一个类转化成一个标准化的格式。标准化的意义在于这种格式可以跨程序、跨平台被使用，并且保持其原有的内容和规范。

6.6 思考和练习

一、判断题

　　1. 在 Python 中读取文本文件时，可以使用 open( )函数打开文件，并使用 read( )方法读取文件内容。　　　　　　　　　　　　　　　　　　　　　　　　　　　　　　　　　(　　)

2. CSV 是一种常见的数据格式，可以使用 csv 模块读取和写入 CSV 文件。 （ ）

3. 在 Python 中，使用 pickle 模块可以将 Python 对象序列化为二进制格式，以便于存储和传输。 （ ）

4. 在 Python 中，使用 JSON 格式存储数据时，可以使用 dump( )方法将数据写入文件，使用 load( )方法从文件中读取数据。 （ ）

二、填空题

1. 在 Python 中，使用_____函数打开文件，并指定打开模式为 "r" 可以读取文件内容。

2. 使用_____方法可以将一个字符串转换为 Python 对象。

3. 在 Python 中，使用_____模块可以读写 XML 格式的数据。

4. 在 Python 中，使用_____模块可以读写 JSON 格式的数据。

三、选择题

1. 在 Python 中，以下哪种方法可以写入文本文件(　　)。
   A. write( ) 　　　　 B. read( ) 　　　　 C. append( ) 　　　　 C. close( )

2. 在 Python 中，以下哪种方法可以读取文本文件的第一行(　　)。
   A. read( ) 　　　　 B. readline( ) 　　　　 C. readlines( ) 　　　　 D. write( )

3. 在 Python 中，以下哪种模块可以读写 Excel 文件(　　)。
   A. csv 　　　　 B. xml 　　　　 C. json 　　　　 D. xlrd/xlwt

4. 在 Python 中，以下哪种方法可以将 Python 对象序列化为 JSON 格式(　　)。
   A. json.dump( ) 　　 B. json.load( ) 　　 C. pickle.dump( ) 　　 D. pickle.load( )

5. 在 Python 中，以下哪种格式是一种常见的数据交换格式(　　)。
   A. CSV 　　　　 B. XML 　　　　 C. JSON 　　　　 D. All of the above

6. 在 Python 中，以下哪种方法可以将 Python 对象序列化为二进制格式(　　)。
   A. json.dump( ) 　　 B. json.load( ) 　　 C. pickle.dump( ) 　　 D. pickle.load( )

7. 在 Python 中，以下哪种方法可以打开文件并返回文件对象(　　)。
   A. open( ) 　　　　 B. close( ) 　　　　 C. read( ) 　　　　 D. write( )

8. 在 Python 中，以下哪种方法可以将 Python 对象转换为字符串(　　)。
   A. str( ) 　　　　 B. int( ) 　　　　 C. list( ) 　　　　 D. dict( )

9. 在 Python 中，以下哪种方法可以将字符串转换为 Python 对象(　　)。
   A. eval( ) 　　　　 B. str( ) 　　　　 C. int( ) 　　　　 D. list( )

10. 在 Python 中，以下哪种方法可以在读写文件时自动关闭文件(　　)。
   A. with 语句 　　 B. try...except 语句 　 C. while 语句 　　 D. for 语句

四、编程题

1. 读取一个文本文件，统计其中每个单词出现的次数，并按照出现次数从大到小输出结果。

2. 将一个 Python 字典存储为 JSON 格式，并将其写入到文件中。读取该文件，并将其中的 JSON 数据转换为 Python 字典。

3. 编写一个 Python 程序，从一个文件中读取一组整数，并将它们按照从小到大的顺序排序后输出到另一个文件中(假设每行文件中有一组整数，且每组整数的数量相同)。例如，输入文件中的内容为：

```
3 2 1
9 13 7
```

输出文件的内容应为：

```
1 2 3
7 9 13
```

4. 编写一个 Python 程序，从一个文件中读取一组整数，将其中的奇数写入一个新的文件中，将其中的偶数写入另一个新的文件中(假设每行文件中有一组整数，且每组整数的数量相同)。例如，输入文件中的内容为：

```
3 2 1
9 13 7
```

奇数文件的内容应为：

```
3 1
9 13 7
```

偶数文件的内容应为：

```
2
```

5. 编写一个 Python 程序，从一个文件中读取一组字符串，并将它们按照单词从小到大的顺序排序后输出到另一个文件中(假设每行文件中有一组字符串，且每组字符串的数量相同)。例如，输入文件中的内容为：

```
apple orange banana
pear strawberry raspberry
```

输出文件的内容应为：

```
apple banana orange
pear raspberry strawberry
```

6. 编写一个 Python 程序，打开一个文本文件，读取其中的内容，并将内容打印到控制台。

7. 修改上一题编写的 Python 程序，将读取到的文件内容保存到一个新的文本文件中。

8. 编写一个 Python 程序，创建一个新的文本文件，并向其中写入一些文本内容。

9. 编写一个 Python 程序，打开一个文本文件，计算其中某一行的长度。

10. 编写一个 Python 程序，读取一个文本文件的所有行，并将每行内容反转后保存到一个新的文件中。

11. 编写一个 Python 程序，打开一个包含多行数据的文本文件，其中每行数据用逗号分隔。程序能够读取这些数据，并计算每列的平均值。

12. 编写一个 Python 程序，打开一个包含用户信息的 CSV 文件，提取其中的姓名和年龄信息，并打印到控制台。

13. 修改上一题编写的 Python 程序，将提取到的用户信息保存到一个新的 CSV 文件中。

14. 编写一个 Python 程序，打开一个二进制文件，读取其中的内容并转换为十六进制字符串。

15. 修改上一题编写的 Python 程序，将读取到的二进制数据写入到一个新的二进制文件中。

∞ 第 7 章 ∞

Python程序设计方法

我们知道 C 语言是面向过程的编程语言，Java 是面向对象的编程语言。那么，Python 是一种什么类型的编程语言？根据官方描述，Python 支持过程式编程、函数式编程和面向对象编程三种流行的编程范式。作为 Python 语言的使用者，完全可以根据自己的熟悉程度和实际需求选择一种最合适的编程方式。此外，Python 还鼓励程序员根据任务的需求，混合使用三种编程范式。

本章学习目标

- 掌握过程式编程方法。
- 掌握函数式编程方法。
- 掌握面向对象编程方法。

7.1 过程式编程

解决问题的方法是先分析解决问题所需要的步骤,然后通过流程控制语句和函数逐步实现。这种编程思想被称为面向过程编程。面向过程的编程思想是一种以程序执行过程为中心的编程方法，是一种传统的编程方式。面向过程编程的重点是按顺序完成任务，并使用流程图组织程序的控制流。如果程序很庞大，可以将其构造成一些称为函数的小单元，这些函数共享全局数据(这可能导致数据安全性问题，因为程序的功能发生了无意的更改)。面向过程编程符合人们的思维习惯，容易理解。最初的程序通常都是使用面向过程的编程思想开发的。

面向过程编程在设计程序时采用自上而下的编程策略。大多数功能允许共享全局数据，并且将较大的程序划分为称为函数的较小部分。它允许在系统周围从一个函数到另一个函数自由传递数据。数据在函数之间转换，可能从一种形式转换为另一种形式。面向过程编程重视函数的概念。

面向过程的核心是"过程"二字。"过程"指的是解决问题的步骤，即按顺序执行的操作。基于面向过程开发程序就好比在设计一条流水线，是一种系统化、步骤化的思维方式，这正好契合计算机的运行原理：任何程序的执行最终都需要转换成 CPU 的指令并按过程调度执行，即无论采用什么语言，无论依据何种编程范式设计出的程序，最终的执行都是过程式的。

面向过程其实是早期编程最为实际的一种思维方式。即便是面向对象的方法，也包含了面向过程的思想。可以说，面向过程是一种基础的方法，专注于如何实际地实现程序的功能和逻辑。

一般来说，面向过程编程是从上往下逐步求精的，所以面向过程最重要的是考虑如何高效并准确实现解决问题的步骤。面向对象的方法主要是把事物对象化，这些对象包括属性与行为。当程序规模不是很大时，面向过程的方法具有明显的优势。因为程序的流程很清楚，按解决一个问题的步骤按部就班地去组织，可以很好地锻炼初学者的程序设计能力。例如，学生早上起床的过程可以用面向过程来描述：起床、穿衣、洗脸刷牙、去学校。而这 4 步就是一步一步地完成的，顺序很重要，只需要按顺序一个一个实现即可。而使用面向对象的方法时，可能会抽象出一个名称为"学生"的类，它包括多个方法，这些方法在具体执行时不一定按照起床、穿衣、洗脸刷牙、去学校这样的顺序执行。

典型的面向过程编程语言包括 Pascal 和 C 语言。Python 也支持面向过程的编程方法，对于 Python 初学者而言，应该首先学习过程式编程方法，在熟练掌握过程式编程方法的基础上再学习函数式编程和面向对象编程方法。本书前面章节中的流程控制语句基本上都是过程式编程的体现，过程式编程基本上按照程序的执行流程编写代码，在控制程序执行过程中使用顺序结构、分支结构和循环结构来控制程序的执行过程。

面向过程式编程方法是一种简单、朴素且实用的程序设计方法。它能够很好地锻炼程序语言初学者通过过程化的方式解决问题的能力。在掌握了过程化解决问题的能力之后，再利用函数式编程来提高代码的复用性，进而使用面向对象编程，进一步提升代码的封装程度，从而实现大型工程中的扩展性和易维护性。

【例 7-1】使用冒泡算法对一系列输入的整数进行排序，并输出结果。

冒泡是指一个气泡从水中冒出来。气泡能够从水中冒到水的顶部，是因为其密度比水小，浮力把它推到了水的顶部。对于列表的元素排序，冒泡就是一个元素跑到了列表的最右端。冒泡排序算法原理简单直接，学过一些计算机算法知识的人一般都能记住这个名字。下面是使用过程式编程实现的冒泡排序算法代码，程序按照算法流程执行。

程序代码如下：

```python
list1=eval(input("请输入需要排序的列表: "))
print("原始列表: ", list1)
for loc in range(len(list1)-1, 0, -1):       # loc 取值是从 9 到 1
    for i in range(loc):                      # 假设 loc=9, 对应 i 的取值是 0 到 8
        if list1[i] > list1[i+1]:             # 这里有个 i+1, 可以比到最后一个元素
            list1[i], list1[i+1] = list1[i+1], list1[i]   # 交换元素, 气泡移动
    print("第", 9-i, "趟: ", list1)
```

运行结果如下：

```
请输入需要排序的列表: [10, 2, 5, 6, 8, 7, 9, 1, 3, 4]
原始列表: [10, 2, 5, 6, 8, 7, 9, 1, 3, 4]
第 1 趟:  [2, 5, 6, 8, 7, 9, 1, 3, 4, 10]
第 2 趟:  [2, 5, 6, 7, 8, 1, 3, 4, 9, 10]
第 3 趟:  [2, 5, 6, 7, 1, 3, 4, 8, 9, 10]
第 4 趟:  [2, 5, 6, 1, 3, 4, 7, 8, 9, 10]
第 5 趟:  [2, 5, 1, 3, 4, 6, 7, 8, 9, 10]
第 6 趟:  [2, 1, 3, 4, 5, 6, 7, 8, 9, 10]
第 7 趟:  [1, 2, 3, 4, 5, 6, 7, 8, 9, 10]
第 8 趟:  [1, 2, 3, 4, 5, 6, 7, 8, 9, 10]
第 9 趟:  [1, 2, 3, 4, 5, 6, 7, 8, 9, 10]
```

假设输入的无序列表为[10, 2, 5, 6, 8, 7, 9, 1, 3, 4]，对其进行升序排序。排序的目标是将最大的数字排在最右边，将次大的数字排在倒数第二位，以此类推。

第一趟排序的目标是将最大的数字 10 排到最右边。通过数字的两两比较来实现。首先将10 和 2 比，因为 10 大于 2，所以两者交换位置。继续进行两两对比，一直将 10 排到末尾为止。一趟共进行了 n-1 次的两两对比。一趟之后，原始数列变成这样：

[2, 5, 6, 8, 7, 9, 1, 3, 4, 10]

也就是说，第一趟就是通过 n-1 次两两对比，将最大的元素移到了列表的最右边。

第二趟排序的目标是将第二大数字 9 移动到列表倒数第二的位置。排序过程从列表的开头开始，通过两两比较相邻的元素，如果前面的元素大于后面的元素则交换它们。这样，第二大数字 9 会被逐步移到倒数第二的位置。第二趟之后的列表变为：

[2, 5, 6, 7, 8, 1, 3, 4, 9, 10]

如此循环，最终将目标数列整理为：

[1, 2, 3, 4, 5, 6, 7, 8, 9, 10]

前面讲解了冒泡排序的过程式编程的方法，对于一个列表排序，可以直接调用函数。

7.2 函数式编程

7.2.1 函数式编程的特点

函数式编程是一种编程范式，也就是如何编写程序的方法论。它属于结构化编程的一种，主要思想是把运算过程尽量写成一系列函数调用。举例来说，考虑一个简单的数学表达式：$(1 + 2) * 3 - 4$。利用面向过程式编程，可能这样写：$a = 1 + 2; b = a * 3; c = b - 4$。函数式编程要求使用函数，可以把运算过程定义为不同的函数，然后写成：result = subtract(multiply(add(1,2), 3), 4)，这里使用了事先编写好的三个运算函数，这就是函数式编程。注意，这里只是举例说明函数式编程相对过程式编程的不同，应忽略 Python 可以直接进行加减乘除，例如 result = (1+2)*3-4。

过程是早期编程中的一个基本概念，过程类似于函数，但通常不返回值，只执行一系列操作。面向过程编程是把某一个需求的所有步骤，从头到尾逐步实现，根据开发需求，将某些功能独立的代码封装成一个又一个函数，最后通过顺序地调用不同的函数来完成任务。面向过程编程注重步骤和过程，而不注重职责分工。

过程式编程强调程序的执行过程，而函数式编程强调函数的设计和调用。在前面的章节中介绍了函数的定义以及调用等基本概念。例如，本章例 7-1 使用冒泡排序对一组数进行排序，如果是函数编程，完全可以直接调用内置的排序函数 soted( )进行排序。sorted(a,reverse=False)是 Python 的内置函数，其作用是返回迭代对象 a 按照升序排列后的列表，如果参数 reverse=True，则返回的是降序排列的结果。以下交互式操作演示如何使用内置函数 sorted 来排序。

```
>>> a=[3,2,1,5,7,8,10,9]
>>> b=sorted(a)
>>> a
```

```
[3, 2, 1, 5, 7, 8, 10, 9]
>>> b
[1, 2, 3, 5, 7, 8, 9, 10]
>>>
>>> c=[3,2,4,6,1]
>>> sorted(a,reverse=True)
[10, 9, 8, 7, 5, 3, 2, 1]
```

注意，sorted( )函数对排序的对象并没有改变，只是返回排序后的列表。相对于过程式编程和面向对象编程，函数式编程具有图 7-1 所示的特点。

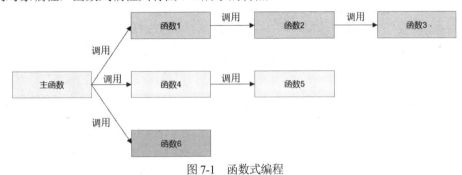

图 7-1　函数式编程

1. 函数是第一等公民

所谓第一等公民，指的是函数与其他数据类型一样，处于平等地位，可以赋值给其他变量，也可以作为参数传入另一个函数，或者作为其他函数的返回值。

例如，print(list('hello world!'))，在这行代码中 list( )函数返回一个列表后作为第二个函数 print( )的参数，然后打印出结果。

又如，func1=lambda x:x+2, l2 = [1, 2, 3, func1]，在这行代码中自定义函数 func1 作为一个对象，成为了一个列表的元素，存储在列表 l2 中。

2. 只用表达式，不用语句

表达式是一个单纯的运算过程，通常总是有返回值。语句是执行某种操作的指令，没有返回值。函数式编程要求只使用表达式，不使用语句。也就是说，每一步都是单纯的运算，并且都有返回值。函数式编程的开发动机，一开始就是为了处理运算，不考虑系统的读写(I/O)操作。语句属于对系统的读写操作，所以就被排斥在外。

当然，在实际应用中，完全避免 I/O 操作是不可能的。函数式编程的目标是尽量将 I/O 操作限制到最小，不要有不必要的读写行为，保持计算过程的单纯性。

3. 没有副作用

所谓副作用指的是函数内部与外部互动(例如修改全局变量的值)，产生运算以外的其他结果。函数式编程强调没有副作用，这意味着函数应保持独立，所有功能仅仅是返回一个新的值，没有其他行为，尤其是不得修改外部变量的值。

4. 不修改状态

函数式编程只是返回新的值，而不修改系统变量。由于不修改变量，状态不能保存在变量中。

函数式编程使用参数保存状态，最好的例子就是递归。在前面章节已经详细讨论递归运算的原理。由于使用了递归，函数式语言的运行速度比较慢，这是它长期不能在业界推广的主要原因。

5. 引用透明

引用透明指的是函数的运行不依赖于外部变量或状态，只依赖于输入的参数，任何时候只要参数相同，引用函数所得到的返回值总是相同的。

有了前面提到的第三点和第四点，引用透明的概念变得更为清晰。在其他类型的编程语言中，函数的返回值往往与系统状态有关。不同的状态之下，返回值是不一样的，这种现象被称为引用不透明。引用不透明很不利于观察和理解程序的行为。

【例7-2】采用函数调用实现用户登录，并将用户信息保存在文件中。

程序代码如下：

```python
import json
import re

def interactive( ):
    name = input('姓名: ').strip( )
    pwd = input('密码(不能少于 6 位): ').strip( )
    email = input('邮箱: ').strip( )
    return {'name': name,'pwd': pwd,'email': email}
def check(user_info):
    is_valid = True
    if len(user_info['name']) == 0:
        print('用户名不能为空')
        is_valid = False
    if len(user_info['pwd']) < 6:
        print('密码不能少于 6 位')
        is_valid = False
    if not re.search(r'@.*\.com$', user_info['email']):
        print('邮箱格式不合法')
        is_valid = False
    return {'is_valid': is_valid,'user_info': user_info}
def register(check_info):
    if check_info['is_valid']:
        with open('db.json', 'w', encoding='utf-8') as f:
            json.dump(check_info['user_info'], f)
def main( ):
    user_info = interactive( )
    check_info = check(user_info)
    register(check_info)
if __name__ == '__main__':
    main( )
```

运行结果如下：

```
姓名: liping
密码(不能少于 6 位): 123456
邮箱: ylh@qq.com
```

7.2.2　函数式编程与面向对象编程

在面向对象编程出现以前，编程人员解决问题的方式通常是先分析解决问题需要的步骤，然后通过流程控制语句和函数将这些步骤逐步实现。这种编程思想被称为面向过程编程。面向过程编程符合人们的思维习惯，易于理解。最初的程序也都是使用面向过程的编程思想开发的。

随着程序规模的不断扩大，人们不断提出新的需求，这使得面向过程编程的可扩展性低的问题逐渐凸显出来。为了应对这些问题，面向对象的编程思想应运而生。面向对象的编程不再根据解决问题的步骤来设计程序，而是先分析问题解决中涉及的实体，这些实体被称为对象。对象之间相互独立，但又相互配合、连接和协调，从而共同完成整个程序要实现的任务和功能。面向对象编程具备三大特性：封装、继承和多态，这些特性共同保证了程序的可扩展性需求。

函数式编程具有代码简洁、开发快速的优点，语法接近自然语言，易于理解，并提供了便捷的代码管理方式。函数式编程不需要考虑死锁问题，因为它不修改变量，所以根本不存在锁线程的问题。用户不必担心一个线程的数据被另一个线程修改，可以很放心地把工作分摊到多个线程。

7.2.3　迭代器和生成器

迭代器(iterator)是一种可以记住遍历对象当前位置的对象。通过 iter( )函数可以将序列数据结构转换为迭代器，之后调用 next( )函数进行迭代输出。迭代器是一个带状态的对象，在调用 next( )方法的时候返回容器中的下一个值。任何实现了__iter__方法和__next__( )方法的对象都是迭代器，__iter__方法返回迭代器自身，__next__方法返回容器中的下一个值。如果容器中没有更多元素了，则抛出 StopIteration 异常。Python 迭代器是一个包含数个值的对象。迭代器是可以迭代的对象，这意味着可以遍历所有值。从技术上讲，在 Python 中，迭代器是实现迭代器协议的对象，该协议由__iter__( )方法和__next__( )方法组成。以下示例演示了如何迭代一个元组中的元素。

```
>>> t=(1,2,3)
>>> for x in t:
    print(x)
```

列表、元组、字符串、字典和集合都是可迭代的对象。它们是可迭代的容器，可以从中获得迭代器。iter( )方法用于获取迭代器。在访问可迭代对象的元素时，可以按以下步骤操作：(1)使用 iter( )方法创建迭代器。(2)使用 next( )函数进行迭代。以下示例演示从元组返回一个迭代器，并输出每个值。

```
>>> mytuple = ("c", "java", "python")
>>> myit = iter(mytuple)
>>> next(myit)
'c'
>>> next(myit)
'java'
>>> next(myit)
'python'
>>> next(myit)
Traceback (most recent call last):
  File "<pyshell#23>", line 1, in <module>
```

```
next(myit)
StopIteration
```

在 Python 中,可以使用 for 循环来遍历可迭代对象。如果要定义一个迭代器类,必须实现 __iter__()方法和__next__()方法。面向对象编程将在下一节进行介绍,所有类都有一个名为__init__()的函数,该函数可以在创建对象时进行一些初始化。__iter__()方法可以执行操作(初始化等),但必须始终返回迭代器对象本身。__next__()方法还允许进行操作,并且必须返回序列中的下一项。

生成器与普通函数不同,它是一个返回迭代器的函数,只能用于迭代操作。更简单地说,生成器就是一个迭代器,使用 yield 关键字的函数称为生成器。在调用生成器运行的过程中,每次遇到 yield 时函数会暂停并保存当前所有的运行信息,返回 yield 的值,并在下一次执行 next()方法时从当前位置继续运行。

调用生成器的主要目的是节省存储空间。假如需要打印一个含有 100 000 个有规律的元素列表,如果创建了这个完整的列表,将占用大量的空间。使用生成器时,它只会保存当前的运行信息,并在下次执行时从当前位置开始执行,从而节省内存空间。

【例 7-3】 以下交互式操作演示迭代器和生成器操作。

```
# 迭代器
>>> L = [1, 2, 3]
>>> it = iter(L)
>>> it
<...iterator object at ...>
>>> it.__next__()
1
>>> next(it)
2
>>> next(it)
3
>>> next(it)
Traceback (most recent call last):
    File "<stdin>", line 1, in <module>
StopIteration
>>>
# 在 for 循环里使用迭代器
# 这里 iter(obj)和 obj 等价
>>> for i in iter(obj):
    print(i)
>>> for i in obj:
    print(i)
# Pytyhon 里的序列数据,在需要时可以自动创建迭代器
>>> m = {'Jan': 1, 'Feb': 2, 'Mar': 3, 'Apr': 4, 'May': 5, 'Jun': 6,
...       'Jul': 7, 'Aug': 8, 'Sep': 9, 'Oct': 10, 'Nov': 11, 'Dec': 12}
>>> for key in m:
    print(key, m[key])
# 生成器
>>> def generate_ints(N):
        for i in range(N):
            yield i
# 使用上面创建的生成器
```

```
>>> gen = generate_ints(3)
>>> gen
<generator object generate_ints at ...>
>>> next(gen)
0
>>> next(gen)
1
>>> next(gen)
2
>>> next(gen)
Traceback (most recent call last):
    File "stdin", line 1, in <module>
    File "stdin", line 2, in generate_ints
StopIteration
```

7.2.4 map( )函数和 filter( )函数

map( )函数是一个在编程中非常有用的工具，可以让代码更加简洁和高效。map( )函数能够将一个函数应用到一个可迭代对象(比如列表)的每个元素，然后返回一个新的迭代器，其中包含了这个函数的处理结果。这听起来可能有点复杂，但实际上，它可以帮助程序员在很多编程任务中省下大量的代码行数。

map( )函数是 Python 中的一个内置函数，它接受两个主要参数：一个是函数，另一个是可迭代对象(如列表和元组)。map( )函数的作用是将给定的函数应用于所有可迭代对象中的每个元素，并返回一个新的迭代器(Python 3.x 中返回的是迭代器，Python 2.x 中返回的是列表)，其中包含了函数处理后的结果。map( )函数在实际项目中非常有用，能够简化代码并提高可读性。

filter( )函数是 Python 的一个内置函数，其作用是从列表(或其他可迭代对象，如元组、集合等)中筛选出满足条件的元素。filter( )函数会返回一个遍历序列中满足指定条件的元素的迭代器，它的功能类似于列表推导式。

对于列表(或其他序列类型)，如果希望筛选出满足某个条件的元素，并将这些元素放入一个新的列表中，通常的做法是使用一个 for 循环遍历每个元素，然后执行条件判断，将满足条件的元素添加到新的列表中。以下代码从列表中找出所有偶数子列表，并按对应的先后顺序放入一个新列表中：

```
a = [1, 2, 3, 4, 5]
b = [ ]
for i in a:
    if i % 2 == 0:
        b.append(i)
```

使用 filter( )函数可以使代码更加简洁：

```
a = [1, 2, 3, 4, 5]
def check(i):
    return i % 2 == 0
b = list(filter(check, a))
```

map( )函数不仅能让代码更优雅，其执行速度也比 for 循环更快。同样地，使用 filter( )函数也比使用 for 循环快得多。

```
>>> def is_even(x):
        return (x % 2) == 0
>>> list(filter(is_even, range(10)))
[0, 2, 4, 6, 8]
>>> list(x for x in range(10) if is_even(x))
[0, 2, 4, 6, 8]
```

map( )函数接受一个函数 f 和一个序列 s，其作用是将函数 f 作用在序列 s 的每个元素，相当于[f(e) for e in s]。filter( )函数也接受一个函数 f 和一个序列 s，其作用是通过函数 f 来选择序列中的每个元素(满足函数返回值为 True 的元素)，返回一个 filter 对象，相当于[x for x in s if f(x)]。当需要在迭代过程中同时获取元素的索引和值时，可以使用 enumerate( )函数。它返回一个可迭代对象，其中每个元素都是一个包含索引和值的元组。

7.2.5　enumerate( )函数和 zip( )函数

enumerate(iter, start=0)对可迭代对象中的元素进行计数，并返回包含每个计数(从 start 开始)和对应元素的元组。

```
>>> for item in enumerate(['subject', 'verb', 'object']):
        print(item)

(0, 'subject')
(1, 'verb')
(2, 'object')
enumerate( ) 常常用于遍历列表并记录达到特定条件时的下标:
>>> f = open('data.txt', 'r')
>>> fori, line in enumerate(f):
        if line.strip() == '':
            print('Blank line at line #%i' % i)
# zip( )函数使用
# zip(iterA, iterB, ...)从每个可迭代对象中选取单个元素组成列表并返回
>>> list(zip(['a', 'b', 'c'], (1, 2, 3)))
[('a', 1), ('b', 2), ('c', 3)]
>>> list(zip(['a', 'b'], (1, 2, 3)))
[('a', 1), ('b', 2)]
```

7.2.6　reduce( )函数和装饰器

reduce( )函数接受一个二元操作的函数 f 和一个序列 s，其功能是将一个接收两个参数的函数 f 以迭代累积方式作用到序列的每一个元素上，并返回一个最终的单一结果。

reduce( )函数将一个数据集合(如列表，元组等)中的所有数据进行下列操作:用传给 reduce 中的函数 f(有两个参数)先对集合中的第一和第二个元素进行操作，得到的结果再与第三个元素用 f 函数进行操作，最后得到一个单一的结果，例如:

```
>>> from functools import reduce          # 使用 reduce 函数需要导入 functools 模块
>>> def f(x,y):                            # 返回 x,y 中较小的值
        return min(x,y)
>>> reduce(f,[2,4,5,1,6,4,8])
1
```

装饰器本质上是一个接受函数作为输入参数，并返回一个新函数的函数。装饰器的语法结构如下：

```
@装饰器名字([参数])
def 被装饰的函数名([参数]):
    函数体
```

可以同时使用多个装饰器。在这种情况下，每个装饰器的@符号必须独立占一行，例如：

```
def ddd(f):                        # 定义一个名为 ddd 的装饰器(函数)，该装饰器有一个函数参数 f
    def nf(*pargs,**kwargs):
        print("运行的函数为: ",f.__name__)
        print('参数为',pargs)
        r= f(*pargs,**kwargs)
        print('结果为: ', r)
    return nf                      # 装饰器返回的函数 nf
@ddd                               # 装饰器作用在函数 add 上
def add(a,b):
    return a+b
add(2,6)                           # 执行装饰器的功能

@ddd
def sub(a,b):
    return a-b
sub(1,4)                           # 执行装饰器的功能
```

运行结果如下：

```
运行的函数为:   add
参数为 (2, 6)
结果为:   8
运行的函数为:   sub
参数为 (1, 4)
结果为:   -3
```

7.3 面向对象编程

随着程序规模的不断扩大，面向过程编程可扩展性低的问题逐渐凸显出来。为了应对新的挑战，面向对象的编程不再根据解决问题的步骤来设计程序，而是先分析解决问题的参与者。这些参与者就被称为对象。对象之间相互独立，但又相互配合、连接和协调，从而共同完成整个程序要实现的任务和功能。

面向对象编程(Object Oriented Programming，OOP)的概念出现于 20 世纪 80 年代末期，是上个世纪 90 年代以来主流程序设计技术。OOP 主要是针对大型软件的设计而提出的。使用 OOP

技术设计的软件，代码的可读性、可维护性和重用性(复用性)都非常好。OOP 技术更加符合人类的思维方式，它使软件设计更加灵活，从而显著提高了软件设计的效率。当今主流的程序设计语言几乎都支持面向对象编程，其中包括 Python 语言。

Python 从设计之初就已经是一门支持面向对象编程的语言。因此，在 Python 中创建类和对象非常方便。面向对象编程(OOP)具备三大特性：封装、继承和多态。这三大特性共同提高了程序的可扩展性需求。

面向对象编程中，函数和变量被封装在类中，类是程序的基本构建块。类将数据和操作紧密结合在一起，并保护数据不会被外界的函数意外地改变。类和类的实例(也称为对象)是面向对象编程的核心概念，它们的使用方式和面向过程编程与函数式编程有着根本的区别。

7.3.1   类和对象(实例)

面向对象编程(Object Oriented Programming，OOP)是一种编程方式，它使用"类"和"对象"来组织和管理代码。因此，面向对象编程的实质就是对"类"和"对象"的有效利用。面向对象编程将程序中的数据和操作封装在一个对象中，从而使得程序更加模块化、可重用和易于维护。在面向对象编程中，对象是类的实例。类是一种抽象的数据类型，用于定义了一组属性和方法。类是一个模板，其中包含多个方法和属性。对象是根据模板创建的实例，通过实例对象可以调用类中的方法和访问属性。

在现实世界中，类是对一组具有相同的属性和行为(功能)的对象的抽象。举例来说，张三是一个教师，"教师"可以视为一个类，张三是"教师"这个类的一个具体对象。类和对象之间的关系是抽象和具体的关系，类是对多个对象进行抽象的结果。一个对象是类的一个实例。在面向对象编程中，类就是具有相同的属性(通常称为类的数据成员)和相同的行为或功能(通常称为类的方法成员)的一组对象的模板。在面向对象编程时，通常是先设计类，然后再创建对象，这一点与现实世界不一样。

对象是系统中用来描述客观事物的一个实体，它是构成系统的一个基本单位。对象可以是有形的具体的事物或者人，如某个人、某件物品；也可以是无形的、抽象的，如一次网上交易行为。对象包含特征和行为，特征指对象的外观、性质、属性等；行为指对象具有的功能和动作等。例如，一个名字叫李平的教师就是一个对象。这个对象具有自己的特征，如姓名为"李平"，出生年月为"1972-10-20"，籍贯为"四川省成都市"。这个对象还具有吃饭、备课、运动、休息等行为。对象就是任意存在的事物，是可以控制和操作的实体。在现实世界中，任何事物都是对象，可以是人、物，或是某种行为。同样地，用 OOP(面向对象编程)设计出来的程序也是由各种各样的对象组成的，这些对象之间互相关联、互相影响，从而推动程序的运行。对象通常由两部分组成，静态部分和动态部分。

在日常生活中，人们常常通过归纳、划分和分类来认识客观世界。这种方法在面向对象编程中也得到了应用，其中"类"是从日常生活中抽象出来的，表示具有共同特征的实体。因此，具有相同特征及相同行为的一组对象称为类。类是对这些对象特性(数据元素)和行为(功能)的抽象。

例如，李平老师是一个对象，姚捃老师也是一个对象，在学校教务系统中，每位教师都有教师编号、姓名、出生年月、籍贯等属性，并且具有吃饭、备课、运动、休息等行为。从整个学校的所有的教师对象中抽象出共同特征和行为，就可以形成"教师"类。因此，教师就是一个类。

在现实世界中，对象之间是通过发送消息进行交流的。在面向对象编程中，向一个对象发出请求称为消息。这个消息要求对象实现某一行为(功能)。而对象所能实现的行为(功能)，在面向对象编程中被称为方法(即类的方法成员)，这些方法是通过函数来实现的。因此，向一个对象发送消息，实际上就是调用实现该功能的函数。换句话说，对象根据接收到的消息，调用相应的方法(函数)；反过来，方法(函数)使对象能够响应相应的消息。

事件是外部发生在对象上的动作。在面向对象编程中，事件的发生不是随意的，某些事件仅发生在某些对象上，并且对象仅对这些事件做出反应。这在面向对象编程中都是事先定义好的。OOP 应用程序通常是事件驱动的。事件驱动的应用程序中，代码不是按照预定的路径执行，而是在响应不同的事件时执行不同的代码片段。事件可以由用户操作触发，也可以由来自操作系统或其他应用程序的消息触发，甚至可以由应用程序自身的消息触发。

面向对象编程的核心思想是封装、继承和多态。封装是将数据和操作封装在一个对象中，隐藏对象的内部实现细节，只暴露必要的接口供外部访问。继承是指创建一个新的子类时使用父类的属性和方法，子类也可以重写父类的属性和方法，从而实现更加灵活的功能。多态是指同一个方法可以根据不同对象的实现方式，实现不同的行为。在面向对象编程中，在完成某一个需求前，首先需要确定职责，也就是要做的事情(方法)，再根据职责确定不同的对象，每个对象内部封装不同的方法(多个)。最后，顺序地让不同的对象调用不同的方法。面向对象编程思想注重对象和职责，不仅将功能封装在方法中，还将方法封装在对象中。不同对象之间通常不会调用对方的方法，这样使得对象之间的关系保持简单。

类是对一群具有相同特征或者行为的事物的一个统称。它是一个抽象的概念，不能直接使用。类中的特征被称为属性，行为被称为方法。例如，"人类"、"学生"、"教师"这些都是类的概念。对象是由类创建出的具体实例，可以直接使用。由哪一个类创建出来的对象，就拥有哪一个类中定义的属性和方法，在程序开发中，通常是先定义类，再创建对象(类似先有图纸，再有实物)。

面向对象编程中类和对象的关系类似于面向过程编程中数据类型和变量的关系。类是一种数据类型，对象则是某个具体的变量。类只有一个，对象可以有多个，不同对象之间属性可能会各不相同，类中定义有什么属性和方法，对象也一样，不多不少。

Python 面向对象编程是通过定义 class 类来实现的。在 class 类中，封装和继承的功能都可以使用，并且可以构造要传入的参数，方便对对象进行控制。类通常由以下三部分组成。

- 类名：类的名称，通常首字母大写。
- 属性：用于描述类的特征，也称为数据成员。例如，对于一个表示人的类，可以有身高、体重、姓名、年龄等属性。
- 方法：用于描述类的行为，也称为方法成员。例如，对于一个表示人的类，可以有学习、吃饭、说话等行为。

类用于描述某一类事物，相当于一个模板。在 Python 语言中，定义类的语法格式如下：

```
class 类名:
    属性名=属性值
    def 方法名(self):
        方法体
```

例如，教师可以抽象为一个类，这个类包含了姓名、年龄和性别等属性，以及睡觉、说话等行为特征(方法)。下面是一个定义 Teacher 类的示例：

```
class Teacher:
    name= "李平"
    age = 38
    sex="男"
    def speak(self):
        方法体
    def sleep(self):
        方法体
```

在上述 Teacher 类定义中：class 是类的意思，用于修饰一个类。Teacher 是类名。name、age、sex 是类 Teacher 的数据成员名或属性。speak 和 sleep 是类的成员函数名，或称为方法。需要注意的是，方法中有一个指向对象的默认参数 self。self 参数是指向对象本身的引用，可以在方法内部使用来访问对象的属性和其他方法。下面定义一个简单的 Python 类 Person。

```
class Person:
    def __init__(self, name, age):
        self.name = name
        self.age = age
    def eat(self):
        print(self.name + "正在吃饭")
    def sleep(self):
        print(self.name + "正在睡觉")
    def speak (self):
        print(self.name + "正在说话")
```

以上代码定义了一个名为 Person 的类。这个类有两个属性 name 和 age，以及三个方法 eat、sleep 和 speak。__init__ 方法是特殊的方法，它在创建对象时被调用。

【例 7-4】 利用 class 关键字来定义一个类。

程序代码如下：

```
import sys
import time
# 定义一个类名为 student 的类
class student:
    def __init__(self,idx):
        # 定义初始化对象的构造函数，这里使用 init，还有别的属性比如 reversed 或 iter
        self.idx=idx
        # 初始化变量，方便继承
    def runx(self):
    # 定义运行函数，从上面继承变量
        print(self.idx)
        # 打印出 idx 的值，或者做一些别的处理
        time.sleep(1)
a=student('a')# 创建 student 对象 a
a.runx( )
# 这是类的调用，一定要记得类的使用方法，首先传入参数，类赋值给一个变量 a
# 接下来，调用这个类下面定义的函数
```

运行结果如下：

a

类中定义的每一个函数(方法)的第一个参数，都必须是 self。self 指的就是类在实例化之后实例本身。因此，可以理解为在类的实例化时会将实例对象名传递给 self。同时，为了在类中各个函数之间共享变量，需要在__init__方法初始化的时候将局部变量 idx 变为类变量 self.idx。

类定义完成后不能直接使用，这就好比画好了一张汽车设计图纸，这个图纸只能帮助人们了解汽车的结构，但不能直接使用汽车这个抽象的概念。为满足出行需求，需要根据汽车设计图纸生产实际的汽车。类似地，程序中的类需要实例化为对象才能实现其意义。

(1) 对象的创建。创建对象的格式如下：

对象名 = 类名( )

例如 t1= Teacher( )。

(2) 访问对象成员。若想在程序中真正地使用对象，需掌握访问对象成员的方式。对象成员分为属性和方法，它们的访问格式分别如下：

对象名.属性
对象名.方法( )

以下是面向对象编程中一些基本概念的补充。

- 类：用来描述具有相同属性和方法的对象的集合。它定义了该集合中每个对象所共有的属性和方法。其中的对象被称作类的实例。
- 实例：也称对象。通过类定义的初始化方法赋予具体的值，成为一个具有属性和方法的"实体"。
- 实例化：创建类的实例的过程或操作。
- 实例变量：定义在实例中的变量，只作用于当前实例。
- 类变量：类变量是所有实例公有的变量。类变量定义在类中，但在方法体之外。
- 数据成员：类变量、实例变量、方法、类方法、静态方法和属性等的统称。
- 方法：类中定义的函数。
- 静态方法：不需要实例化就可以由类执行的方法
- 类方法：类方法是将类本身作为对象进行操作的方法。
- 方法重写：如果从父类继承的方法不能满足子类的需求，可以对父类的方法进行改写，这个过程也称为"重写"。

封装是将内部实现包裹起来，对外部透明，并提供 API 接口进行调用的机制。在现实世界中，所谓封装就是把某个事物包围起来，使外界是看不到内部的实现。比如，一台电视机使用外壳封装起来。面向对象编程中(OOP)的封装与电视机的设计思想是一致的。在 OOP 中，封装是指把数据和实现操作的方法集中起来放在对象内部，并尽可能隐蔽对象的内部细节，只给外部留下少量接口，便于外部通过这些接口进行交互。封装使各个对象相对独立、相不干扰。它将对象的使用者与设计者分开，从而大大降低了操作的复杂程度，有利于数据安全，并减轻了软件开发的难度。

继承是一个派生类(derived class)继承父类(base class)的变量和方法。现代工业高效的重要原因是重用性。一件工业产品的生产通常都不是从零开始的，而是尽可能利用前有的成果。在面向对象的编程中，重用性主要通过继承机制来实现。所谓继承，是指在设计新类(称之为子类)的时候，直接把现有的类(称之为父类)拿过来用。也就是在父类的基础上设计子类，父类有的直接拿过来用，父类没有的可以新增。通过继承，不同类之间可以共享特性，从而避免了公用代码的重复开发，减少了代码和数据冗余。

多态性是指不同的对象收到相同的消息时执行不同的操作。举个例子，学校网站发布了一条关于开学的通知，学校里不同的人员看到这条相同的消息时，所做的反应是不一样的。在面向对象的编程中，多态是指由继承而产生的相关的不同的类，其对象对同一消息会做出不同的响应。每个对象对消息做什么操作，在类中都是事先规定好的。多态使程序设计更加简单，因为它允许根据对象类型的不同以不同的方式进行处理。

7.3.2　构造方法和析构方法

构造方法是 Python 类中的内置方法之一，它的方法名为__init__，在创建一个对象时会自动执行，负责完成新创建对象的初始化工作。可以显式定义构造方法，创建对象时会调用显式定义的__init__方法；若不显式定义，则解释器会调用默认的__init__方法。__init__方法是一个特殊的方法，主要用于创建对象时初始化对象的属性，类似于 C++中的构造函数(有的 Python 教材也将其称之为构造函数)。它有如下特点：(1)__init__函数名是固定的，改成其他名字就不具备特殊性。(2)带有两个下画线开头的函数声明该属性为私有(有关访问控制后面会介绍)，不能在类的外部被使用或直接访问，在创建对象时自动调用。(3)__init__函数(方法)的第一个参数必须是 self。后面的参数则可以自由定义，与定义函数没有任何区别。(4)类的数据成员在__init__函数中定义并初始化。

【例 7-5】 利用 class 关键字定义一个 Student 类，该类的构造函数只接受一个参数。
程序代码如下：

```
class Student:                          # 定义 Student 类
    def __init__(self):                 # 定义构造方法
        print('调用构造方法！')
        self.name='李平'                # 将 self 对应对象的 name 属性赋值为"李平"
    def  Speak(self):                   # 定义普通方法 Speak
        print('我的名字叫：%s'%self.name)  # 输出姓名信息
if __name__=='__main__':
    stu=Student( )                      # 创建 Student 类型的对象 stu，自动执行构造方法
    stu.Speak( )                        # 通过 stu 对象调用 Speak 方法
```

运行结果如下：

```
调用构造方法！
我的名字叫：李平
```

例 7-5 代码演示的是只有一个参数的构造方法。在这个方法中 self 代表类的实例，而不是类本身。类的方法与普通函数的一个主要区别是：类的方法必须有一个额外的第一个参数，这个参数通常被命名为 self。

【例 7-6】利用 class 关键字定义一个 Person 类，并在其中实现一个带有默认参数的构造方法。程序代码如下：

```
class Person:                              # 定义 Person 类
    def __init__(self,name='李平',age=28):     # 定义构造方法，name 参数默认值为李平
        print('初始化对象时调用构造方法！')
        self.name=name
        self.age=age
        # 将 self 对应对象的 name 属性赋为形参 name 的值
        # 将 self 对应对象的 age 属性赋为形参 age 的值
    def speak(self):                          # 定义普通方法 speak
        print('我的名字叫：%s，我今年%d 岁。'%(self.name,self.age))
        # 输出姓名和年龄信息
if __name__=='__main__':
    p1=Person( )                              # 创建类 Person 对象 p1，自动执行构造方法
    p1.speak( )                               # 通过 p1 对象调用 speak 方法
    p2=Person('刘东梅')
    p2.speak( )                               # 通过 p2 对象调用 speak 方法
    p3=Person('李平',30)
    p3.speak( )                               # 通过 p3 对象调用 speak 方法
```

运行结果如下：

```
初始化对象时调用构造方法！
我的名字叫：李平，我今年 28 岁。
初始化对象时调用构造方法！
我的名字叫：刘东梅，我今年 28 岁。
初始化对象时调用构造方法！
我的名字叫：李平，我今年 30 岁。
```

带多个参数的构造方法中，__init__( )方法可以接受参数。这些参数通过__init__( )传递到类的实例化操作上。示例代码如下：

```
class Point:
    def __init__(self, x, y):
        self.x = x
        self.y = y
a = Point(2, 3)
print(a.x, a.y)
```

运行结果如下：

```
23
```

析构方法是类的另一个内置方法，它的方法名为__del__。在销毁一个类对象时，__del__方法会自动执行，负责完成待销毁对象的资源清理工作(如关闭文件)。__del__函数也是一个特殊的函数，它主要用于撤销对象时做善后清理工作，类似于 C++中的析构函数。在一些 Python

教材中也称之为析构函数。__del__方法有如下特点：(1)__del__方法名是固定的，改成其他名字就不具备特殊性。(2)带有两个下画线开头的函数声明该属性为私有，不能在类的外部被使用或直接访问，在撤销对象时自动调用。(3)__del__方法的第一个参数必须是 self(self 为习惯用法，也可以使用其他名称)。__del__方法后面不应有其他参数，其定义方法和通用方法类似。

对象销毁有如下三种情况：

- 局部变量的作用域结束；
- 使用 del 语句删除对象；
- 程序结束时，程序中的所有对象都将被销毁。

【例 7-7】 利用 class 关键字定义一个 Person 类，并在类中实现析构方法。

程序代码如下：

```
class Person:                      # 定义 person 类
    def __init__(self,name):       # 定义构造方法
        self.name=name             # 将 self 对应对象的 name 属性赋值为形参 name 的值
        print('姓名为%s 的对象被创建！'%self.name)
    def __del__(self):             # 定义析构方法
        print('姓名为%s 的对象被销毁！'%self.name)


if __name__=='__main__':
    p1=Person('小平')              # 创建 Person 类对象 p1
    p2=Person('小王')              # 创建 Person 类对象 p2
    del p2                         # 使用 del 删除 p2 对象
    p3=Person('小芳')              # 创建 person 类对象 p3
```

运行结果为如下：

```
姓名为小平的对象被创建！
姓名为小王的对象被创建！
姓名为小王的对象被销毁！
姓名为小芳的对象被创建！
```

7.3.3 数据成员和访问控制

实例变量是在类的__init__方法中定义并初始化的变量。实例变量最大的特点是每个对象的实例变量值可以不同。在例 7-7 定义的 Person 类中，name 就是一个实例变量。

类变量是在类中定义并初始化在函数之外的变量。类变量的特点是对于所有对象，类变量的值是相同的，所以类变量通常用于表示所有对象属性值相同的属性，也就是共享属性。类变量的访问采用如下格式：

```
类名.属性名。
```

公有属性是指对数据成员的访问没有严格限制，可以通过"对象名.变量名"的方式直接访问。Python 中默认的属性都是公有的。私有属性是指数据成员名前加上两个下画线(例如__变量名)，这种属性通常只能被本类的方法访问，而不能在类的外部直接访问。私有属性在类外部不能以"对象名.变量名"的方式访问。

【例 7-8】 类变量和实例变量示例。

程序代码如下：

```python
import math
class Circle:
    x=0                    # x 是类变量
    y=0                    # y 是类变量

    def __init__(self,r=10):
        self.r=r           # r 是实例变量
    def area(self):
        s=math.pi*self.r*self.r
        return s
    def zouchang(self):
        zc=2*math.pi*self.r
        return zc
    def move(self,x,y):
        Circle.x=x
        Circle.y=y
    def __del__(self):
        print("调用析构函数")
t=Circle(20)
Circle.x=Circle.x+10       # 修改类变量 x 的值
Circle.y=Circle.y+10       # 修改类变量 y 的值
print(t.area( ))
print(t.zouchang( ))
```

运行结果如下：

```
1256.6370614359173
125.66370614359172
```

【例 7-9】 私有属性和公有属性示例。

程序代码如下：

```python
import math
class Circle:
    def __init__(self,x=0,y=0,r=10):
        self.__x=x    # x 定义为私有属性
        self.__y=y    # y 定义为私有属性
        self.r=r      # r 是公有属性
    def area(self):
        s=math.pi*self.r*self.r
        return s
    def move(self,x,y):
        Circle.__x=x
        Circle.__y=y
    def __del__(self):
        print("调用析构函数")
t1=Circle( )
t2=Circle(1,1,20)
```

```
t1.move(5,5)
print(t1.area( ))
print(t2.area( ))
t1.r=t1.r+2
print(t1.area( ))
t1.__x=t1.__x+1          # 试图修改私有属性的值，出错
```

运行结果如下：

```
314.1592653589793
1256.6370614359173
452.3893421169302
Traceback (most recent call last):
    File "C:/Users/ylh/Desktop/7-81.py", line 22, in <module>
      t1.__x=t1.__x+1
AttributeError: 'Circle' object has no attribute '__x'
```

同样，在创建好一个类以后，根据其调用方式的不同，类中的方法可以分为实例方法、静态方法和类方法三种。实例方法通过实例化创建类的一个实例，然后通过这个实例去调用类中定义好的方法。实例方法是与具体对象相关的函数，调用时第 1 个参数必须是 self。

【例 7-10】实例方法调用类。

程序代码如下：

```
import requests
class dd( ):
    def __init__(self,url):
        self.url=url
    def runx(self):
        print(requests.get(self.url).status_code)
a = dd('http://www.baidu.com')
a.runx( )
```

以上是实例方法的使用示例中，a 是类 dd( )创建的实例，a.runx( )就是通过 a 这个实例对象调用了类 dd( )中的 runx( )方法。在代码中 import requests 用于导入 requests 库，requests 是一个 Python 库，用于发起 HTTP 请求。它在 Python 社区中被广泛使用。由于其简单的 API 和强大的功能，requests 广泛应用于与 Web 服务器通信，包括发送 HTTP 请求和处理响应。网络爬虫经常使用 requests 库，因为它可以方便地进行网页数据的抓取和处理。

静态方法(或称为静态函数)由类调用，无默认参数。在定义静态方法时，需要将实例方法参数中的 self 去掉，然后在方法定义上方添加@staticmethod。静态方法属于类，和实例无关。建议只使用"类名.静态方法( )"的调用方式。静态函数是指与具体对象无关的函数，通常静态函数用于访问类变量，但不能访问实例变量。在静态函数中访问类变量，要通过类名来引用。在定义静态方法时，函数头之前需要用@staticmethod 进行修饰。可以通过类名或对象名来访问静态函数，格式如下：

```
类名(对象名). 静态方法名(参数)
```

【例 7-11】 静态方法调用类。

程序代码如下：

```
import sys
import requests
class ff( ):
    @staticmethod
    def runx( ):
        print(requests.get('http://www.langzi.fun').status_code)
ff.runx( )
```

例 7-11 直接调用了类的静态方法，只在类中运行而不在实例中运行的方法。经常有一些跟类有关系的功能但在运行时又不需要实例和类参与的情况下需要用到静态方法。比如更改环境变量或者修改其他类的属性等需要用到静态方法，这种情况可以直接用函数来解决，但这样可能会扩散类内部的代码，增加维护难度。

类方法由类调用，使用@classmethod 装饰，至少传入一个 cls 参数(代表调用该方法的类，类似实例方法中的 self)。在执行类方法时，Python 会自动将调用该方法的类赋值给 cls。建议使用"类名.类方法( )"的方式来调用类方法。

【例 7-12】 实例方法调用类。

程序代码如下：

```
# 如果要构造一个类来接收一个网站及其状态码，并打印出来，可以这样实现:
import sys
import requests
class gg( ):
    def __init__(self,url,stat):
        self.url=url
        self.stat=stat
    def outer(self):
        print(self.url)
        print(self.stat)
a = gg('langzi',200)
a.outer( )
```

例 7-12 使用实例方法虽然可以达到目的，但是有的时候传入的参数并不是('langzi',200)这样的格式，而是('langzi-200')这样的格式。在这种情况下，首先要拆分参数字符串，使用实例方法来处理这种情况可能会比较麻烦，这个时候可以考虑使用类方法来简化操作。

【例 7-13】 类方法调用类。

程序代码如下：

```
import sys
import requests
class gg( ):
    url = 0
    stat = 0
    # 因为使用 classmethod 后会传入新的变量，所以一开始是需要自己先定义类变量
    def __init__(self,url=0,stat=0):
        # 这里按照正常的定义构造函数
```

```
            self.url=url
            self.stat=stat
        @classmethod
        # 装饰器，立马执行下面的函数
        def split(cls,info):
            # 接受两个参数，默认的 cls 就是这个类的 init 函数，info 就是外面传入进来的
            url,stat=map(str,info.split('-'))
            # 这里转换成了格式化的结构
            data = cls(url,stat)
            # 执行类第一个方法，类构造函数需要传入两个参数，于是就传入两个参数
            return data
            # 这里就直接返回了函数结果
        def outer(self):
            print(self.url)
            print(self.stat)
r = gg.split(('langzi-200'))
r.outer( )
```

例 7-3 调用类方法，与调用实例方法的结果一样。

在 Python 中，函数成员的公有属性和类的数据成员的公有属性用法是相同的。这意味着对函数成员的访问没有严格的限制，可以用"对象名.函数名"的方式直接访问。Python 默认的函数成员属性都是公有的。函数成员的私有属性与数据成员的私有属性用法相同。私有属性是指函数成员名前加上两个下画线，这种属性只能被本类的函数访问，不能被类外部函数访问的函数成员。即私有属性在类外部不能以"对象名.函数名"的方式访问。一般情况下，私有属性的函数作为本类的工具函数，不对外使用。

7.3.4　类的封装、继承和多态

封装是指将数据与具体操作的实现代码放在某个对象内部，外部无法访问。外部代码不能直接访问或修改这些数据，而是必须通过类提供的公共方法来与对象进行交互。

【例 7-14】类的封装示例。

程序代码如下：

```
class cc( ):
    ccc = 'ccc'
    def __init__(self,a,b,c):
        self.a=a
        self.b=b
        self.c=c
print(cc.ccc)
# 类变量，在类里面找到定义的变量
d = cc(1,2,3)
print(d.a)
print(d.b)
print(d.c)
# 实例变量
print(ccc)
# 这里会报错，这就是封装。类中的函数同理
```

例 7-14 代码诠释了封装的两层含义：第一层含义是指类实现了代码的进一步整合，将现实世界的对象抽象为一个类，并赋予它属性和方法；第二层含义是指类变量、实例变量、类方法等代码不能被外部程序直接访问。

在 Python 中，类的继承是指在一个现有类的基础上创建新类的机制。现有的类称为父类(或基类)，而新构建出来的类称为子类(或派生类)。通过继承，子类在继承父类时，会自动拥有父类中的方法和属性，另外也可以在子类中增加新的属性和方法。

在 Python 中，当定义一个 class 类时，可以从某个现有的类继承，新的类称为子类，而被继承的类称为基类、父类或超类。如果定义一个类时没有指定继承的父类，则默认继承 Python 的基本类 object。在定义子类时需要指定父类，其语法格式如下：

```
class 子类名(父类名):
    语句1
    语句2
    …
    语句N
```

【例 7-15】类的继承示例。

程序代码如下：

```
# Animal 的 run( )方法
class Animal(object):
    def run(self):
        print("Animal is running…")
# 编写 Dog 和 Cat 类可以直接从 Animal 类继承
class Dog(Animal):
    pass
class Cat(Animal):
    pass
# 子类获得了父类的全部功能，Dog 和 Cat 拥有了 run( )方法
dog = Dog( )
dog.run( )
cat = Cat( )
cat.run( )
```

运行结果如下：

```
Animal is running…
Animal is running…
```

继承最大的好处是子类获得了父类的全部功能。在例 7-15 中，由于 Animial 实现了 run( )方法，因此，Dog 和 Cat 作为它的子类，自动拥有了 run( )方法。

当子类和父类都存在相同的 run( )方法时，子类的 run( )方法会覆盖父类中的 run( )方法。在代码运行时，总是会调用子类的 run( )方法。这样就获得了继承的另一个好处——多态。方法重写是指子类可以对从父类中继承过来的方法进行重新定义，从而使得子类对象可以表现出与父类对象不同的行为。要理解多态的优点，需要再编写一个函数，这个函数接受一个 Animal 类型的变量。

当子类重写了父类的方法后，子类对象将无法调用父类中的方法，为解决这个问题，Python专门提供了 super( )函数用于实现对父类方法的访问，其语法格式如下：

```
super( ).方法名( )。
```

【例7-16】类的多态性。

程序代码如下：

```
class Animal(object):
    def run(self):
        print("Animal is running…")
class Dog(Animal):
    def run(self):
        print("Dog is running…")
class Cat(Animal):
    def run(self):
        print("Cat is running…")
def run_twice(animal):
    animal.run( )
    animal.run( )
# 传入 Animal 的实例时，run_twice( )打印
run_twice(Animal( ))
'''
```

运行结果如下：

```
Animal is running...
Animal is running...
'''
# 传入 Dog 的实例时，run_twice( )打印
run_twice(Dog( ))
'''
```

运行结果如下：

```
Dog is running...
Dog is running...
'''
# 传入 Cat 的实例时，run_twice( )就打印
run_twice(Cat( ))
'''
```

运行结果如下：

```
Cat is running...
Cat is running...
'''
# 再定义一个 Tortoise 类型，也从 Animal 派生
class Tortoise(Animal):
    def run(self):
        print('Tortoise is running slowly...')
# 调用 run_twice( )时，传入 Tortoise 的实例
```

```
run_twice(Tortoise( ))
'''
```

运行结果如下:

```
Tortoise is running slowly...
Tortoise is running slowly...
'''
```

从例 7-16 代码可以看出,新增一个 Animal 的子类,不必对 run_twice( )做任何修改。实际上,任何依赖 Animal 作为参数的函数(或方法)都可以不加修改地正常运行,原因就在于多态。

多态的好处是,当需要传入 Dog、Cat、Tortoise 时,只需要接收 Animal 类型(因为 Dog、Cat、Tortoise 都是 Animal 类型),然后按照 Animal 类型进行操作即可。由于 Animal 类型有 run( )方法,因此传入的任意类型,只要是 Animal 类或者子类,就会自动调用实际类型的 run( )方法。对于一个变量,用户只需要知道它是 Animal 类型,无需确切地知道它的子类型,就可以放心地调用 run( )方法,而具体调用的 run( )方法是作用在 Animal、Dog、Cat 还是 Tortoise 对象上,由运行时该对象的确切类型决定。多态真正的作用是:调用方只管调用,不管细节(当新增一种 Animal 的子类时,只要确保 run( )方法编写正确,不用管原来的代码是如何调用的)。这就是著名的"开闭"原则,即对扩展开放,允许新增 Animal 子类;对修改封闭,不需要修改依赖 Animal 类型的 run_twice( )函数。

继承可以让子类获得父类的所有功能,从而避免从头编写相同的代码。子类可以新增自己特有的方法,也可以把父类不适合的方法覆盖重写。有了继承,就可以实现多态。在调用类实例方法的时候,尽量将变量视作父类类型,这样所有子类类型都可以正常被处理。旧的方式定义 Python 类允许不从 object 类继承,但这种编程方式已经不推荐使用。在 Python 3.x 中,所有类默认从 object 类继承。

7.3.5　类的魔法方法

在 Python 的类里面,魔法方法(也称为特殊方法或双下画线方法)是类定义中可以直接重写的方法,这些方法具有特定的用途,并且它们的名称以双下画线(__)开头和结尾。这些魔法方法允许类定义者覆盖常见的操作符行为,实现属性的访问控制,以及自定义类的实例化、表示和删除等行为。除了 __init__ 之外还有很多魔法方法,表 7-1 所示介绍了 Python 类的主要魔法方法及其作用。

表 7-1　Python 类的主要魔法方法

方法名	描述
__init__	构造函数,在生成对象时调用
__del__	析构函数,释放对象时使用
__repr__	打印,转换
__setitem__	按照索引赋值
__getitem__	按照索引获取值
__len__	获得长度
__cmp__	比较运算

方法名	描述
__call__	调用
__add__	加运算
__sub__	减运算
__mul__	乘运算
__div__	Python 2.x 用__div__ Python 3.x 用__truediv__
__mod__	求余运算
__pow__	幂
__dict__	一个字典，包含实例的属性及其对应的值
__doc__	类的文档字符串
__name__	类名
__module__	类定义所在的模块(类的全名是'__main__.className'，如果类位于一个导入模块 mymod 中，那么 className.__module__ 等于 mymod)
__bases__	类的所有父类构成元素(包含了一个由所有父类组成的元组)

【例 7-17】 类的魔法方法应用示例。

程序代码如下：

```
# 初始化对象 (__init__) 当创建类的新实例时，会自动调用此方法
class MyClass:
    def __init__(self, name):
        self.name = name

obj = MyClass("Example")
print(obj.name)   # 输出：Example

# 字符串表示 (__str__ 和 __repr__)
# __str__ 用于返回对象的非正式或"漂亮"的字符串表示
# __repr__ 用于返回对象的官方或"无歧义"的字符串表示
class MyClass:
    def __init__(self, name):
        self.name = name

    def __str__(self):
        return "MyClass({})".format(self.name)

    def __repr__(self):
        return "MyClass(name={})".format(self.name)

obj = MyClass("Example")
print(obj)              # 输出：MyClass(Example)，调用了 __str__
print(repr(obj))        # 输出：MyClass(name=Example)，调用了 __repr__
```

```python
# 访问控制 (__getattr__, __setattr__, __delattr__) 这些方法允许自定义属性的访问、设置和删除行为
class MyClass:
    def __init__(self):
        self._private_var = "private"

    def __getattr__(self, name):
        if name == 'private_var':
            raise AttributeError("Private variable cannot be accessed directly")
        return super().__getattr__(name)

    def __setattr__(self, name, value):
        if name == 'private_var':
            raise AttributeError("Private variable cannot be set directly")
        super().__setattr__(name, value)

    def __delattr__(self, name):
        if name == 'private_var':
            raise AttributeError("Private variable cannot be deleted")
        super().__delattr__(name)
# 比较操作符 (__eq__, __ne__, __lt__, __gt__, __le__, __ge__)这些方法允许自定义对象之间的比较行为
class MyClass:
    def __init__(self, value):
        self.value = value

    def __eq__(self, other):
        if isinstance(other, MyClass):
            return self.value == other.value
        return False


obj1 = MyClass(10)
obj2 = MyClass(10)
print(obj1 == obj2)  # 输出：True


# 容器方法 (__len__, __getitem__, __setitem__, __delitem__) 这些方法允许类表现得像一个容器(如列表或字典)
class MyClass:
    def __init__(self):
        self.items = [ ]

    def set_item(self, index, value):
        # 检查索引是否有效
        if index < 0 or index >= len(self.items):
            print("Index {} is out of range (current length: {})".format(index,len(self.items)))
            # 可以选择在这里抛出异常或进行其他处理
            return

        self.items[index] = value

# 使用示例
```

```
obj = MyClass( )
obj.set_item(0, "Hello")        # 正常工作，因为列表是空的，但我们访问的是索引 0
print(obj.items)                # 输出：['Hello']

# 尝试访问一个超出范围的索引
obj.set_item(1, "World")        # 会打印错误消息，因为索引 1 超出了范围
print(obj.items)                # 输出仍然是: ['Hello']

# 如果我们想在索引 1 处插入元素，应该这样做：
obj.items.insert(1, "World")
print(obj.items)                # 输出：['Hello', 'World']

# 迭代器协议 (__iter__, __next__)这些方法允许类实现迭代器协议
class MyIterator:
    def __init__(self, start, end):
        self.current = start
        self.end = end

    def __iter__(self):
        return self
```

7.4　本章小结

　　本章全面讲述了 Python 语言中的三种程序设计方法以及递归计算方法。首先，介绍了面向过程式编程思想。接下来，对函数式编程思想进行了详细的讲解和分析，然后讲解了面向对象编程思想，详细介绍了类和实例及其多种特性。最后介绍了递归计算方法，并辅以大量代码展示了典型的利用递归思想解决算法问题的方法。

　　面向过程的编程思想是一种以程序执行过程为中心的编程方法，是一种传统的编程方式。过程编程的主要重点是按顺序完成任务，使用流程图组织程序的控制流程。

　　函数式编程是一种编程范式，也就是如何编写程序的方法论。它属于结构化编程的一种，主要思想是把运算过程尽量写成一系列函数调用。过程式编程强调程序的执行过程，而函数式编程强调函数的设计和调用。

　　类是对一组具有相同的属性和行为(功能)的对象的抽象。对象是系统中用来描述客观事物的一个实体，它是构成系统的一个基本单位。对象可以是有形的具体的事物或者人。面向对象编程的核心思想是封装、继承和多态。封装是将数据和操作封装在一个对象中，隐藏对象的内部实现细节，只暴露必要的接口给外部访问。继承是通过继承父类的属性和方法，来创建一个新的子类，子类可以重写父类的属性和方法，从而实现更加灵活的功能。多态是指同一个方法可以根据不同对象的实现方式，实现不同的行为。

7.5　思考和练习

一、判断题

1. 函数是 Python 程序中实现代码复用的基本方式。（　　）
2. 列表和元组是 Python 中的两种不可变数据类型。（　　）
3. 在 Python 中的多态是指同一种操作符或函数对不同类型的对象执行不同的操作。（　　）
4. 在 Python 中，可以使用 try...except 语句来处理程序中的异常。（　　）

二、填空题

1. 在 Python 程序中，可以使用_____语句来定义一个函数。
2. 在 Python 中，使用_____语句可以将一个模块中的代码导入到另一个模块中。
3. 在 Python 中，可以使用_____函数来将一个字符串转换为整数。
4. Python 中的_____语句可以让我们在程序执行时检查某个条件是否满足，并根据情况执行相应的代码。

三、选择题

1. 在 Python 中，可以使用下列哪个关键字来定义一个函数(　　)。
   A. def　　　　　　B. fun　　　　　　C. function　　　　D. define
2. 下列哪种数据类型是可变的(　　)。
   A. 字符串　　　　B. 元组　　　　　C. 列表　　　　　　D. 字典
3. 在 Python 中，以下哪种类型的函数可以调用其他函数(　　)。
   A. 普通函数　　　B. 递归函数　　　C. 匿名函数　　　　D. 生成器函数
4. 在 Python 中，以下哪种数据类型可以作为字典的键(　　)。
   A. 列表　　　　　B. 元组　　　　　C. 字符串　　　　　D. 所有选项都可以
5. 在 Python 中，以下哪种方法可以打开一个文件并读取其中的内容(　　)。
   A. file.write( )　　B. file.read( )　　C. file.close( )　　D. file.seek( )
6. 在 Python 中，以下哪种关键字可以让我们在函数内部引用一个全局变量(　　)。
   A. global　　　　B. local　　　　　C. nonlocal　　　　D. variable
7. Python 中的异常处理语句包括以下哪个关键字(　　)。
   A. try　　　　　　B. except　　　　C. finally　　　　　D. 所有选项都是
8. 下列哪种操作符可以用于将两个列表合并成一个列表(　　)。
   A. +　　　　　　　B. -　　　　　　　C. *　　　　　　　D. /
9. 在 Python 中，以下哪种数据类型是有序的(　　)。
   A. 集合　　　　　B. 字典　　　　　C. 列表　　　　　　D. 所有选项都不是
10. 在 Python 中，使用哪个函数可以删除列表中指定位置的元素(　　)。
    A. remove( )　　　B. pop( )　　　　C. del( )　　　　　D. clear( )
11. 下列选项中，不属于面向对象编程三大特性的是(　　)。
    A. 继承　　　　　B. 封装　　　　　C. 多态　　　　　　D. 重载

12. 构造方法是类的一个特殊方法，Python 中它的方法名为( )。

    A. 与类同名   B. _construct   C. __init__   D. new

13. Python 中定义私有属性的方法是( )。

    A. 使用 private 关键字   B. 使用 public 关键字

    C. 使用__XX__定义属性名   D. 使用__XX 定义属性名

四、编程题

1. 编写一个 Python 程序，实现一个简单的计算器。程序首先提示用户输入两个数字，然后提示用户输入操作符(+、−、*、/)，最后输出计算结果。

2. 编写一个 Python 程序，实现一个简单的日历功能。程序首先提示用户输入年份和月份，然后输出对应月份的日历。

3. 编写一个 Python 程序，实现一个简单的石头、剪刀、布游戏。程序首先提示用户输入自己的选择(1 代表石头，2 代表剪刀，3 代表布)，然后随机生成计算机给出的选择，并输出游戏结果，包括胜负情况。

4. 编写一个 Python 程序，实现一个简单的猜数字游戏。程序首先随机生成一个 1～100 的整数，然后提示用户输入猜测的数字，根据用户的猜测，程序将输出提示信息，直到用户猜中为止。

5. 编写一个 Python 程序，实现一个简单的文本编辑器。程序首先提示用户输入文件名，然后打开该文件并显示文件内容。用户可以在文件末尾添加新的文本内容，并保存文件的更改。

6. 编写一个 Python 程序，实现一个简单的电子邮件客户端。程序首先提示用户输入发件人地址、收件人地址、邮件主题和邮件正文，然后发送邮件。

7. 理解面向对象编程的多态性，编写 Python 程序创建一个基类 car，定义一个汽车行驶的方法 drive( )。创建两个继承自 car 的子类：比亚迪汽车类 BYD 和长城汽车类 CHANGCHENG。在每个子类中分别重写 drive( )方法。此外创建一个驾驶员类 Person，定义一个驾驶汽车的方法 use_car( )。

❀ 第 8 章 ❀
Python计算生态

由于 Python 具有非常简单灵活的编程方式，许多用 C、C++等语言编写的专业库可以通过简单的接口封装，供 Python 程序调用。这类功能使得 Python 成为了各类编程语言之间的接口，也使 Python 语言被称为"胶水语言"。Python 计算生态包括 Python 标准库、第三方库以及基本内置函数。

本章学习目标
- 掌握 Python 标准库的使用。
- 掌握基本的 Python 内置函数。
- 掌握使用 pip 安装第三方库的方法。
- 掌握第三方库(jieba、pyinstaller、numpy)的使用。
- 了解常用的 Python 第三方库。

8.1 Python 标准库

在 Python 计算生态系统中，包含三个重要的方面：Python 标准库、Python 第三方库和基本内置函数。本节将介绍 Python 计算生态的第一个方面——Python 标准库的使用。主要学习 turtle 库、random 库和 time 库，如图 8-1 所示。

8.1.1 turtle 库

Turtle 又称为海龟绘图，是一种非常适合教育环境，特别是引导孩子学习编程的工具。海龟

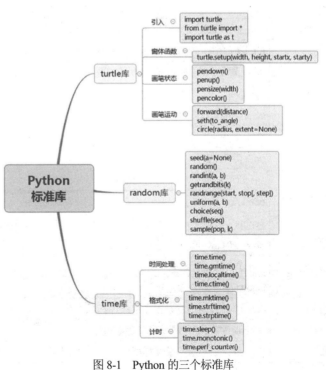

图 8-1 Python 的三个标准库

绘图最初被设计成一个教学工具，供教师在课堂上使用。对于需要生成一些图形输出的程序员来说，Turtle 提供了一种无需引入复杂外部库的简单方式。

在 Python 中，海龟绘图提供了一个实体"海龟"形象(带有画笔的小机器动物)，假定它在地板上平铺的纸张上画线。对于学习者来说，这是一种接触编程概念和与软件交互的高效且经过验证的方式，因为它能提供即时、可见的反馈，并且能够方便直观地生成图形输出。

使用海龟绘图可以编写重复执行简单动作的程序，以绘制精细复杂的形状。想象绘图区有一只机器海龟，起始位置在的(0,0)点。先执行 import turtle，再执行 turtle.forward(15)，海龟将在屏幕上沿当前面向 x 轴正方向前进 15 像素，随着它的移动画出一条线段。再执行 turtle.right(25)，海龟将原地右转 25 度。

turtle 库是 Python 语言中一个流行的绘图函数库。操纵海龟绘图有许多命令，这些命令可以分为三类：一类是海龟动作命令，一类是画笔控制命令，还有一类是全局控制命令。可用的 turtle 和 screen 方法如表 8-1 所示。

表 8-1　可用的 turtle 和 screen 方法

	方法及描述
海龟动作	forward(d) | fd(d) 向当前画笔方向移动 d 像素长度
	backward(d) | bk(d) | back(d) 向当前画笔相反方向移动 d 像素长度
	right(d) | rt(d) 顺时针旋转 d 度
	left(d) | lt(d) 逆时针旋转 d 度
	goto(x,y) setpos(x,y) | setposition(x,y)将画笔移动到坐标为(x,y)的位置
	setx( )|sety( )将当前坐标轴移动到指定位置
	setheading(angle) | seth(angle)设置当前朝向为 angle 角度
	home( )设置当前画笔位置为原点，朝向东
	circle( )画圆，半径为正(负)，表示圆心在画笔的左边(右边)画圆
	dot( )画点，绘制一个指定直径和颜色的圆点
	stamp( )印章，复制当前图形
	clearstamp( ) 清除印章
	clearstamps( ) 清除多个印章
	undo( ) 撤销
	speed( ) 速度
画笔控制	pendown( )|pd( )|down( ) 画笔落下，移动时绘制图形，默认为绘制
	penup( )|pu( )|up( ) 画笔抬起，提起笔移动，不绘制图形，用于另起一个位置绘制
	pensize( )|width( ) 设置画笔粗细
	pen( ) 画笔
	isdown( ) 画笔是否落下
	color(*args) 返回或设置画笔颜色和填充颜色
	pencolor(*args) 返回或设置画笔颜色
	fillcolor(*args)返回或设置填充颜色，绘制图形的填充颜色

(续表)

	方法及描述
画笔控制	filling( ) 是否填充，返回当前是否在填充状态
	begin_fill( ) 开始填充
	end_fill( ) 结束填充
使用事件	showturtle( ) | st( ) 显示海龟
	hideturtle( ) | ht( ) 隐藏海龟
	isvisible( ) 是否可见
	onclick( ) 鼠标单击
	onrelease( ) 鼠标释放
	ondrag( ) 鼠标拖动
	undo 撤销上一个动作
	clear 清空 turtle 窗口，但是 turtle 的位置和状态不会改变
	reset( ) 清空窗口，重置 turtle 状态为起始状态

表 8-1 列出的方法中，需要重点掌握的函数包括：(1)绘制状态控制函数 pendown( )、penup( )、pensize( )以及它们的别名为 pd( )、pu( )和 width( )。(2)颜色控制函数 color( )、pencolor( )、begin_fill( )、end_fill( )。(3)运动控制函数 forward( )、backward( )、right( )、left( )、setheading( )、goto( )、circle( )以及它们对应的别名 fd( )、bk( )、rt( )、lt( )和 seth( )。

turtle.pencolor(*args)允许以下几种输入格式。

- pencolor( )：返回以颜色描述字符串或元组表示的当前画笔颜色。返回值可用于其他 color、pencolor 或 fillcolor 调用。
- pencolor(colorstring)：设置画笔颜色为 colorstring 指定的颜色描述字符串，例如"red"、"yellow" 或 "#33cc8c"。
- pencolor((r, g, b))：设置画笔颜色为(r, g, b)元组表示的 RGB 颜色。r、g、b 的取值范围应为 0 到 colormode，其中 colormode 的值可以是 1.0 或 255 。
- pencolor(r,g,b)：设置画笔颜色为以 r、g、b 表示的 RGB 颜色。r、g、b 的取值范围应为 0 到 colormode。

当然还有许多的海龟 TurtleScreen/Screen 方法、RawTurtle/Turtle 方法以及其他对应函数没有在表 8-1 中列出(具体使用方法可以查阅 Python 帮助文档)。下面将通过实例来学习如何使用 turtle 库绘图。

【例 8-1】使用 turtle 库绘制图案。使用 turtle 库的 turtle.fd( )函数和 turtle.seth( )函数绘制一个边长为 300 像素的三角形。

程序代码如下：

```
import turtle as t
for i in range(3):        # 绘制三条边
    t.seth(i * 120)# 底边行进角度为 0；右斜边行进角度为 120°(逆时针)；左斜边行进角度为 240°(逆时针)
    t.fd(300)             # 边长为 300 像素
'''
```

以上代码等同于：

```
import turtle
for i in range(3):        # 绘制三条边
    turtle.fd(300)        # 边长为 300 像素
    turtle.left(120)      # 每次逆时针移动 120°
'''
```

运行结果如图 8-2 所示。

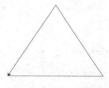

图 8-2　绘制三角形

【例 8-2】 使用 turtle 库的 turtle.right( )函数和 turtle.fd( )函数绘制一个五角星，边长为 400 像素，内角为 144°。

程序代码如下：

```
from turtle import *
for i in range(5):        # 绘制五条边
    fd(400)               # 边长为 400 像素
    right(144)            # 每次顺时针移动 144°
'''
```

以上代码等同于：

```
import turtle
for i in range(5):        # 绘制五条边
    turtle.seth(i * 216)  # 每次逆时针移动 216°
    turtle.fd(400)        # 边长为 400 像素
'''
```

运行结果如图 8-3 所示。

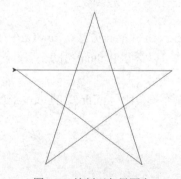

图 8-3　绘制五角星图案

【例 8-3】使用 turtle 库中的函数绘制一个边长为 200 像素、画笔粗细为 2 像素的正五边形。该正五边形的每个内角均为108°，如图 8-4 所示。本例需要重点掌握turtle.fd( )函数和turtle.seth( )

函数的使用。

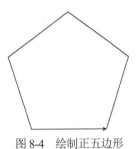

图 8-4　绘制正五边形

程序代码如下：

```
import turtle
turtle.pensize(2)        # 设置画笔的粗细为 2 像素
d = 72
for i in range(5):
    turtle.seth(d)
    d += 72
    turtle.fd(200)
```

【例 8-4】 使用 turtle 库中的函数绘制一个边长为 200 像素的正方形，如图 8-5 所示。

图 8-5　绘制正方形

程序代码如下：

```
import turtle
d = 0
for i in range(4):
    turtle.fd(200)
    d = d + 90
    turtle.seth(d)
```

【例 8-5】 使用 turtle 库中的 turtle.fd( ) 函数和 turtle.left( ) 函数绘制一个边长为 200 像素的太阳花。

程序代码如下：

```
from turtle import *
color('red', 'yellow')  # 设置画笔颜色为红色，填充颜色为黄色
begin_fill( )           # 准备开始填充图形
while True:
    forward(200)
    left(170)
```

```
        if abs(pos( )) < 1:
            break
end_fill( )                    # 填充完成
```

运行结果如图 8-6 所示。

图 8-6　绘制太阳花

【例 8-6】 使用 turtle 库中的 turtle.color( )函数和 turtle.circle( )函数绘制一个红底黄边的圆形，半径为 100 像素。

程序代码如下：

```
import turtle
turtle.color('yellow','red')    # 画笔颜色黄色，填充颜色红色
turtle.begin_fill( )            # 准备开始填充
turtle.circle(100)
# 画圆，半径为正(负)，表示圆心在画笔的左边(右边)画圆，圆心坐标是(0, 100)
turtle.end_fill( )              # 完成填充
```

【例 8-7】 使用 turtle 库中的 turtle.fd( )函数和 turtle.right( )函数绘制一个五角星，该五角星的边长为 200 像素，具有黄色填充色和黑边的边框。

程序代码如下：

```
import turtle
turtle.color('black','yellow')  # 画笔颜色黑色，填充颜色黄色
turtle.begin_fill( )            # 准备开始填充图形
for i in range(5):
    turtle.fd(200)
    turtle.right(144)
turtle.end_fill( )              # 填充完成
```

【例 8-8】 使用 turtle 库中的 turtle.circle( )函数、turtle.seth( )函数和 turtle.left( )函数绘制一个如图 8-7 所示的四瓣花图形。

图 8-7　四瓣花图形

```
import turtle
for i in range(4):
        turtle.seth(90 * (i + 1))              # 逆时针
        turtle.circle(50,90)
        turtle.seth(-90 + i * 90)              # 顺时针
        turtle.circle(50,90)
turtle.hideturtle( )                           # 隐藏画笔的 turtle 形状
```

绘图时经常使用函数绘制弧形或者圆。turtle.circle(radius, extent=None, steps=None)的作用是根据半径 radius 绘制 extent 角度的弧形,其参数的含义如下。

- radius:弧形半径(圆心坐标是(0, radius)),当 radius 值为正数时,圆心在小海龟左侧。当 radius 值为负数时,圆心在小海龟右侧。

- extent:弧形的角度。当 extent 参数未指定(默认为 None)时,则绘制整个圆形。当 extent 为正数时,顺小海龟当前方向绘制。当 extent 值为负数时,逆小海龟当前方向绘制。

- step:起点到终点由 steps 条线组成。

【例 8-9】 使用 turtle 库中的 pencolor( )和 fillcolor( )方法为图形着色,并使用 setup( )方法在桌面屏幕的(400,400)位置创建一个 600×600 像素大小的画布窗口。

程序代码如下:

```
from turtle import *
def curvemove( ):
        for i in range(200):
                right(1)
                forward(1)
setup(600,600,400,400)         # 在桌面屏幕(400,400)位置创建 600×600 大小的画布窗体
hideturtle( )                  # 隐藏画笔形状
pencolor('black')              # 画笔颜色
fillcolor("red")               # 填充颜色
pensize(2)                     # 设置画笔的粗细


# 开始填充
begin_fill( )
left(140)
forward(111.65)
curvemove( )
left(120)
curvemove( )
forward(111.65)
end_fill( )
# 填充完成
penup( )
goto(-27, 85)
pendown( )
done( )                        # 乌龟图形程序中的最后一个语句
```

运行结果如图 8-8 所示。

图 8-8　星形图形

8.1.2　random 库

在 Python 中，random 库最主要的作用是生成随机数。random 库实现了各种分布的伪随机数生成器。对于整数，该模块提供了在指定范围内均匀选择整数的功能。对于序列，它提供了随机选择元素、随机排列列表的函数，以及用于随机抽样且不进行替换的函数。在实数轴上，random 库提供计算均匀、正态(高斯)、对数正态分布、负指数分布、伽马分布和贝塔分布的函数。

要使用 random 库，可以使用 import random、from random import *以及 import random as r 三种方式导入。

使用 random 库生成随机数时，最基本的函数是 random.random( )，它可以生成一个 0～1 之间的随机浮点数(包括 0，但不包括 1)。另外，random.uniform(a,b)可以生成一个指定范围内的随机浮点数。其中 a 和 b 分别是最小值和最大值。除了生成随机数，random 库还能够生成随机整数。使用 random 库中的 randint(a,b)函数，可以生成一个指定范围内的随机整数，其中 a 和 b 分别是最小值和最大值。例如，random.randint(1,10)将生成一个 1 到 10 之间的随机整数。

使用 random 库中的 choice( ) 函数可以从一个非空序列中随机选择一个元素。例如，random.choice([1,2,3,4,5])将从序列[1,2,3,4,5]中随机选择一个元素。此外，还可以使用 sample( ) 函数从序列中选择多个不重复的元素。通过调用 random 库中的 shuffle( )函数，可以将一个序列中的元素打乱顺序，实现洗牌功能。例如，random.shuffle([1,2,3,4,5])将打乱序列[1,2,3,4,5]中的元素。random 库还能够生成随机字符串，可以使用 random 库中的 choice( )函数结合字符串操作，生成指定长度的随机字符串。例如，可以将所有可使用的字符存储在一个字符串中，然后使用 choice( )函数从中随机选择字符。通过循环选择一定长度的字符，可以生成想要的随机字符串。

在使用 random 库时，需要注意的是在使用随机数时要设置随机种子。通过调用 random 库中的 seed( )函数，可以设置一个种子值，使得随机数生成的过程可重复。如果没有设置种子值，每次运行程序生成的随机数将是不同的。

random 库提供了丰富的函数用于生成随机数、洗牌、随机选择等操作，合理地利用 random 库，可以满足不同场景下对随机数的需求。表 8-2 所示为 random 库主要涉及的函数及使用说明。

表 8-2　random 库的函数

	方法及描述
薄记功能	random.seed(a=None, version=2) 初始化随机数生成器，如果 a 被省略或为 None，则使用当前系统时间。 如果操作系统提供随机源，则使用它们而不是系统时间
	random.getstate( ) 返回捕获生成器当前内部状态的对象，这个对象可以传递给 setstate( )来恢复状态
	random.setstate(state) state 应该是从之前调用 getstate( ) 获得的，并且 setstate( )将生成器的内部状态恢复到 getstate( )被调用时的状态
整数用函数	random.randrange(start, stop[, step]) 从 range(start, stop, step) 返回一个随机选择的元素
	random.randint(a, b) 返回随机整数 N 满足 a <= N <= b 相当于 randrange(a, b+1)
	random.getrandbits(k) 返回具有 k 比特的随机非负整数
序列用函数	random.choice(seq) 从非空序列 seq 返回一个随机元素
	random.choices(population, weights=None, *, cum_weights=None, k=1) 从 population 中有重复地随机选取元素，返回大小为 k 的元素列表 要改变一个不可变的序列并返回一个新的打乱列表，需要使用使用 sample(x, k=len(x))
	random.shuffle(x[, random]) 将序列 x 随机打乱位置
	random.sample(population, k, *, counts=None) 返回从总体序列或集合中选择的唯一元素的 k 长度列表
实值分布	random.random( ) 返回[0.0, 1.0)范围内的下一个随机浮点数
	random.uniform(a, b) 返回一个随机浮点数 N ，当 a <= b 时 a <= N <= b ，当 b < a 时 b <= N <= a
	random.triangular(low, high, mode) 返回一个随机浮点数 N，使得 low <= N <= high 并在这些边界之间使用指定的 mode
	random.betavariate(alpha, beta) Beta 分布。参数的条件是 alpha > 0 和 beta > 0。返回值的范围介于 0 和 1 之间
	random.expovariate(lambd) 指数分布。 lambd 是 1.0 除以所需的平均值，它应该是非零的
	random.gammavariate(alpha, beta) Gamma 分布

(续表)

	方法及描述
实值分布	random.gauss(mu, sigma) 正态分布，mu 为平均值，而 sigma 为标准差
	random.lognormvariate(mu, sigma) 对数正态分布
	random.normalvariate(mu, sigma) 正态分布，mu 是平均值，sigma 是标准差
	random.vonmisesvariate(mu, kappa) 冯•米塞斯分布。mu 是平均角度，以弧度表示，介于 0 和 2*pi 之间，kappa 是浓度参数，必须大于或等于零
	random.paretovariate(alpha) 帕累托分布。alpha 是形状参数
	random.weibullvariate(alpha, beta) 威布尔分布。alpha 是比例参数，beta 是形状参数

当然，还有更多的 random 库函数没有在表 8-2 中列出(具体使用可以参考 Python 官方文档给出的目录)。以下是需要重点掌握的 random 库函数。

```
# 初始化随机种子，相同种子会产生相同的随机数，如果不设置随机种子，以系统当前时间为默认值
>>> import random
>>> random.seed(10)
>>> print(random.random( ))
0.5714025946899135
>>> random.getrandbits(8)
189
>>> random.getrandbits(64)
14360665669695552499
>>> for i in range(10):
           print(random.randint(1,10),end=' ')
7 10 6 10 3 2 2 8 3 4
>>>
# randint(a, b)产生[a, b]之间的随机整数(其中 a 和 b 都可以取到，左闭右闭区间)
print([random.randrange(10) for i in range(10)])
# randrange(a)产生[0, a)之间的随机整数(不包含 a, 左闭右开区间)
print([random.randrange(0, 10, 2) for i in range(10)])
# randrange(a, b, step)产生[a, b)之间以 step 为步长的随机整数
>>>print([random.random( ) for i in range(10)])          # 产生[0.0, 1.0)之间的随机浮点数
>>>print([random.uniform(2.1, 3.5) for i in range(10)])   # 产生[a, b]之间的随机浮点数
>>>print(random.choice(['win', 'lose', 'draw']))          # 从目标序列类型中随机返回一个元素
>>>print(random.choice("python"))
>>> number = ['one', 'two', 'three', 'four']
>>> random.shuffle(number)
>>> print(number)
['two', 'three', 'four', 'one']
```

```
# shuffle 将序列类型中元素随机排列，返回打乱后的序列
>>> print(random.sample([10, 20, 30, 40, 50], k=3))
[40, 50, 10]
# sample(pop, k)从 pop 中随机选取 k 个元素，以列表类型返回，如果 k 大于所有元素的个数则报错
```

【例 8-10】 编程实现一个自动出题系统。系统首先产生两个随机的三位整数，然后随机选择一个加、减、乘或除运算符，组合成数学题目。接下来，程序输出题目，接收用户输入的答案，并判断用户的答案是否正确。

程序代码如下：

```
import random
a = random.randint(100, 999)
b = random.randint(100, 999)
c = random.choice(['+', '-', '*', '/'])
d = eval(input(str(a) + c + str(b) + '='))
if d == eval(str(a) + c + str(b)):
    print('回答正确')
else:
    print('回答错误')
```

【例 8-11】 编程实现一个自动出题系统。系统产生两个随机的三位整数，并随机选择一个加、减、乘或除运算符，组合成数学题目。程序将输出题目并接收用户输入的答案，判断其正确性。该程序将循环生成 10 道题目，并统计用户答对的题目数量。

程序代码如下：

```
import random
s = 0
for i in range(10):
    a = random.randint(100, 999)
    b = random.randint(100, 999)
    c = random.choice(['+', '-'])
    d = eval(input(str(a) + c + str(b) + '= ?'))
    if d == eval(str(a) + c + str(b)):
        s += 1
    else:
        s += 0
print('答对数目：' + str(s))
```

8.1.3 time 库

time 库提供了各种与时间相关的函数。相关时间功能的其他选择还可以参阅 datetime 和 calendar 库。虽然 time 库在所有平台都可以使用，但并非库内的所有函数在所有平台都可用。这个库中定义的大多数函数的实现都是调用其所在平台的 C 语言库的同名函数。由于这些函数的语义可能因平台而异，因此使用时最好查阅对应平台的相关文档。表 8-3 所示为 time 库提供的主要函数。

表 8-3 time 库主要函数

操作函数	描述
time.time( )	返回以浮点数表示的从 1970-01-01, 00:00:00 开始的秒数的时间值
time.gmtime([secs])	将从 1970-01-01, 00:00:00 开始的秒数表示的时间转换为 UTC 的 struct_time
time.localtime([secs])	类似于 gmtime( )，但将时间转换为当地时间
time.asctime([t])	转换由 gmtime( )或 localtime( )所返回的表示时间的元组或 struct_time 为以下形式的字符串：'Sun Jun 20 23:21:05 1993'
time.ctime([secs])	将以秒数表示的时间转换为以下形式的字符串：'Sun Jun 20 23:21:05 1993'，代表本地时间
time.mktime(t)	这是 localtime( ) 的反函数，它的参数是 struct_time 或者完整的 9 元组
time.monotonic( )	以小数表示的秒为单位返回一个单调时钟的值，即不能倒退的时钟
time.perf_counter( )	以小数表示的秒为单位返回一个性能计数器的值
time.process_time( )	以小数表示的秒为单位返回当前进程的系统和用户 CPU 时间的总计值
time.sleep(secs)	调用该方法的线程将被暂停执行 secs 秒
time.strftime(format[, t])	转换一个元组或 struct_time 表示的由 gmtime( )或 localtime( )返回的时间到由 format 参数指定的字符串。如果未提供 t，则使用由 localtime( )返回的当前时间。format 必须是一个字符串
time.strptime(string[, format])	根据格式解析表示时间的字符串。返回值为一个被 gmtime( )或 localtime( )返回的 struct_time format 参数使用与 strftime( )相同的指令。它默认为匹配 ctime( )所返回的格式："%a %b %d %H:%M:%S %Y"

还有更多的 time 库函数没有在表 8-3 列出，具体使用方法可以参考 Python 官方文档。

需要重点掌握的 time 库函数包括：(1)时间处理函数 time( )、gmtime( )、localtime( )和 ctime( )。(2)时间格式化函数 mktime( )、strftime( )和 strptime( )。(3)计时函数 sleep( )和 perf_counter( )。执行以下交互式操作理解这些函数。

```
>>> import time                          # 导入时间模块 time
>>> time.time( )                         # 返回系统当前时间的时间戳
1711977811.1814685
>>> time.ctime( )                        # 接受时间戳作为参数，返回可读格式的时间，默认当前时间戳
'Mon Apr  1 21:23:45 2024'
>>> time.ctime(1711977811.1814685)       # 接受时间戳作为参数，返回可读格式的时间
'Mon Apr  1 21:23:31 2024'
>>> time.localtime( )                    # 接受时间戳作为参数，返回本地时间下的时间元组
time.struct_time(tm_year=2024, tm_mon=4, tm_mday=1, tm_hour=21, tm_min=24, tm_sec=34, tm_wday=0,
tm_yday=92, tm_isdst=0)
>>> time.gmtime( )                       # 返回当前时间的格林威治时间元组
time.struct_time(tm_year=2024, tm_mon=4, tm_mday=1, tm_hour=13, tm_min=25, tm_sec=2, tm_wday=0,
tm_yday=92, tm_isdst=0)
>>> time.asctime((2024,4,1,21,24,34,0,92,0))
```

```
'Mon Apr    1 21:24:34 2024'
>>> a=time.localtime( )
>>> time.asctime(a)                    # 接受一个 9 个元素的时间元组，返回可读的时间字符串
'Mon Apr    1 21:27:43 2024'
>>> a = time.localtime( )
>>> time.mktime(a)                     # 接受一个 9 个元素的时间元组，返回时间戳
1711978162.0
>>> a=time.localtime( )
>>> print(time.strftime("%Y-%m-%d %H:%M:%S",a))
2024-04-01 21:30:27
>>> print(time.strftime('%Y-%m-%d %H:%M:%S'))
2024-04-01 21:31:52
>>> print(time.strftime('%Y-%m-%d %H:%M:%S',(2024,4,1,21,24,34,0,92,0)))
2024-04-01 21:24:34
# 进行时间格式化输出，接收一个时间格式化字符串和一个包含 9 个元素的时间元组，按照指定的格式返
回时间字符串
>>> print(time.strptime('2024-4-1','%Y-%m-%d'))
# 接收两个字符串参数，根据 fmt 的格式把一个时间字符串解析为时间元组。
time.struct_time(tm_year=2024, tm_mon=4, tm_mday=1, tm_hour=0, tm_min=0, tm_sec=0, tm_wday=0,
tm_yday=92, tm_isdst=-1)
```

【例 8-12】 使用 time 库编写代码，输出系统当前时间信息。

程序代码如下：

```
import time
t = time.localtime( )
print(time.strftime("%Y 年%m 月%d 日%H 时%M 分%S 秒",t))
```

【例 8-13】 使用 time 库将 2024 年 1 月 1 日转换为时间戳，并将该时间戳再转换为"年-月-日"格式的日期字符串。

程序代码如下：

```
import time
struct_t = time.strptime('2024-1-1', '%Y-%m-%d')
t = time.mktime(struct_t)
print(t)                  # 1704038400.0

struct_t = time.localtime(t)
time_f = time.strftime('%Y-%m-%d',struct_t)
print(time_f)             # 2024-01-01
```

【例 8-14】编写一个函数，根据给定的年、月、日，判断该日期是所在年份的第几天。

程序代码如下：

```
import time
def get_yday(tm):
    # 将输入的年月日转成时间戳格式
    tm = time.mktime(time.strptime(tm,'%Y-%m-%d'))
    # 根据时间戳获取结构化时间
    dn = time.localtime(tm)
    # 返回 tm_yday
```

```
    return dn.tm_yday
print(get_yday('2024-4-1'))    #92
```

【例 8-15】 编写一个函数，计算两个时间点之间的时间差。

程序代码如下：

```
import time
def dif_time(t1, t2):
    '''
    获取两个时间之差
    :t1: 时间 1
    :t2: 时间 2
    :return:
    '''
    # 格式化-> 结构化
    st1 = time.strptime(t1, '%Y-%m-%d %H:%M:%S')
    st2 = time.strptime(t2, '%Y-%m-%d %H:%M:%S')
    # 结构化-> 时间戳
    ts1 = time.mktime(st1)
    ts2 = time.mktime(st2)
    # 两个时间的时间戳差
    dif_time = ts2 - ts1
    # 转成伦敦时间戳
    gm_time = time.gmtime(dif_time)
    # 与 1970-1-1 00:00:00 相减
    sub_time_f = ('时间差为: {}年{}月{}日{}时{}分{}秒'.format( \
        gm_time.tm_year - 1970, \
        gm_time.tm_mon - 1, \
        gm_time.tm_mday - 1, \
        gm_time.tm_hour, \
        gm_time.tm_min, \
        gm_time.tm_sec))
    return sub_time_f
t1 = '2024-04-01 08:08:08'
t2 = '2024-04-02 08:08:08'
sub_time = dif_time(t1, t2)
print(sub_time)          # 时间差为: 0 年 0 月 1 日 0 时 0 分 0 秒
```

【例 8-16】 编写一个函数，计算系统当前月份 10 号的时间戳。

程序代码如下：

```
import time
def gt( ):
    # 获取当前时间
    t = time.localtime( )
    # 获取当前月的 10 号时间
    t1 = time.strptime('{}-{}-10'.format(t.tm_year,t.tm_mon),\
                        '%Y-%m-%d')
    return time.mktime(t1)
print(gt( ))    # 1712678400.0    2024 年 4 月 10 号的时间戳
```

8.2 Python 常用内置函数

8.2.1 内置函数概述

在 Python 计算机等级二级考试中，掌握常用的内置函数是必要的技能。下面列出几种常用的内置函数及其示例。

(1) print( )用于输出信息到控制台。例如：

```python
print("Hello, World!")
```

(2) input( )用于从用户那里获取输入。例如：

```python
user_input = input("Enter something: ")
```

(3) len( )用于获取对象(如字符串、列表、元组等)的长度。例如：

```python
string_length = len("Hello")        # 结果是 5
list_length = len([1, 2, 3, 4])      # 结果是 4
```

(4) type( )用于获取对象的类型。例如：

```python
print(type(123))           # 输出：<class 'int'>
print(type("hello"))       # 输出：<class 'str'>
```

(5) int( )、float( )和 str( )用于数据类型之间的转换。例如：

```python
num = int("123")                # 将字符串转换为整数
float_num = float("123.45")     # 将字符串转换为浮点数
str_num = str(123)              # 将整数转换为字符串
```

(6) bool( )用于将给定值转换为布尔类型(True 或 False)。例如：

```python
print(bool(0))        # 输出：False
print(bool(1))        # 输出：True
```

(7) abs( )用于返回数字的绝对值。例如：

```python
print(abs(-10))       # 输出：10
```

(8) sum( )用于返回可迭代对象中所有元素的和。例如：

```python
print(sum([1, 2, 3, 4]))      # 输出：10
```

(9) max( )和 min( )用于返回可迭代对象中的最大值和最小值。例如：

```python
print(max([1, 2, 3, 4]))      # 输出：4
print(min([1, 2, 3, 4]))      # 输出：1
```

(10) range( )用于生成一个整数序列，通常与 for 循环一起使用。例如：

```python
for i in range(5):
    print(i)                  # 输出 0 到 4
```

(11) list( )、tuple( )和 dict( )用于分别用于创建列表、元组和字典。例如：

```
my_list = list((1, 2, 3))          # 将元组转换为列表
my_tuple = tuple([1, 2, 3])        # 将列表转换为元组
my_dict = dict(a=1, b=2, c=3)      # 创建字典
```

(12) sorted( )用于对可迭代对象进行排序，并返回一个新的排序后的列表。例如：

```
print(sorted([3, 1, 4, 1, 5, 9]))    # 输出：[1, 1, 3, 4, 5, 9]
```

(13) round( )用于对浮点数进行四舍五入。例如：

```
print(round(3.14159))    # 输出：3
print(round(3.5))        # 输出：4
```

(14) str.split( )用于将字符串按照指定的分隔符分割成列表。例如：

```
words = "hello world".split( )    # 默认按照空格分割
print(words)                       # 输出：['hello', 'world']
```

(15) str.join( )用于将一个列表中的字符串用指定的分隔符连接成一个字符串。例如：

```
words = ["hello", "world"]
sentence = " ".join(words)    # 使用空格作为分隔符
print(sentence)               # 输出：hello world
```

(16) open( )用于打开文件，并返回一个文件对象。例如：

```
f = open("test.txt", "r")
content = f.read( )
print(content)
f.close( )
```

(17) dir( )用于返回对象的所有属性和方法。例如：

```
print(dir(str))    # 输出字符串类型的所有属性和方法
```

(18) hasattr( )、getattr( )、setattr( )和 delattr( )用于检查和操作对象的属性。例如：

```
class MyClass:
    def my_method(self):
        pass
obj = MyClass( )
print(hasattr(obj, "my_method"))    # 输出 True
```

在备考计算机等级二级考试时，除了这些内置函数外，还应该熟悉列表、元组、字典、集合等数据结构的基本操作，以及基本的条件语句、循环语句和函数定义等语法。同时，还应该了解 Python 的文件操作、异常处理、模块导入等进阶知识。

8.2.2　数值相关函数

在 Python 中，与数字相关的内置函数主要涉及数值计算、类型转换和数学运算。以下是一些与数字相关的常用内置函数。

1. 数值计算

(1) abs(x)用于返回数字 x 的绝对值。

(2) divmod(a, b)用于返回商和余数，作为一个包含两个元素的元组(a // b, a % b)。

(3) pow(x, y, z=None)用于返回 x 的 y 次幂。如果提供了第三个参数 z，则返回 x 的 y 次幂对 z 取模的结果。如果 z 没有提供，则计算 x 的 y 次幂。

(4) round(x, ndigits=None)用于返回浮点数 x 四舍五入到指定的小数位数 ndigits 的结果。如果 ndigits 为 None，则四舍五入到最接近的整数。

2. 类型转换

(1) int(x, base=10)用于将一个字符串或数字 x 转换为整数。如果 x 是字符串，则可以指定 base 参数来表示字符串的进制(默认为 10)。base 的取值范围是 2 到 36。

(2) float(x)用于将 x 转换为浮点数。x 可以是一个字符串或数字。

(3) complex(real=0.0, imag=0.0)用于创建一个复数。可以指定实部 real 和虚部 imag，如果没有提供，默认创建 0.0 的复数。

3. 数学运算

(1) sum(iterable, start=0)用于返回可迭代对象中所有元素的和，可以指定一个起始值 start。如果 iterable 是空的，则返回 start 的值。

(2) min(iterable, *args, **kwargs)用于返回可迭代对象中的最小值。

(3) max(iterable, *args, **kwargs)用于返回可迭代对象中的最大值。

4. 随机数

(1) random( )用于返回一个[0.0, 1.0]之间的随机浮点数。

(2) randint(a, b)用于返回一个在[a, b]范围内的随机整数，包括 a 和 b。这个函数生成的随机整数是闭区间[a,b]。

(3) randrange(start, stop, step)用于返回一个在[start, stop)范围内，步长为 step 的随机整数。

(4) choice(seq)用于从序列 seq 中随机选择一个元素。

(5) shuffle(seq, random=None)用于将序列 seq 中的所有元素随机排序。

5. 数学常量

(1) math.pi 为圆周率 π 的值。

(2) math.e 为自然常数 e 的值。

(3) math.tau 为 τ 的值，即 2π(math.tau 在 Python 3.6 及更高版本中引入)。

6. 数学函数

(1) math.ceil(x)用于返回大于或等于 x 的最小整数。如果 x 是一个整数，则返回 x 本身。

(2) math.floor(x)用于返回小于或等于 x 的最大整数。如果 x 是一个整数，则返回 x 本身。

(3) math.sqrt(x)用于返回 x 的平方根。如果 x 是负数，则会引发一个 ValueError。

(4) math.exp(x)用于返回数字常数 e(自然对数的底数)的 x 次幂。

(5) math.log(x, base=None)用于返回 x 的自然对数或指定底数的对数。

(6) math.sin(x), math.cos(x), math.tan(x)用于分别返回 x 的正弦、余弦、正切值。

以上这些是与数字相关的常用内置函数。除了这些，Python 的 math 模块还提供了许多其他高级的数学函数和常量。在备考全国计算机等级考试时，建议仔细阅读并掌握这些函数的使用方法，同时通过实际练习加深对它们的理解。这不仅有助于考试，也能提高解决实际问题的能力。

8.2.3　和数据结构相关

在 Python 中，与数据结构相关的内置函数包括一些用于处理列表、元组、字典和集合等内置数据结构的函数。以下是一些常用的与数据结构相关的内置函数。

1. 列表(list)相关函数：

(1) list( )用于将可迭代对象转换为列表。例如：

```
my_list = list((1, 2, 3))          # 从元组创建列表
my_list = list('hello')            # 从字符串创建列表
```

(2) len( )用于返回列表的长度。例如：

```
my_list = [1, 2, 3, 4, 5]
print(len(my_list))                # 输出：5
```

(3) append( )用于在列表末尾添加新元素。例如：

```
my_list = [1, 2, 3]
my_list.append(4)                  # 添加元素 4 到列表末尾
```

(4) extend( )用于在列表末尾添加另一个可迭代对象的元素。例如：

```
my_list = [1, 2, 3]
my_list.extend([4, 5, 6])          # 添加元素 4, 5, 6 到列表末尾
```

(5) insert( )用于在指定位置插入元素。例如：

```
my_list = [1, 2, 4]
my_list.insert(2, 3)               # 在索引 2 的位置插入元素 3
```

(6) remove( )用于移除列表中第一个匹配的元素。例如：

```
my_list = [1, 2, 3, 2, 4]
my_list.remove(2)                  # 移除第一个 2
```

(7) pop( )用于移除并返回列表中的一个元素(默认为最后一个)。例如：

```
my_list = [1, 2, 3]
last_element = my_list.pop( )      # 移除并返回最后一个元素
```

2. 元组(tuple)相关函数

tuple( )用于将可迭代对象转换为元组(虽然通常不需要，因为可以直接用圆括号创建元组)。例如：

```
my_tuple = tuple([1, 2, 3])
```

3. 字典(dictionary)相关函数

(1) dict( )用于创建一个新的字典或从一个可迭代对象(通常是键-值对的列表或元组)创建一个字典。例如:

```
my_dict = dict(a=1, b=2, c=3)              # 使用关键字参数创建字典
my_dict = dict([('a', 1), ('b', 2), ('c', 3)])   # 使用键-值对列表创建字典
```

(2) len( )用于返回字典中的键值对数量。例如:

```
my_dict = {'a': 1, 'b': 2, 'c': 3}
print(len(my_dict))                        # 输出: 3
```

(3) keys( )、values( )和 items( )用于分别返回字典的键、值或键-值对。例如:

```
my_dict = {'a': 1, 'b': 2, 'c': 3}
print(my_dict.keys( ))                     # 输出: dict_keys(['a', 'b', 'c'])
print(my_dict.values( ))                   # 输出: dict_values([1, 2, 3])
print(my_dict.items( ))                    # 输出: dict_items([('a', 1), ('b', 2), ('c', 3)])
```

(4) get( )用于返回字典中给定键的值,如果键不存在则返回 None 或指定的默认值。例如:

```
my_dict = {'a': 1, 'b': 2}
print(my_dict.get('a'))                    # 输出: 1
print(my_dict.get('c', 'default'))         # 输出: 'default'
```

4. 集合(set)相关函数:

set( )用于创建一个新集合或从一个可迭代对象创建一个集合。例如:

```
my_set = set([1, 2, 2, 3, 3])
```

8.2.4 exec( )函数

在 Python 中,exec( )函数用于动态地执行存储在字符串或代码对象中的 Python 代码。它主要用于执行多行语句,与 eval( )函数(只能评估单个表达式)形成对比。

exec( )函数的基本语法有以下两种形式:

```
exec(object, globals=None, locals=None)
exec(code, globals, locals)
```

以上 object 或 code 是要执行的代码,可以是字符串或编译后的代码对象。globals 和 locals 是可选参数,分别代表全局和局部命名空间,它们都是字典。如果未提供这些参数,则 exec( )函数将使用当前的全局和局部命名空间。

```
# 使用字符串作为参数
s = """
a = 20
b = 40
print(a + b)
"""
```

```
exec(s)                              # 输出 60
# 使用代码对象作为参数
code_obj = compile(s, '<string>', 'exec')
type(code_obj )                      # 输出<class 'code'>
exec(code_obj)                       # 输出 60
# 使用 globals 和 locals 参数
g = {'x': 100}
l = {}
exec('x = 200', g, l)
print(g['x'])                        # 输出 100
print(l['x'])                        # 输出 200
# 在 exec 中定义函数
s = """
def hi(name):
    print("Hello",name)
"""
exec(s)
hi("Mike")                           # 输出 "Hello Mike"
```

使用exec( )函数时需要注意以下几点：(1)exec 函数不返回任何值(即返回None)。(2)在 exec( )函数内部定义的变量和函数，如果在 exec( )函数的外部没有同名变量或函数，那么这些变量和函数在 exec( )函数外部是不可见的。(3)由于 exec( )函数可以执行任何 Python 代码，包括定义函数和类，因此要小心使用，以避免执行恶意代码。(4)由于 exec( )函数可以执行任何 Python 代码，因此在处理不受信任的输入时应该特别小心。如果恶意用户能够控制传递给 exec( )函数的字符串，那么可能会执行恶意代码。因此，在处理不受信任的输入时，应尽量避免使用 exec( )函数，或者确保输入的代码已经过严格的验证和清理。

exec( )函数和 eval( )函数的功能相似，都可以执行一个字符串形式的 Python 代码。exec( )函数执行完不返回结果，而 eval( )函数执行完会返回结果。exec( )函数通常用于动态执行一组 Python 代码，例如从文件中读取 Python 代码并执行。eval( )函数通常用于计算单个表达式的值，例如用户输入的数学表达式。

8.3　Python 第三方库

8.3.1　第三方库概述

Python 第三方库是由第三方开发者创建的，用于扩展 Python 功能的库。这些库提供了特定的功能，如机器学习、数据分析和数据可视化、网络请求、图形界面等，从而方便开发者快速实现特定功能，提高开发效率。

在数据处理和分析中，numpy 库被广泛应用于数据科学、机器学习、图像处理等领域。提供了许多高效的函数，如线性代数运算、随机数生成等，可以大大提高 Python 程序的运行效率(numpy 库可以进行高效的计算)。pandas 库应用于数据分析、数据挖掘等领域，提供了用于数据清洗、分析、可视化等功能。matplotlib 库用于创建静态、动态和交互式图形，支持多种图形类型，如线图、散点图、柱状图、饼图等。

在机器学习和深度学习方面，tensorflow 是用于深度学习的库，提供了各种神经网络模型和优化算法。它具有强大的计算图和自动求导功能，在计算机视觉、自然语言处理等领域得到广泛应用。pytorch 是用于自然语言处理、计算机视觉等领域的库。它提供了动态计算图和自动求导功能，支持 GPU 加速。

nltk 库提供了丰富的语料库和功能，用于文本分类、标记、分块、词性标注、语义分析等任务。它包含多种自然语言处理技术和算法，并提供了易于使用的接口。

requests 是一个简单而优雅的 HTTP 库，用于发送各种类型的 HTTP 请求。它提供了简洁的 API，使得发送 HTTP 请求变得更加方便和易用。Flask 是一个轻量级的 Web 框架，适用于构建小型和中型的 Web 应用。Django 是一个全功能的 Web 框架，适用于构建大型、复杂的 Web 应用。它提供了强大的功能和工具，包括 ORM、表单处理、认证系统等。

SQLAlchemy 是一个强大的数据库 ORM(对象关系映射)工具，用于简化数据库操作和管理。它支持多种数据库后端，并提供了高级的查询语言和表达能力。pymongo 是用于连接和操作 MongoDB 数据库的驱动程序，提供了简单而灵活的 API，使得对 MongoDB 进行查询、插入和更新等操作变得更加容易。

Python 的第三方库非常丰富，几乎覆盖了信息技术的所有领域。开发者可以根据自己的需求选择合适的库来辅助开发，从而提高开发效率和代码质量。

8.3.2　jieba 库

jieba 是一个中文分词库，它可以将一个中文句子切分成多个词汇。在 Python 中使用 jieba 库可以帮助用户更好地处理中文文本数据。首先，需要安装 jieba 库。可以使用以下 pip 命令来安装：

```
pip install jieba
```

安装完成后，可以使用以下代码来体验 jieba 库的功能：

```python
import jieba
# 示例文本
text = "我来到北京清华大学"
# 使用 jieba 进行分词
seg_list = jieba.cut(text, cut_all=False)
# 将分词结果转换为列表
words = list(seg_list)
# 输出分词结果
print("Default Mode: " + "/ ".join(words))
# 使用全模式进行分词
seg_list_full = jieba.cut(text, cut_all=True)
words_full = list(seg_list_full)
print("Full Mode: " + "/ ".join(words_full))
# 使用精确模式进行分词
seg_list_precise = jieba.cut(text, cut_all=False)
words_precise = list(seg_list_precise)
print("Precise Mode: " + "/ ".join(words_precise))
# 使用搜索引擎模式进行分词
seg_list_search = jieba.cut_for_search(text)
```

```
words_search = list(seg_list_search)
print("Search Mode: " + "/ ".join(words_search))
```

以上示例代码展示了如何使用 jieba 库的不同分词模式(默认模式、全模式、精确模式、搜索引擎模式)来对中文文本进行分词。每种模式都有其特点,可以根据需要选择合适的模式。

注意,分词结果可能会因为 jieba 的版本和词典的不同而有所差异。如果需要更精细地控制分词效果,可以考虑自定义词典或使用其他分词工具。

jieba 库是一个广泛使用的 Python 第三方中文分词库,它提供了多种函数来处理中文文本的分词任务。jieba 是目前表现优异的 Python 中文分词组件,支持多种分词模式,支持繁体分词,支持自定义词典,并采用 MIT 授权协议。以下是 jieba 库中的一些常用函数及其功能。

1. 分词函数

(1) jieba.cut(s)是最基本的分词函数,接收一个字符串参数 s,返回一个可迭代的生成器,生成的每个元素是分好的词语。

(2) jieba.lcut(s)是另一个分词函数,类似于 jieba.cut,但与 jieba.cut 不同的是,它直接返回一个列表,其中的每个元素是分好的词语。这种模式称为"精确模式",适合文本分析。

(3) jieba.cut_for_search(s)是搜索引擎模式下的分词函数,接收一个字符串参数 s,返回一个可迭代的生成器。该模式在精确模式基础上,对长词进一步切分以提高召回率,适用于搜索引擎的分词需求。

(4) jieba.lcut_for_search(s)函数与 jieba.cut_for_search 函数类似,其直接返回一个列表,适用于需要列表形式的分词结果。

(5) jieba.cut_crf( )函数使用 CRF 模型进行分词,返回一个可迭代的生成器。

2. 词性标注与断词位置

jieba.tokenize(s)函数接收一个字符串参数 s,返回一个可迭代的生成器。生成器中的每个元素是一个元组,包含词语、词语在原文中的起始位置和结束位置。

使用 jieba.posseg 模块可以进行词性标注。例如,jieba.posseg.cut(s)会返回一个可迭代的生成器,每个元素是一个 pair 对象,其中包括词语和词性。

3. 词典操作

(1) jieba.add_word(w)函数用于向分词词典中添加新词 w。

(2) jieba.del_word(w)函数用于从分词词典中删除指定词语 w。

(3) jieba.load_userdict(file_name)函数用于加载用户自定义词典,接收一个文件路径参数 file_name,可以补充说明该文件应为文本文件,每行包含一个词语和可选的词频和词性,通常以空格分隔。

4. 词频与词性获取

(1) jieba.get_FREQ(word)函数用于获取指定词语 word 在分词词典中的词频。

(2) jieba.get_POS(word)函数用于获取指定词语 word 的词性。

5. 模式设置

(1) jieba.enable_parallel(num_threads=4)用于开启并行分词模式,num_threads 参数指定并行

分词的线程数。

(2) jieba.disable_parallel( )用于关闭并行分词模式。

(3) jieba.enable_paddle( )用于开启飞桨深度学习框架分词模式(注意，这可能需要额外的依赖关系，如 PaddlePaddle 框架)。

(4) jieba.disable_paddle( )用于关闭飞桨深度学习框架分词模式。

(5) jieba.enable_windowing(span=5)用于开启窗口分词模式，其中 span 参数用于指定窗口大小。

(6) jieba.disable_windowing( )用于关闭窗口分词模式。

6. 关键词提取

jieba.analyse.extract_tags(s, topK=20, withWeight=False, allowPOS=( ))的作用是基于 TF-IDF 算法计算文本中词语的权重，进行关键词提取。其中 s 是待分析的文本，topK 是返回关键词的个数，withWeight 决定是否返回关键词权重，allowPOS 是词性过滤列表，用于指定要保留的词性。

以上这些函数为 jieba 库提供了丰富的功能，使得中文分词任务变得简单高效。

【例 8-17】 使用 cut 函数( )进行分词。

程序代码如下：

```
import jieba
a = jieba.cut('数据科学与大数据技术')
for i in a:
    print(i, end=",")
```

运行结果如下：

```
数据,科学,与,大,数据,技术,
```

jieba 的全模式可以将结果全部展现，也就是一段话可以拆分成所有可能的词语组合，并且将这些组合全部列举出来。它的常用函数包括 lcut(str, cut_all=True)和 cut(str, cut_all=True)。

【例 8-18】 使用 lcut( )函数进行分词。

程序代码如下：

```
import jieba
a = jieba.lcut('数据科学与大数据技术', cut_all=True)
b = '/'.join(a)
print(b)
```

运行结果如下：

```
数据/科学/与/大数/数据/技术
```

可以看到，在全模式下 jieba 能够列举出一段话中所有可能的词语组合。然而，这种模式可能会生成一些并不实际需要的组合。此外，全模式也无法解决词语歧义的问题。

jieba 搜索引擎模式旨在对文本进行更精确的分词，尤其是在处理较长的词时，能够进行二次切分。常用的函数包括：lcut_for_search(str)和 cut_for_search(str)。这种模式的优点在于可以将全模式的所有可能词语进一步重组，从而提高分词的精确度，特别是在处理长词和短语时表现更佳。

【例 8-19】 使用 lcut_for_search( )函数进行分词。

程序代码如下：

```
import jieba
a = jieba.lcut_for_search('数据科学与大数据技术')
b = '/'.join(a)
print(b)
```

运行结果如下：

```
数据/科学/与/大/数据/技术
```

此外，jieba 库还能使用自定义的词典文件，使用方法为 jieba.load_userdict(dict_path)，其中 dict_path 为文件类对象或自定义词典的路径。并且能在程序运行过程中动态地添加或者删除特定词语，具体方法为 jieba.add_word( )和 jieba.del_word( )。

【例 8-20】 使用 Python 中的 jieba 分词库，对给定的文本进行分词，并将分词结果以列表形式返回。

示例文本：我爱北京，天安门。这座伟大的城市，是我国的首都。

要求如下：

- 导入 jieba 分词库；
- 对给定文本进行分词；
- 将分词结果以列表形式返回。

程序代码如下：

```
import jieba
text = "我爱北京，天安门。这座伟大的城市，是我国的首都。"
seg_list = jieba.cut(text, cut_all=False)
result = list(seg_list)
print(result)
```

首先，导入 jieba 分词库。然后，使用 jieba.cut( )函数对给定文本进行分词，其中 cut_all=False 表示使用精确模式进行分词。接着，将分词结果转换为列表形式，并将其存储在 result 变量中。最后，打印出分词结果。需要注意的是，jieba 分词库支持多种分词模式，包括精确模式、全模式、搜索引擎模式等。在例 8-20 中，使用了精确模式进行分词，因为它能够更准确地识别出文本中的词语。如果需要使用其他分词模式，可以参考 jieba 分词库的官方文档。

在全国计算机等级考试中，可能会涉及到使用 Python 编程语言来完成一些任务。其中，使用 jieba 库进行中文分词是一个常见的题目。以下是一个可能的二级考试真题示例。

【例 8-21】 使用 Python 编程语言，结合 jieba 库，对给定的中文文本进行分词，并统计每个词语出现的次数。最后，将统计结果按照词语出现次数从高到低排序，输出前 10 个高频词及其出现次数。

示例文本：Python 是一种广泛使用的编程语言，它简单易学、功能强大。无论是数据分析、机器学习还是 Web 开发，Python 都能胜任。此外，Python 的社区非常活跃，拥有丰富的第三方库可供使用。使用 Python，我们可以更高效地完成任务，同时减少不必要的代码量。

程序代码如下：

```
import jieba
# 给定的文本
text = "Python 是一种广泛使用的编程语言，它简单易学、功能强大。无论是数据分析、机器学习还是 Web
开发，Python 都能胜任。此外，Python 的社区非常活跃，有着丰富的第三方库可供使用。使用 Python，我们可
以更高效地完成任务，同时减少不必要的代码量。"
# 使用 jieba 进行分词
seg_list = jieba.cut(text, cut_all=False)
# 统计每个词出现的次数
word_dict = {}
for word in seg_list:
    if len(word) > 1:   # 忽略单个字符的词
        if word in word_dict:
            word_dict[word] += 1
        else:
            word_dict[word] = 1

# 按出现次数从高到低排序
sorted_words = sorted(word_dict.items( ), key=lambda x：x[1], reverse=True)
# 输出前 10 个高频词及其出现次数
for i in range(10):
    word, count = sorted_words[i]
    print("{}：{}".format(word,count))
```

以上代码首先使用 jieba.cut 方法对文本进行分词，然后遍历分词结果，统计每个词出现的次数，并将结果保存在字典 word_dict 中。接着，使用 sorted( )函数对字典进行排序，根据每个词语的出现次数从高到低排列。最后，代码输出前 10 个高频词及其出现次数。以上代码的运行结果如下：

```
Python：4
使用：3
可以：2
一种：1
广泛：1
编程语言：1
简单：1
易学：1
功能强大：1
无论是：1
```

【例 8-22】使用 jieba 库，完成以下任务。

- 分词处理：对给定的中文文本进行分词处理，并将分词结果输出。
- 词频统计：统计文本中各个词语出现的次数，并将结果按出现次数从高到低排序，输出前 10 个高频词及其出现次数。
- 关键词提取：提取文本中的关键词，并输出。

示例文本：近年来，随着人工智能技术的飞速发展，越来越多的企业和个人开始关注人工智能的应用。人工智能技术不仅能显著帮助人们解决各种问题，还能显著提高工作效率和生活

品质。在医疗、教育、金融等领域，人工智能技术都得到了广泛应用。未来，随着人工智能技术的进一步成熟和普及，它将为人类带来更多便利和福祉。

程序代码如下：

```
import jieba
import jieba.analyse
# 给定的文本
text = "近年来，随着人工智能技术的飞速发展，越来越多的企业和个人开始关注人工智能的应用。人工智能技术不仅能够帮助人们解决各种问题，还能显著提高工作效率和生活品质。在医疗、教育、金融等领域，人工智能技术都得到了广泛应用。未来，随着人工智能技术的进一步成熟和普及，它将为人类带来更多便利和福祉。"
# 任务 1：对文本进行分词处理
seg_list = jieba.cut(text, cut_all=False)
print("分词结果：", "/ ".join(seg_list))
# 任务 2：统计词频并输出前 10 个高频词
word_freq = {}
for word in seg_list:
    if len(word) > 1:    # 忽略单个字符
        word_freq[word] = word_freq.get(word, 0) + 1
sorted_words = sorted(word_freq.items( ), key=lambda x：x[1], reverse=True)
print("前 10 个高频词及其出现次数：")
for word, freq in sorted_words[:10]:
    print(f"{word}：{freq}")
# 任务 3：提取关键词
keywords = jieba.analyse.extract_tags(text, topK=5, withWeight=False)
print("关键词：", keywords)
```

以上代码首先使用 jieba.cut 方法对文本进行分词处理，并将分词结果输出。然后，它遍历分词结果，统计每个词的出现次数，并将结果保存在字典 word_freq 中。接着，使用 sorted( ) 函数对词频进行排序，并输出前 10 个高频词及其出现次数。最后，使用 jieba.analyse.extract_tags 方法提取文本中的关键词，并输出结果。

8.3.3　pyinstaller 库

pyinstaller 是一个用来将 Python 程序打包成独立可执行软件包的工具，支持 Windows、Linux 和 MacOS 等操作系统。

pyinstaller 可以读取 Python 脚本，分析代码并发现脚本执行所需的所有其他模块和库，然后收集所有这些文件的副本(包括活动的 Python 解释器)，将这些文件与脚本一起放在单个文件夹中，或者将其打包成一个可独立运行的程序。

pyinstaller 不是一个交叉编译器，这使得如果需要制作 Windows 可执行文件，需要在 Windows 中运行 pyinstaller。而要创建 GNU/Linux 应用程序，则需要在 GNU/Linux 环境中运行 pyinstaller。这一特点使得打包好的 Python 应用程序变得无法跨平台运行。

pyinstaller 是一个流行的工具，用于将 python 程序打包成独立的可执行文件。以下是一个简单的步骤，演示如何使用 pyInstaller 打包一个 Python 脚本。

(1) 安装 pyinstaller。首先，确保当前系统上已经安装了 pyinstaller。如果尚未安装，可以通过执行以下命令安装：

```
pip install pyinstaller
```

(2) 准备 Python 脚本。假设有一个简单的 Python 脚本(例如 hello.py)，其内容如下：

```
print("Hello, World!")
```

(3) 使用 pyInstaller 打包脚本。在命令界面行中，切换到包含 Python 脚本的目录，然后执行以下命令：

```
pyinstaller --onefile hello.py
```

这里的--onefile 选项告诉 pyinstaller 将所有的内容打包到一个独立的可执行文件。如果不使用这个选项，pyinstaller 将创建一个包含多个文件的文件。

(4) 检查生成的文件。pyinstaller 会在 dist 目录下生成一个可执行文件(在 Windows 上通常是.exe 文件，在 Linux 或 macOS 上则没有扩展名)。用户可以运行这个文件来执行 Python 脚本。需要注意以下几点。

- 依赖关系：确保 Python 脚本的所有依赖关系都已正确安装。虽然 pyinstaller 能够自动处理大多数常见的依赖关系，但有些特定库可能需要额外的配置。
- 图标和资源：如果想为可执行文件添加图标或其他资源，可以使用 pyinstaller 的相关选项来实现。例如，可以为 Windows 可执行文件指定一个图标。
- 调试和日志：如果在打包过程中遇到问题，可以使用 pyinstaller 的日志选项来获取更多信息，帮助诊断问题。例如--log-level=DEBUG 可以提供详细的调试信息。
- 平台兼容性：注意 pyinstaller 生成的可执行文件是与特定平台相关的。也就是说，在 Windows 上生成的可执行文件可能不适用于 Linux 或 macOS 系统，反之亦然。因此，在分发或部署前，应确保在正确的平台上测试可执行文件。

【例 8-23】利用 pyinstaller 将 Python 源程序打包成可执行程序。

将第一章课后习题的 Python 源程序代码 ex4-1.py 保存到 C:\盘根目录，在 C 盘根目录打开命令提示符，执行命令 pyinstaller -F ex4-1.py。如果操作成功，将在源程序文件所在目录建立如图 8-9 所示文件和文件夹。dist 文件夹中包含可执行的应用程序 ex4-1.exe。

图 8-9　打包后生成的目录文件

8.3.4　numpy 库

numpy 是 Python 生态系统中数据分析、机器学习和科学计算的重要工具。它极大地简化了向量和矩阵的操作。Python 的一些主要软件包(如 scikit-learn、scipy、pandas 和 tensorflow)都以 numpy 作为其架构的基础部分。除了能对数值数据进行切片(slice)和切块(dice)操作外，numpy 还能为处理和调试这些库中的高级应用提供极大的便利。

numpy 前导入通常遵循以下惯例：

```
import numpy as np
```

numpy 的优势是快速的处理多维数组的能力。可以通过传递一个 Python 列表并使用 np.array( )来创建 numpy 数组。

```
np.array([1, 2, 3,])
```

通过这种方式建立的多维数组，如图 8-10 所示。

图 8-10　numpy 多维数组

通常，numpy 提供了例如 ones( )、zeros( )和 random.random( )等这样的方法来初始化数组的值。只需要指定希望 numpy 生成的元素数量即可。numpy 数组的初始化方法如图 8-11 所示。

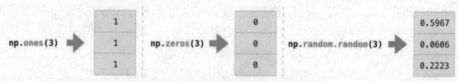

图 8-11　numpy 数组初始化

numpy 的快速计算得益于广播机制(broadcasting)，该机制允许 numpy 数组与实数或不同维度的 numpy 数组之间进行直接计算。这大大简化了在 Python 中进行维度转换的复杂性。

numpy 与实数的广播计算如图 8-12 所示。

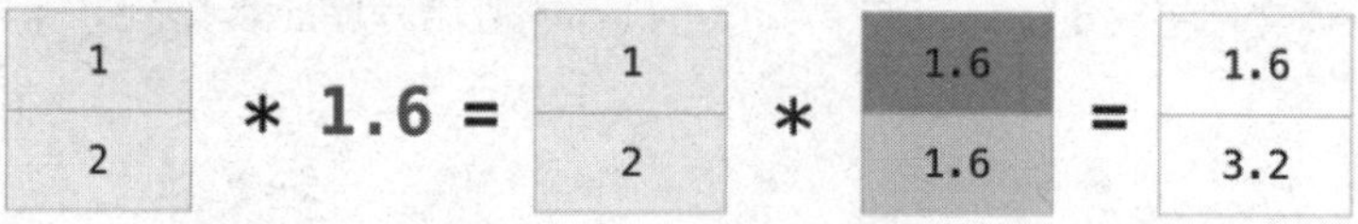

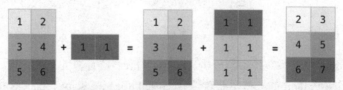

图 8-12　numpy 数组的广播机制

不同维度 numpy 数组之间的广播计算，如图 8-13 所示。

图 8-13　不同维度 numpy 数组之间的广播计算

numpy 数组可以像对 Python 列表进行切片一样，对 numpy 数组进行任意的索引和切片操作，如图 8-14 所示。

图 8-14　numpy 数组的索引和切片

此外，numpy 还提供了对更高维度(如三维、四维、五维)数组的索引、切片和计算方法，以便在处理音频、视频、彩色图像数据时更加灵活方便。下面以图像数据为例，介绍 numpy 表示高维数据的方法。

图像是尺寸(高度×宽度)的像素矩阵。如果图像是黑白(即灰度图像)的，则每个像素都可以用单个数字表示(通常在 0(黑色)和 255(白色)之间)。如果图像是彩色的，则每个像素由三个数字表示——分别代表红色、绿色和蓝色。在这种情况下，需要一个三维数组来表示彩色图像(因为每个像素由三个数字组成)。因此，彩色图像由尺寸为高度×宽度×3 的 ndarray 表示，如图 8-15 所示。

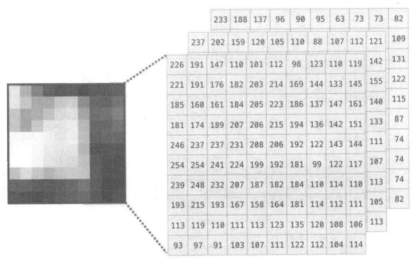

图 8-15　彩色图像的 numpy 数组表示

8.3.5　matplotlib 库

matplotlib 是 Python 中非常流行的绘图库，它提供了广泛的绘图工具，能够生成各种静态、动态、交互式的图表和可视化内容。matplotlib 最初由 John Hunter 于 2002 年创建，现在由一个开发者团队维护，是 Python 数据科学栈的重要组成部分。

使用 matplotlib 创建基本图表的步骤如下。

1. 导入必要的库

在使用 matplotlib 之前，首先需要导入它。通常使用别名 plt 来引用 matplotlib 的 pyplot 模块：

```
import matplotlib.pyplot as plt
```

2. 绘制简单的折线图

程序代码如下:

```
# 示例数据
x = [1, 2, 3, 4, 5]
y = [2, 4, 6, 8, 10]
# 创建折线图
plt.plot(x, y)

# 设置图表标题和坐标轴标签
plt.title('My figure')
plt.xlabel('X')
plt.ylabel('Y')
# 显示图表
plt.show( )
```

代码运行结果如图 8-16 所示。

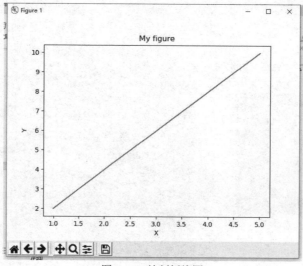

图 8-16　绘制折线图

3. 绘制柱状图

柱状图(Bar Chart)是一种常用的图表类型,用于展示不同类别的数据之间的对比,bar 函数是 Matplotlib 库中的一个非常有用的绘图函数,用于绘制柱状图。以下代码演示如何绘制一个简单的柱状图:

```
import matplotlib.pyplot as plt
plt.rcParams['font.sans-serif'] = ['SimHei']       # 设置默认字体为宋体
plt.rcParams['axes.unicode_minus'] = False        # 解决保存图像是负号'-'显示为方块的问题
# 示例数据
categories = ['A', 'B', 'C', 'D', 'E']
values = [23, 45, 56, 32, 12]
# 创建柱状图
plt.bar(categories, values)
# 设置图表标题和坐标轴标签
```

```
plt.title('柱状图示例')
plt.xlabel('类别')
plt.ylabel('值')
plt.show( )
```

代码运行结果如图 8-17 所示。

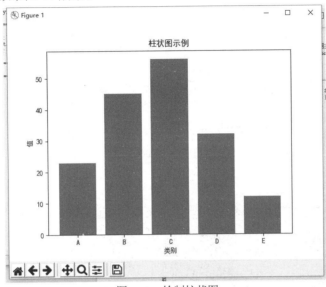

图 8-17   绘制柱状图

4. 绘制散点图

散点图(Scatter Plot)是数据可视化中常用的一种图表类型，用于展示两个变量之间的关系。在散点图中，每个数据点都代表一个观测值，其在图上的位置由两个变量的值决定：一个变量确定横坐标(x 轴)，另一个变量确定纵坐标(y 轴)。通过观察数据点在散点图中的分布模式，可以分析两个变量之间是否存在关联、是否存在趋势或是否存在集群等。以下代码演示如何绘制一个散点图：

```
import matplotlib.pyplot as plt
plt.rcParams['font.sans-serif'] = ['SimHei']        # 设置默认字体为宋体
plt.rcParams['axes.unicode_minus'] = False     # 解决保存图像是负号'-'显示为方块的问题
# 示例数据
x = [1, 2, 3, 4, 5]
y = [2, 3, 5, 7, 11]
# 创建散点图
plt.scatter(x, y)
# 设置图表标题和坐标轴标签
plt.title('散点图示例')
plt.xlabel('X 轴')
plt.ylabel('Y 轴')
# 显示图表
plt.show( )
```

代码运行结果如图 8-18 所示。

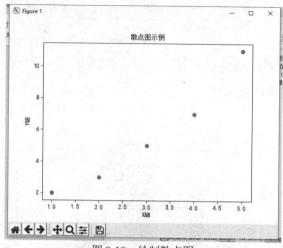

图 8-18　绘制散点图

5. 绘制饼图

饼图(Pie Chart)是一种常用的数据可视化工具，它主要用于展示一个数据系列中各项的大小与总和的比例关系。饼图通过扇形的角度来表示数据的比例，每个扇形代表一个数据项，所有扇形的角度之和为 360 度(或 100%，取决于具体展示方式)。以下代码演示如何绘制一个饼图：

```python
# 示例数据
labels = ['部分 A', '部分 B', '部分 C', '部分 D']
sizes = [15, 30, 45, 10]
# 创建饼图
plt.pie(sizes, labels=labels, autopct='%1.1f%%', startangle=140)
# 设置图表标题
plt.title('饼图示例')
# 显示图表
plt.show()
```

代码运行结果如图 8-19 所示。

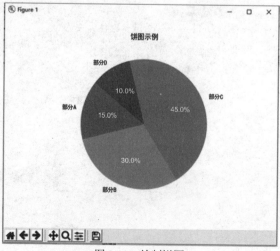

图 8-19　绘制饼图

6. 自定义图表样式

matplotlib 允许用户通过修改各种属性(如线条颜色、标记样式、坐标轴范围等)来自定义图表的外观。以下代码演示如何自定义图表样式:

```
import matplotlib.pyplot as plt
plt.rcParams['font.sans-serif'] = ['SimHei']        # 设置默认字体为宋体
plt.rcParams['axes.unicode_minus'] = False          # 解决保存图像是负号'-'显示为方块的问题
# 示例数据
x = [1, 2, 3, 4, 5]
y = [2, 4, 6, 8, 10]
# 创建折线图
# 设置线条颜色、标记和样式
plt.plot(x, y, color='red', marker='o', linestyle='--')
# 显示图表
plt.show( )
plt.show( )
```

代码运行结果如图 8-20 所示。

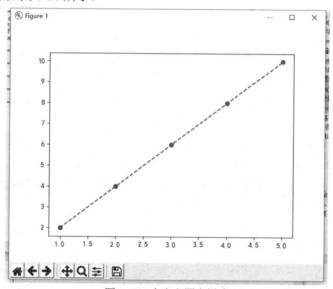

图 8-20　自定义图表样式

除基础绘图功能外,matplotlib 还提供了许多高级功能,如多子图、图例、注释、网格线、保存图表到文件等。此外,matplotlib 还支持与其他数据可视化库(如 seaborn)集成,以创建更具吸引力的图表。

8.4　本章小结

本章详细讲解了 Python 标准库和第三方库的安装及使用方法。第三方库主要介绍 jieba、pyinstaller 和 numpy 三个库。通过学习和使用这些第三方库,用户可以更深入地掌握 Python 在各个行业中的应用方案。

8.5 思考和练习

一、判断题

1. Python 中的科学计算库 numpy 支持多维数组的计算。 （　）
2. pandas 是一个基于 Python 语言的数据分析库。 （　）
3. matplotlib 是一个用于绘制图表的 Python 库，但不能进行数据分析和处理。 （　）
4. seaborn 是一个基于 matplotlib 的数据可视化库。 （　）

二、填空题

1. 在使用 numpy 进行数组计算时，需要先将数据转换为_____类型。
2. 在 pandas 中最基本的数据类型是_____。
3. 在 seaborn 中常用的函数是_____，该函数用于绘制关系图。
4. 在使用 matplotlib 进行图表绘制时，需要先创建一个_____对象。

三、选择题

1. 下列哪个不是 Python 中常用的数据分析库(　　)。
   A. numpy   B. pandas   C. scipy   D. tensorflow
2. 下列哪个库不是用于绘制图表的(　　)。
   A. matplotlib   B. seaborn   C. plotly   D. pandas
3. 在 Pandas 中，可以使用下列哪种方法读取 Excel 文件(　　)。
   A. read_excel( )   B. read_csv( )   C. read_sql( )   D. read_html( )
4. 在使用 Seaborn 绘制关系图时，可以使用下列哪种函数(　　)。
   A. scatterplot( )   B. lineplot( )   C. barplot( )   D. pieplot( )
5. 下列哪个是 Python 中常用的机器学习库(　　)。
   A. pandas   B. numpy   C. scikit-learn   D. seaborn
6. 在使用 matplotlib 绘制散点图时，可以使用下列哪种函数(　　)。
   A. scatter( )   B. line( )   C. bar( )   D. pie( )
7. 在 numpy 中，可以使用哪个函数生成一个随机的整数数组(　　)。
   A. random( )   B. randint( )   C. choice( )   D. linspace( )
8. 在 pandas 中，可以使用哪种方法将数据写入 Excel 文件(　　)。
   A. write_excel( )   B. to_excel( )   C. export_excel( )   D. save_excel( )
9. 下列哪个库不是用于文本处理的(　　)。
   A. nltk   B. gensim   C. spacy   D. scikit-learn
10. 在使用 seaborn 绘制分类图时，可以使用下列哪种函数(　　)。
   A. scatterplot( )   B. lineplot( )   C. barplot( )   D. pieplot( )

四、编程题

1. 使用 turtle 库的 turtle.fd( )函数和 turtle.seth( )函数绘制一个边长为 40 像素的正十二边形。在横线处补充代码，不得修改其他代码。程序运行效果如图 8-21 所示。

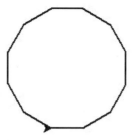

图 8-21　绘制正十二边形

```
import turtle
turtle.pensize(2)
d = 0
for i in range(1,_____):  #1
    _____#2
    d += _____ #3
    turtle.seth(d)
```

2. 使用循环输出由星号 "*" 组成的实心菱形图案，如图 8-22 所示。

图 8-22　菱形图案

```
# 前四行输出(第一行输出四个空格)
for i in range(0, 4):
    for y in range(0, 4 - i):
     print(" ",end = "")
    print('* ' * i)
# 后四行输出
for i in range(0, 4):
    for x in range(0, i):
     print(" ", end = "")
    print('* ' * (4 - i))
```

3. 使用 matplotlib 绘制一张柱状图，横轴为月份，纵轴为销售额。数据如下：

```
month = ['Jan', 'Feb', 'Mar', 'Apr', 'May', 'Jun']
sales = [120, 90, 150, 180, 80, 110]
```

4. 编写一个 Python 程序，从指定的 CSV 文件中读取数据，并将其打印出来。CSV 文件中的数据格式为：每行包含 4 个逗号分隔的值，分别代表名称、年龄、性别和地址。

5. 编写一个 Python 程序，使用 pillow 库创建一个白色的背景图像，并在其中添加一段文字 "Hello, world!"，最后将图像保存为 PNG 格式。

6. 编写一个 Python 程序，使用 numpy 库生成一个 1 维数组，该数组包含 100 个随机整数，并计算其中的最小值、最大值、平均值和中位数。

7. 编写一个 Python 程序，使用 pandas 库读取一个 Excel 文件，并将其中的数据按照指定列进行排序，最后将排序后的结果写入一个新的 Excel 文件中。

8. 编写一个 Python 程序，使用 matplotlib 库绘制一条正弦曲线，并将其保存为 PNG 格式的图像文件。

9. 编写一个 Python 程序，使用 scikit-learn 库加载 Iris 数据集，并使用 KMeans 算法将其分为 3 个簇。最后，展示聚类结果的可视化图。

10. 编写一个 Python 程序，计算一个文本文件中每个单词出现的次数，并将结果保存到一个字典中。

示例输入文件 test.txt 中的内容如下：

Hello world! This is a test. Hello Python!

程序输出结果如下：

{'Hello': 2, 'world!': 1, 'This': 1, 'is': 1, 'a': 1, 'test.': 1, 'Python!': 1}

11. 编写一个 Python 程序，要求用户输入一个数字，然后输出这个数字的平方。

12. 编写一个 Python 函数，接受一个字符串作为输入，然后返回这个字符串的反转。

13. 编写一个 Python 程序，使用循环和条件语句来打印出 1 到 100 之间的所有素数。

14. 给定一个包含数字的列表，编写一个 Python 函数来计算这个列表的平均值。

15. 编写一个 Python 程序，读取一个 CSV 文件，并计算每个列的平均值。

16. 给定一个包含日期的列表(格式为："YYYY-MM-DD")，编写一个 Python 函数来找出最早的日期。

17. 使用 Python 的 math 模块编写一个程序来计算一个数的正弦、余弦和正切值。

18. 编写一个 Python 程序，使用 numpy 库来生成一个 5×5 的随机矩阵，并计算其转置矩阵。

19. 使用 matplotlib 库，绘制一个简单的折线图，显示一组数据的变化趋势。

20. 使用 pandas 库，读取一个 CSV 文件，并计算每个列的唯一值数量。

21. 给定一个包含股票价格的 DataFrame，编写一个 Python 程序来计算每个股票的平均价格和最高价格。

22. 使用 groupby( )函数和 agg( )函数，对一个 DataFrame 进行分组和聚合操作，计算每个组的平均值和总和。

23. 使用 scikit-learn 库加载一个数据集(如 Iris 数据集)，并对其进行基本的探索性数据分析。

24. 编写一个 Python 程序，使用 scikit-learn 库训练一个简单的线性回归模型，并对测试数据进行预测。

25. 使用 scikit-learn 库，实现一个简单的决策树分类器，并对一个数据集进行分类。

参 考 文 献

[1] 黄建军，等. Python 程序设计[M]. 北京：清华大学出版社，2023.

[2] 董付国. Python 程序设计[M]. 2 版. 北京：清华大学出版社，2016.

[3] 江红，等. Python 程序设计与算法基础教程[M]. 北京：清华大学出版社，2017.

[4] 李莹，等. Python 程序设计与实践[M]. 北京：清华大学出版社，2018.

[5] 苏琳，等. Python 程序设计基础[M]. 北京：清华大学出版社，2022.

[6] 焉德军，等. Python 语言程序设计入门[M]. 2 版. 北京：清华大学出版社，2023.

[7] 黑马程序员. Python 数据分析与应用[M]. 北京：中国铁道出版社，2021.

[8] 陈波，等. Python 编程基础及应用[M]. 北京：高等教育出版社，2020.

[9] 周华平. Python 语言程序设计[M]. 长沙：中南大学出版社，2022.

[10] 魏英. Python 程序设计教程[M]. 北京：电子工业出版社，2023.

[11] 林子雨，等. Python 程序设计基础教程[M]. 北京：人民邮电出版社，2022.

[12] H. 巴辛(H.Bhasin). Python 编程基础教程[M]. 北京：人民邮电出版社，2020.

[13] 李永华. Python 编程 300 例[M]. 北京：清华大学出版社，2020.

[14] 崔庆才. Python 3 网络爬虫开发实战[M]. 2 版. 北京：人民邮电出版社，2021.

[15] 卢西亚诺·拉马略. 流畅的 Python[M]. 2 版. 北京：人民邮电出版社，2023.

[16] 埃里克·马瑟斯. Python 编程从入门到实践(第三版). 北京：人民邮电出版社，2023.

[17] 王博. Python 编程从入门到精通[M]. 北京：北京时代华文书局，2024.